叶片式钢管螺旋桩基理论与技术

彭丽云 著

人民交通出版社股份有限公司
北京

内 容 提 要

叶片式钢管螺旋桩为一种新型桩基,具有施工迅速、环保、可批量化生产、适应地层多等优点,国内正在推广。本书系统介绍了该桩基的承载理论、设计方法和施工技术,并结合实际工程进行了数值模拟和参数优化。本书对叶片式钢管螺旋桩基相关理论知识进行了归纳分析,并对承载力进行了试验验证,具有一定的理论深度;同时又紧密结合工程实践和数值分析,可为该桩型的选择、桩基设计和施工提供借鉴。

本书可供工程领域的科研与设计院、现场技术和管理人员参考,也可作为高等院校岩土工程专业基础工程相关的本科生和研究生的参考用书。

图书在版编目(CIP)数据

叶片式钢管螺旋桩基理论与技术 / 彭丽云著. — 北京:人民交通出版社股份有限公司, 2020.11

ISBN 978-7-114-16803-1

Ⅰ. ①叶… Ⅱ. ①彭… Ⅲ. ①桩基础 Ⅳ. ①TU473.1

中国版本图书馆 CIP 数据核字(2020)第 161695 号

Yepianshi Gangguan Luoxuan Zhuangji Lilun yu Jishu

书　　名:叶片式钢管螺旋桩基理论与技术
著 作 者:彭丽云
责任编辑:赵瑞琴
责任校对:孙国靖　龙　雪
责任印制:刘高彤
出版发行:人民交通出版社股份有限公司
地　　址:(100011)北京市朝阳区安定门外外馆斜街 3 号
网　　址:http://www.ccpcl.com.cn
销售电话:(010)59757973
总 经 销:人民交通出版社股份有限公司发行部
经　　销:各地新华书店
印　　刷:北京鑫正大印刷有限公司
开　　本:787×1092　1/16
印　　张:11.5
字　　数:284 千
版　　次:2020 年 11 月　第 1 版
印　　次:2020 年 11 月　第 1 次印刷
书　　号:ISBN 978-7-114-16803-1
定　　价:48.00 元

前 言

叶片式钢管螺旋桩是将带有螺旋叶片的钢管桩,通过打桩机旋转进入土中,而成桩的一种基础形式,已有200多年的历史。它具有施工速度快、现场准备少、施工场地小、操作方便、不污染环境、施工不受地下水的影响和多桩组合承载力高的优点,具有较好的工业化生产和机械化施工的优势,具有抗压、抗拔、抗水平力的多重功能,在部分工程中甚至可重复使用,是一种新型、环保、性能优良的桩型。

目前,在国外,叶片式钢管螺旋桩基已广泛应用于光伏支架、电力塔架、信号标识牌、房屋基础、桥梁基础等,在市政和交通设施等领域也有大量应用,在工程中发挥着非常重要的作用。在国内,这种桩基的应用尚处于起步阶段,且多作为抗拔桩基使用,抗压能力在很大程度上被忽略了。此外,这种桩基承载力机理复杂,承载模式与荷载施加方式、叶片分布特征、桩身周边材料差异等均有直接关系,致使应用受限,急需相关的理论和技术指导,来推动这种优良桩型在国内工程中的应用。尤其是在高度重视环保的今天,在节能、绿色、环保的施工理念下,这种桩型优势显著,在未来工程中的应用前景光明。

本书恰恰就是在国内对这种桩基的理论和实践都相对缺乏的工程背景下撰写的,主要以承载理论为立足点,以桩基静载试验和数值模拟为支撑,以实际工程应用为目标,从叶片式钢管螺旋桩的特点、应用范围、承载机理、桩基荷载试验、承载力理论计算值和试验值的对比、设计和施工技术等方面,对叶片式钢管螺旋桩基进行了系统、全面的介绍,从而为这种桩基在国内的推广应用提供指导。同时结合实际工程,通过数值模拟计算,进行叶片式钢管螺旋桩的设计参数优化和螺旋桩群桩地基的承载力和变形计算,研究结果将为完善叶片式钢管螺旋桩承载力机理提供依据,为拓宽使用范围提供支撑,为优化设计和施工提供指导。综上,本书成果对桩基工程中的节能减排有重要意义,会产生良好的经济效益、环境效益和社会效益,同时也为桩基工程设计、施工提供理论指导和经验借鉴。

本书共包含12章,内容丰富,涉及知识点全面,各章主要内容如下:

第1~3章在充分调研国内外文献的基础之上,总结了叶片式钢管螺旋桩基的国内外发展现状、工程应用案例、组成、构造和产品要求,使读者在整体上认识这种桩型。

第4~7章为叶片式钢管螺旋桩基理论部分,其中第4、5章系统介绍了这种桩型的抗压、抗拔承载力理论,包含承载模式和不同承载模式下的承载力理论计算方法,同时对负摩阻力、群桩效应、桩身结构强度等内容也进行了论述;第6章重点论述了桩基安装扭矩和桩基极限承载力之间的关系,为设计中安装扭矩的估算和施工中安装扭矩的控制提供依据;第7章为理论公式的试验验证部分,通过现场桩基静载试验,验证了理论公式计算方法在叶片式钢管螺旋桩承载力预测中的适用性,并分析了桩基极限承载力影响因素。

第8~10章为叶片式钢管螺旋桩基数值模拟计算部分,为理论部分的进一步分析和扩展,内容包括针对这种桩基的"更改加荷等级"计算方法、基于这种方法进行的桩基参数优化和实际工程模拟计算,验证了计算方法的正确性,得出了桩基参数的合理范围,弥补了静载试验结果少,不能体现出整体规律的不足,为桩基设计提供指导和借鉴。

第11~12章为叶片式钢管螺旋桩基设计和施工技术,其中第11章介绍了该桩基有别于其他桩基的构造设计特点和承载力计算方法;第12章从施工准备、施工工艺、质量标准、施工注意事项、成桩过程中出现的问题及处理方法等方面,系统介绍了桩基施工技术,为促进该桩型在实际工程中的应用提供了支撑。

本书由北京建筑大学彭丽云撰写。在撰写过程中得到了河南省交通规划设计研究院股份有限公司吴萍院长、吴继峰高级工程师,北京思创佳德桩工机械制造有限公司武安柱博士、朱志武高级工程师,北京建工集团有限责任公司刘兵科高级工程师,北京建筑大学齐吉琳教授、王健教授、张怀静教授的大力支持和帮助,对书稿提出了许多宝贵的意见和建议,在此表示衷心的感谢。北京建筑大学的硕士生朱同宇、崔长泽做了大量的资料收集、校对和文字整理工作;华小宁、罗涛做了大量的排版工作,在此表示感谢。同时,本书在出版过程中,得到了人民交通出版社股份有限公司的大力支持和帮助,得到了的国家自然科学基金面上项目(41772291)和北京市属高校基本科研业务费项目(X19012)的资助,在此也表示感谢。

由于著者水平有限,且书中的内容大多是自己从事的科研工作中的一部分,疏漏之处在所难免,敬请读者批评指正。

著　者

2020年于北京

目　　录

第1章 概　　述

1.1 桩基发展概述

桩基是一种非常古老的基础形式,有着悠久的历史,早在一两万年前,人们就已经开始采用桩基来支撑上部结构。在我国,最早的桩基是陕西半坡村遗址和浙江河姆渡遗址出土的木桩,距今已有7000多年的历史。

到了19世纪,随着钢筋和混凝土的问世,桩基得到了飞速发展。在19世纪的城市桥梁工程、20世纪的摩天大楼、21世纪的地下空间中,桩基都得到了广泛应用。一大批经典工程,港珠澳大桥、"中国尊"、国家体育馆(鸟巢)、首都机场T3航站楼等工程中都有桩基的身影,且在工程中发挥着非常重要的作用。常言道"大树无根则倒",同样,对于结构复杂、形式各异、造型独特的上部结构,必须要有牢固、稳定、高强度的基础支撑,才能发挥作用。据不完全统计,基础工程中桩基占比约为50%,应用率非常高,一个重要的原因就是与其他基础形式相比,桩基具有承载力高、沉降小且均匀、用料较省、机械化程度高、能够广泛适用于各类地层条件等突出优点。特别是当上部结构的荷载复杂而巨大,而浅部土层不能满足承载力要求时,桩基更成为结构工程的首选基础形式。

桩基常用的桩型有大直径挖孔灌注桩、螺旋钻孔灌注桩、打入式预制混凝土桩、静压管桩、支盘桩等。各种桩型在其适用范围内、各自的发展阶段中,都发挥着不可替代的作用,成就了大量的经典工程。

但随着城市建设的快速发展和工程建设规模的不断扩大,以及国家实施节能环保可持续发展的战略,上述传统桩基形式暴露出自身的不足。如:大直径挖孔灌注桩、钻孔灌注桩占用场地大、成桩质量有时难以保证,并且有坍孔的风险,施工效率较低;打入式预制桩的成桩质量较好、工厂化生产效率高,但由于施工噪声大,已在城市建设中限制使用;静压管桩是近年来兴起的一种低噪声桩型,但因其施工机械自重大,对施工场地承载力的要求很高,在一定程度上限制了该种桩型的发展。支盘桩的挤扩机设备、技术等还不成熟,在挤扩过程中,常会发生液压油管爆裂、挤扩机掉在孔内的情况,影响正常施工,同时挤扩机还可能遇到硬土层而不能挤扩成盘,不能达到预期目标。因此,迫切需要一种新型桩基形式,来弥补上述桩基的不足。

同样是在19世纪,在钢筋混凝土桩基发展的过程中,钢桩作为一种独特的桩型,也得到了长足的发展。19世纪20年代,国外已开始使用铸铁板修筑码头。20世纪初,美国出现了多种形式的型钢钢桩,特别是H形钢桩,如美国密西西比河河岸的基础加固就采用了大量钢桩基。在20世纪30年代的欧洲,钢桩也开始被广泛采用。第二次世界大战后,随着钢材冶炼技术的发展,各种直径的无缝钢管也开始被作为桩材用于基础工程。我国在1978年建设的宝钢工程

中就使用了直径 ϕ914mm、ϕ609mm 和 ϕ406mm，长 60m 左右的钢管桩，整个工程中应用了 10 余万根超长钢管桩（含部分钢管混凝土桩），开创了我国大规模使用钢管桩的历史。

一般来说，钢桩对施工场地要求不高，可缩短因施工造成的场地占用周期，且在软基、狭窄的空间内可正常施工；可减少由施工引起的环境污染和噪声影响，特别是在城市中对保护环境有着独到的优势；无传统打桩的噪声或机械振动，无须桩头保护，无须在打桩过程中设置各种排水设备。施工方便快捷，可实现高效率、高质量的机械化施工；安装速度快，一般情况下 30min 内就可以安装一根桩，安装完成的桩基马上就可以承载。同时，在临时建筑中，钢桩又可以拔出后进行重复使用。因此，钢桩有着广阔的发展前景和蓬勃的生命力。但钢桩不适用于多岩石或坚硬的区域，且目前存在产量小、造价相对较高的缺点。

叶片式钢管螺旋桩是钢桩的一种，是在钢管桩的基础上加设了扩大的螺旋叶片，从而使钢桩的承载力大大提高；绿色环保、快速、可机械化加工生产、机械化施工。目前，常用于房屋、厂房、商业建筑、灯柱、人行天桥、临时建筑、管道地基、接地保持力系统、张索地基、油田地基、油井基础、压缩机地基和储油罐地基等，还可应用于边坡加固、风力发电基础等领域，此外也可作为托换材料用于修复失效的基础、扩大现有基础以支持新的荷载。

叶片式钢管螺旋桩的部分应用如图 1-1 所示。

a) b) c) d) e) f)

图 1-1 叶片式钢管螺旋桩的应用

a）厂房；b）信号塔基；c）输电线路基础；d）油井基础；e）房屋加固（一）；f）房屋加固（二）

1.2 叶片式钢管螺旋桩概述

通过扭矩将带有螺旋叶片的钢管桩旋入地下,即成为叶片式钢管螺旋桩基,它是桩的一种基础形式,自发明至今已有200多年的历史。叶片式钢管螺旋桩又称为锚盘桩或弗兰基桩,承受上拔力时也被称为叶片式钢管螺旋锚。

叶片式钢管螺旋桩具有较好的工厂化生产、机械化施工的优势,且施工速度快、不污染环境、施工噪声小、施工用地少、多根组合可达到的承载力高,是一种很好的基础形式。适用于多种地质条件,从饱水的软土地区到坚硬的冻土地区,理论上只要成桩机械有足够大的扭矩,就能够将桩旋入土中。

1.2.1 叶片式钢管螺旋桩的起源

叶片式钢管螺旋桩是19世纪中后期重要的工程发明之一。大量历史学家的考证表明,该桩型是由爱尔兰建造师、砖制造商亚历山大·米歇尔(1780—1868年)以一种实用的基础形式首次提出来的。米歇尔在观察船舶驶入海港并停泊后,产生了发明灵感。1833年,米歇尔在伦敦为他的发明装置申请了专利,装置如图1-2所示,首次将其称为螺旋桩。并将他发明的螺旋桩最早使用在了船舶停泊领域,在船舶停泊过程中,人或者动物在海岸上旋转一个巨大的、被称为“绞盘”的木柄轮,木柄轮的端部安装螺旋桩,通过木柄轮的旋转将螺旋桩拧入土中。供停泊船舶所设计的螺旋桩长为6m,螺旋叶片直径127mm,需要30个人一起来推动绞盘。有些情况下,在人力不足的时候,也可以借助动物,如马和驴来推动绞盘,以实现螺旋桩被拧入土中。

图1-2 米歇尔发明的螺旋锚和螺旋桩构件

根据米歇尔自述,这个设计拥有比其他任何桩都大的锚固力,并且在软土地基或砂土地基中有非常好的适应性。该装置在一根铁棒的下端安装一块宽金属板或金属盘,制作成螺旋形状,再用类似拧螺钉的原理将螺旋桩拧入地下。这个设计最大的优点就是,在桩身被拧入过程中,不干扰所穿越地层的结构、不需要传统桩基钻进时所必需的保护护筒,仅需要在桩顶安装一个施加扭矩的设备,通过该设备将桩拧入土中。同时还设置了一个叶片,来抵抗向下的压力和上拔的张力。

1838年，亚历山大·米歇尔将叶片式钢管螺旋桩应用在马普林沙滩灯塔的地基中，共用了9根桩施作为灯塔的基础(图1-3)。此时采用的叶片式钢管螺旋桩桩长约8m、直径120mm，螺旋叶片直径约127mm。

图1-3　马普林沙滩灯塔示意图

当时，在确定螺旋桩桩长和螺旋叶片面积之前，需要做桩基承载力试验。米歇尔选用了9根带有127mm直径的铸铁螺旋叶片，螺旋桩直径120mm、桩长8m的可锻铸铁桩身，并固定住每一根灯塔柱的桩脚。用来测试桩基承载力的设备也可以用来测试叶片式钢管螺旋桩的锚固力，这个仪器由一个长914cm、直径3cm的拼接杆组成，在其底部带有一个直径15cm的螺旋法兰。仪器由十字支撑带动旋转，牢固锁在钻机上，当螺旋桩转至823cm深度时，在这些支撑杆件之上，铺设一些木板，形成一个相当大的平台，来支撑12名工人。接着，将一个木棒打入沙滩一定的深度，使其顶部与钻机保持同一水平面。之后，12名工人站到平台上，他们的体重加上装置的重量大约为10kN，观察在10kN荷载的作用下，是否可以压下螺旋桩。一段时间以后，人员撤离，此时未观察到螺旋桩有明显的下沉，说明该叶片式钢管螺旋桩基至少能承受10kN的荷载。

按照岩土工程试验的判定，马普林沙滩工程的基础设计具有较强的创新性，因为其位于沙滩，地质条件比较特殊，同时采用了现场模拟加载的理念，并有可操作性，因此这个试验引起了全世界岩土从业人员的关注，给桩基的设计提供了一个全新的方法。从勘察中确定土体条件、从现场试验中获得原型基础的性能评估，以及在安装基础期间的力学特性观察，这些18世纪采用的测试技术与现代的岩土工程试验并没有什么本质上的不同。

叶片式钢管螺旋桩基础在灯塔工程中得到成功应用之后，又相继被应用在了其他结构中，如1847年，应用在韦科斯福德的一个近海码头中。1853年，Eugenius Birch开始使用该技术来支撑英国的海滨码头，第一个采用叶片式钢管螺旋桩建造海滨码头是马盖特码头。有了在马盖特码头中的成功应用，从1862年开始到1872年，英国有18个海滨码头采用螺旋桩基进行建造。每个码头都由桥墩支撑，每个桥墩下部都是一些独立的柱子，每一根柱子下面都由一根叶片式钢管螺旋桩支撑。码头支撑着行人、手推车、建筑物和辅助设备的重量，而其下部的螺旋桩基则承受上部结构传递下来的荷载，并将其传递到深部土层中去，此外还承受了潮汐力、风荷载和偶尔的冰压力作用。

至此，叶片式钢管螺旋桩技术得到了飞速发展。在19世纪70年代以前，在很多桥梁基础中得到应用；到19世纪末期，开始作为建筑支撑结构和拉锚。从20世纪中期开始，国外的一些工程师根据亚历山大·米歇尔1838年撰写的《马普林灯塔中螺旋桩的应用》一文，逐步开始了对叶片式钢管螺旋桩承载力的深入研究工作。内容包括叶片式钢管螺旋桩的缩尺模型试验、足尺模型试验、现场荷载试验和在实际工程中螺旋桩的安装报告、理论进展、对扭转力矩和桩基承载力间关系的探讨，以及对叶片式钢管螺旋桩设计规范的公式化，并通过公式的总结，分析了不同影响因素和螺旋桩承载力之间的关系,探讨支撑理论的结果。

1.2.2 叶片式钢管螺旋桩的国内外发展现状

1)国外发展现状

国外对叶片式钢管螺旋桩的相关研究开展较早,从1838年第1次使用以来,螺旋桩在美国、英国等地便开始广泛应用。迄今为止,已有200多年的使用历史。现如今,世界上至少有12个国家拥有超过50家叶片式钢管螺旋桩制造公司,仅美国就有超过2000个螺旋桩安装承包商。

早期,叶片式钢管螺旋桩应用并不广泛,只是岩土工程师在特殊工程中的一种选择。50多年前,叶片式钢管螺旋桩仅出现在岩土工程本科生和研究生的课程学习中,而如今已被大多数工程师所熟知。在某些特殊地质条件下,叶片式钢管螺旋桩的使用频率比其他深基础还要高,甚至有些业主和开发商会主动要求使用叶片式钢管螺旋桩。

苏联1979年颁布的建筑规范中规定了螺旋桩基的设计标准。欧洲某些国家的标准中则将螺旋桩列入特殊地基中的选用桩型。澳大利亚 Instant Foundation 公司在1992年发明了一种在基础工程中使用的钢管螺旋桩。日本的 Fukuei Kosan 公司在1995年发明了一种全新预制的钢纤维混凝土螺旋桩 S. P-300,由于其施工占地面积小(3.6m×2m),无噪声,施工速度快,对周围土体扰动小,且无须处理废土,不污染环境和地下水等,在使用中取得了较好的工程评价和经济效益。此外,日本 JFE 钢铁公司1998年11月获批生产用于高层建筑基础的叶片式钢管螺旋钢,管径0.3185~1.2m,叶片直径为1.5~2倍的管径,叶片厚度约20~50mm,如此大直径的钢管桩配合较厚的叶片,可使桩基具有很高的承载力。

美国生产的螺旋桩数量多、品种多,如:A B Chance 公司生产的抗拔螺旋锚,产品已形成系列化、工厂化;生产的钻孔混凝土灌注螺旋桩,桩径在0.3~0.8m,桩长可达30m;生产的钢结构方形杆螺旋桩,叶片直径为0.152~0.356m,桩长2~46m等。

在比利时等欧洲国家中,混凝土钻孔灌注螺旋桩占有相当大的市场份额。如在比利时的高速铁路项目英法海底隧道联络线中使用了钻孔混凝土灌注螺旋桩,桩长5.3~9.25m,桩体内径0.51m,叶片外径0.71m。

可见,各种类型的叶片式螺旋钢桩在国外得到了广泛的应用与发展。

2)国内发展现状

根据已有的文献记载,我国大约是从20世纪中后期开始接触叶片式钢管螺旋桩基础,从那时开始,工程师们就开始了对这种桩型的相关理论及应用方面的研究。

1999年8月24日,陈日宏等人申请了混凝土预制螺旋桩的专利,为国内螺旋桩早期的专利之一。

2000年,山东黄河滨州市河务局制修厂在已连续研制出的几种防汛抢险新器具的基础上,与山东工程学院共同研制出了电动螺旋桩。

2001年,孙鸣发表《钢筋混凝土螺旋桩可行性分析》一文,分析了钢筋混凝土螺旋桩的可行性。

2004年,武汉大学城建学院开发了全螺纹灌注桩,通过实际工程,论证了相比传统桩型,该桩型在承载力和经济效益方面的优越性。研究表明,螺纹桩混凝土用量只有同直径直线型灌注桩的60%～70%，而螺纹桩的极限承载力是同直径直线型灌注桩的2倍多。随后的2007年，又进行了使用复合材料解决钢结构螺旋桩基础的防腐问题，开展了玻璃钢材料的螺旋锚试验研究工作。

2007年，湖南省工业设备安装公司将抗拔螺旋锚应用于基坑支护结构，工程造价较灌注桩支护方案节约50%。同年，南京水利科学研究院开发出一种适用于汛期堤坝和公路边坡中快速加固使用的特种抢险车辆，即螺旋锚加固滑坡抢险工程车。

2003年以来，海南卓典高科技开发有限公司在海南阳关经典、新外滩复兴城、龙华雅苑、长信海岸水城、宝安江南城等一批示范工程中，采用了叶片式钢管螺杆桩；特别是2006年将其成功运用在海口市名门广场29层超高层建筑中。目前，该种基础在广东省湛江市，湖南省长沙市，陕西省西安市，河南省郑州市、洛阳市等城市已经占有一定的市场份额，2010年起成功进入北京市和山东省的建筑市场。

2005—2008年，东北大学、辽宁省交通高等专科学校、中冶沈阳勘察研究总院和辽宁电力勘察设计研究院等开展了预制螺旋桩基础的研究和应用工作，提出叶片式钢管螺旋桩具有良好的社会效益和经济效益。

至此，螺旋桩基础在我国得到飞速发展，目前主要是用于防汛抢险、基坑支护、边坡加固、高层建筑基础以及光伏电站基础等，随着工程建设的不断进行、特殊地层的不断出现、螺旋桩理论和技术的不断进步，螺旋桩的应用范围将会越来越广。

1.2.3 叶片式螺旋桩承载机理研究现状

很多国家对叶片式钢管螺旋桩的承载力进行了理论研究，提出了很多计算公式，并将相关公式应用到规范中。因为叶片式钢管螺旋钢桩的承载力会受到地质条件、桩型参数、施工扭矩等多方面因素的影响，对其精确计算有一定困难。一般是根据桩型参数（特别是叶片间距）的改变，对经验公式进行修正后计算钢管螺旋桩承载力。

1）抗压承载力研究现状

在钢管螺旋桩抗压承载力方面，使用的研究方法有：静荷载试验、红外成像技术、有限元方法等。为方便计算，各国规范也给出了抗压极限承载力计算公式。

（1）苏联规范。

苏联规范给出了螺旋桩的抗压承载力公式：

$$Q = m[(Ac_r + B\gamma_r h)F + fu(L - D)] \tag{1-1}$$

式中：m——与作用在桩上的荷载类型及土质条件相关的工作条件系数；

A、B——工作区（指与叶片紧贴厚度为D的土层）内，与土的内摩擦角相关的无量纲系数；

c_r——工作区内黏土的计算单位黏聚力或砂土的计算线性系数（kPa）；

γ_r——螺旋叶片标高以上土层的加权平均重度（考虑水的浮力）（kN/m^3）；

h——螺旋叶片埋置深度，从天然地面算起，当场地挖方平整时，则自整平标高算起（m）；

F——螺旋桩承受压力荷载时叶片按外径计算的投影面积，当螺旋桩抵抗上拔荷载时按叶片扣除桩身截面积的工作面投影面积（m^2）；

f——螺旋桩侧面土的计算强度（kPa）；

u——桩身周长(m);

L——桩身的入土深度(m);

D——螺旋叶片的直径(m)。

(2)日本规范。

日本的 Takashi Okamoto 等人给出螺旋桩的抗压承载力公式如下:

$$R_{u} = \alpha A_{\omega} + 2\overline{N}_{s}L_{s} + \frac{\overline{Q}_{u}}{2}L_{c} \tag{1-2}$$

式中:R_{u}——螺旋桩抗压极限承载力(kN);

α——计算系数,砂土为100,砂砾为150;

A_{ω}——叶片面积(m^{2});

$\overline{N}_{s}$——地基土的标准贯入锤击数(m);

L_{s}——砂质地基的厚度(m);

$\overline{Q}_{u}$——黏性土地基的单轴压缩强度(kPa);

L_{c}——钢制螺旋桩桩身周长(m)。

(3)比利时规范。

比利时的 W. F. Van Impe 等人得出的螺旋桩的承载力公式如下:

$$R_{u} = R_{bu} + R_{su} = \alpha_{b}\varepsilon_{b}Q_{bu} + \pi D_{s}(\sum H_{i}\eta_{pi}q_{ci}) \tag{1-3}$$

式中:R_{u}——螺旋桩抗压极限承载力(kN);

R_{bu}——桩端承载力(kN);

R_{su}——桩侧阻力(kN);

α_{b}——桩头条件系数;

ε_{b}——超固结土硬化修正系数;

Q_{bu}——圆锥动力触探试验换算得到的桩端阻力(kN);

D_{s}——螺旋桩桩身直径(m);

H_{i}——两层叶片间桩体高度(m);

η_{pi}——圆锥动力触探试验确定的第 i 层土的桩侧阻力系数;

q_{ci}——圆锥动力触探试验确定的第 i 层土桩侧阻力(kPa)。

(4)美国规范。

圆柱剪切破坏模式下,抗压极限承载力计算公式如下:

$$Q_{ult} = Q_{helix} + Q_{bearing} + Q_{shaft} = (\pi DL_{c})C_{u1} + (A_{h} + A_{t})C_{u2}N_{c} + (\pi dH_{eff})\alpha C_{u3} \tag{1-4}$$

式中: Q_{ult}——螺旋桩抗压极限承载力(kN);

Q_{helix}——叶片间土体的极限承载力(kN);

$Q_{bearing}$——单叶片极限承载力(kN);

Q_{shaft}——桩侧阻力(kN);

C_{u1}、C_{u2}、C_{u3}——不同位置处的不排水抗剪强度(kPa);

N_{c}——承载能力因数;

A_{h}——螺旋叶片投影面积(m^{2});

A_t——螺旋桩桩身投影面积(m^2);

D——螺旋叶片直径(m);

d——桩身轴径(m);

L_c——顶部和底部螺旋之间的距离(m);

H_{eff}——桩有效长度(等于顶部螺旋埋置深度 H 减去螺旋直径 D)(m);

α——桩土间摩擦因子。

叶片承载模式下,抗压极限承载力计算公式如下:

$$Q_c = nQ_{bearing} + Q_{shaft} = nA_h C_u N_c + (\pi d H_{eff})\alpha C_u \tag{1-5}$$

式中:Q_c——螺旋桩抗压极限承载力(kN);

其余符号含义同式(1-4)中。

此外,美国的 Michael W. O'Neill 等人给出的螺旋桩的抗压极限承载力公式如下:

$$Q_{ult} = Q_u + Q_{su} = kA_b\alpha' + \sum_{i=1}^{N} q_{ci}S_{1i} \tag{1-6}$$

式中:Q_{ult}——螺旋桩抗压极限承载力(kN);

Q_u——螺旋桩的端承载力(包括叶片的地基反力)(kN);

Q_{su}——螺旋桩的侧摩阻力(kN);

A_b——叶片直径换算为 0.9 倍的桩截面直径(m);

k、α'——计算系数;

q_{ci}——第 i 层土桩侧阻力(kPa);

S_{1i}——叶片直径换算为 0.9 倍的第 i 层桩侧面积(m^2)。

2)抗拔极限承载力研究现状

抗拔螺旋桩也被称为螺旋锚,国内外的研究多集中在单叶片竖向或斜向桩的抗拔承载力上,对多层叶片、大直径、超长桩身的螺旋桩的抗拔机理研究较少。

叶片式钢管螺旋桩抗拔桩破坏模式,主要有锥形模式或倒圆台模式,其中 Clemence S P 等人提出了多层锚、圆柱形的倒圆台模式,Adams J I、Rodgers T E 提出了叶片支撑模式和圆柱剪切模式。Ghaly A M、Hanna A 提出了单层叶片对数滑裂面破坏模式,并在 1994 年对单层叶片下深埋和浅埋螺旋锚的破坏模式进行了区分,给出深埋锚的滑裂破坏面为似球体对数的滑裂面,而浅埋锚的滑裂破坏面则是对倒圆台模式破坏面的修正,采用的是对数曲面,这个理论的相关参数和条件是从砂土试验中得来的,公式比较烦琐,在一定程度上限制了其在工程中的应用。

苏联的叶片式螺旋桩抗拔承载力计算公式与其抗压承载力式(1-1)的形式相同,美国电力系统则采用了 Adams J I、Rodgers T E 的方法(简称为 ASM 方法),主要应用于输电塔架基础的抗拔承载力设计;美国 A B Chance 公司则使用由 Clemence S P 等人提出的扭矩系数法。目前,主要应用的承载力计算方法有承载量法、圆柱剪切法、倒圆台法和 TSGM 法,下面分别进行介绍。

(1)倒圆台法。

假设螺旋桩基础上拔中,从桩端向上产生一曲面形的滑裂面,上拔承载力由滑裂体内的桩、土重量以及桩土界面上的滑移阻力组成。

倒圆台法的极限承载力计算公式如下：

$$Q_u = \sum_{i=1}^{n} V_i \gamma_i + f_1 + w \tag{1-7}$$

式中：Q_u——叶片式螺旋桩抗拔极限承载力(kN)；

γ_i——第 i 层地基的天然重度(kN/m^3)；

V_i——倒圆台内第 i 层地基的土体积(m^3)；

w——倒圆台内桩的重量(kN)；

f_1——倒圆台内桩土界面间的剪阻力(kN)；

n——地基的土层总数。

倒圆台体积的计算公式如下：

$$V_i = \frac{\pi Z_i}{4}\left(D^2 + 2DZ_i \tan\theta - \frac{2}{3}Z_i^2 \tan^2\theta\right) \tag{1-8}$$

$$D = R\cos\beta \tag{1-9}$$

式中：D——叶片投影直径(m)；

Z_i——第 i 层土厚度(m)；

θ——倒圆台破坏面与叶片边缘深度方面的夹角(一般小于土的内摩擦角)(°)；

R——叶片的直径(m)；

β——叶片与水平面倾角(°)。

(2)叶片支撑模式和圆柱面剪切法。

在《美国输电线路杆塔总则》中，螺旋锚的破坏形式分为单层叶片、多层叶片两种形式，对应的抗拔极限承载力计算，以埋深 Z 与叶片外直径投影 B 的比值进行划分，具体如下。

当 $Z/B < 6$ 时，采用圆柱剪切模式，单桩抗拔承载力计算公式如下：

$$Q_u = w + f_1 + f_2 \tag{1-10}$$

式中：w——桩的重量(kN)；

f_1——桩土间摩阻力(kN)；

f_2——叶片间土柱与周围土体间的摩阻力(kN)。

叶片间土柱与周围土体间的摩阻按如下公式计算：

$$f_2 = D(m-1)\pi H C_u \tag{1-11}$$

式中：D——叶片直径(m)；

m——叶片层数；

H——多叶片式螺旋桩的叶片间距(m)；

C_u——土体不排水剪切强度(kPa)。

当 $Z/B \geqslant 6$ 时，采用叶片支撑破坏模式，抗拔极限承载力计算公式如下：

$$Q_u = w + f_1 + \sum_{j=3}^{m} f_j \tag{1-12}$$

式中：f_1——桩土界面间的摩阻力(kN)；

f_j——每层叶片分担的荷载，与土质有关；

式中其他符号含义同前(kN)。

地基为黏土时：

$$f_j = N_u \frac{\pi D^2 C_u}{4} \tag{1-13}$$

式中：C_u——土的不排水剪切强度（kPa）；

N_u——承载力计算系数（$N_u = 6 \sim 9$）。

当地基材料是砂土时：

$$f_j = N_{qu} \frac{\pi D^2 H \gamma_j}{4} \tag{1-14}$$

式中：N_{qu}——承载力计算系数，$N_{qu} = 20 \sim 100$；

式中其他符号含义同前。

（3）TSGM 法。

TSGM 方法中，受拉荷载作用下桩基破坏模式受叶片间距、最顶部螺旋叶片的埋深以及地质条件的影响。当最顶部螺旋叶片的埋深大于临界埋深时，即 $h_2 > [h]$ 时，抗拔螺旋桩的破坏模式可分为以下两种情况：

①叶片间距大于控制间距（$H > [H]$）。

此时，抗拔螺旋桩中出现类似于深基础破坏时的塑性滑裂破坏区，随着荷载的增加，塑性滑裂面逐渐贯通，进而形成连续的螺旋滑裂面，见图 1-4。若继续加载，则桩将会从土体中拔出，此时螺旋桩发生的破坏形式，简称为 A 型。

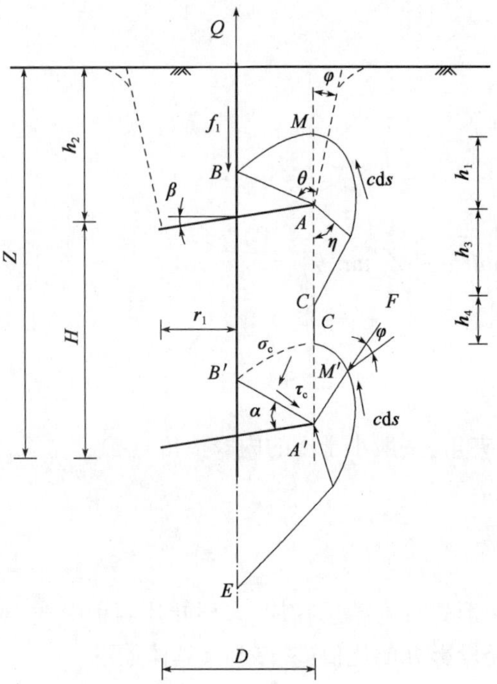

图 1-4　TSGM 计算方法 A 型计算简图

此时，螺旋桩抗拔极限承载力计算公式为：

$$Q_u = G + w + f_j + \sum p_i + \sum F_j \tag{1-15}$$

式中：G——拔出体范围内的土重，对于软土地基该项按式近似计算，直径 D 以外的滑裂体土重可作为安全储备（kN）；

p_i——第 i 层叶片的滑裂体表面摩阻力（kN）；

F_j——滑裂体间土柱周边的摩阻力（kN）；

w——桩体自重（kN）；

f_j——桩长范围内的桩体与桩侧土体的摩阻力（kN）。

其中，滑裂体间土柱周边的摩阻力为：

$$F_j = \frac{\pi D h_4}{4} C_{u,j} \tag{1-16}$$

式中：h_4——相邻两层滑裂面间土柱的高度（m）；

$C_{u,j}$——第 j 层土的不排水抗剪强度（kPa）。

根据对数螺旋线性质，当土体内摩擦角较小时，滑动破坏面为接近于以对数螺旋线初始半径的圆，则拔出体范围内的土重可按下式计算：

$$G = \sum_{i=1}^{n} \frac{\pi D^2 Z_i}{4} \gamma_i \tag{1-17}$$

式中：n——桩长范围的土层数；

Z_i——第 i 层土层厚度(m)。

式中其余符号含义同前。

②螺旋桩的叶片间距 H 小于叶片控制间距[H]。

此时，抗拔螺旋桩的破坏面发生在叶片外边缘，形成柱状滑裂面，该情况简称为B型。

此时，极限荷载包括柱状滑裂面阻力、该范围内的土重、最顶部叶片以上倒圆台滑裂面阻力和倒圆台内土重，如图1-5所示，桩基抗拔极限承载力用下式计算：

$$Q_u = G_1 + G_2 + w + f_1 + f_2 + p_1 \tag{1-18}$$

式中：G_1——最顶部叶片以上倒圆台范围内的土重(kN)；

G_2——叶片间圆柱体范围内的土重(kN)；

p_1——最顶部叶片以上倒圆台滑裂面阻力(kN)；

f_2——叶片间土柱滑移摩阻力(kN)。

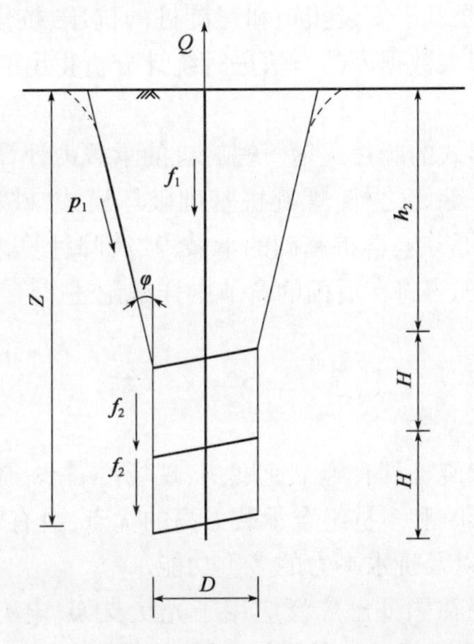

图1-5 TSGM计算方法B型和C型计算简图

③最顶部叶片埋深小于滑裂体界限埋深即 $h_2 < h$。

该情况简称C型，此时螺旋桩抗拔极限承载力计算如下：

$$Q_u = G_1 + G_2 + w + f_1 + f_2 \tag{1-19}$$

式中符号含义同上。

(4)美国规范法。

圆柱剪切破坏模式下，抗拔极限承载力计算公式如下：

$$Q_c = Q_{helix} + Q_{bearing} + Q_{shaft} = (\pi D L_c) C_{u1} + A_h C_{u2} N_u + \pi d H_{eff} \alpha C_{u3} \tag{1-20}$$

叶片支撑破坏模式下，抗拔极限承载力计算公式如下：

$$Q_c = n Q_{bearing} + Q_{shaft} = n A_h C_{u1} N_u + (\pi d H_{eff}) \alpha C_{u2} \tag{1-21}$$

式中：n——叶片个数；

其他符号含义同前。

3）统一的抗拉、抗拔极限承载力公式研究成果

1985 年 Mitsch 等人提出，螺旋锚、桩的承载力取决于土体强度、螺旋叶片的投影面积以及最顶部螺旋叶片的埋置深度。土体强度可以通过土工试验等技术和理论计算得到，将螺旋桩抗拉、抗压极限承载力计算公式统一用式(1-22)表示：

$$Q_{\mathrm{ult}} = A_{\mathrm{h}}(cN_{\mathrm{c}} + qN_{\mathrm{q}} + 0.5\gamma B_{\mathrm{w}}N_{\gamma}) \tag{1-22}$$

式中：A_{h}——设计螺旋投影面积(m^2)；

c——土体黏聚力(kPa)；

q——有效上覆压力(kPa)；

B_{w}——基础宽度(m)；

N_{c}、N_{q} 和 N_{γ}——承载力因子。

此外，还有安装扭矩法，是基于安装扭矩和螺旋桩的抗压、抗拔承载力之间存在一定的关系而给出的经验公式，是基于大数据库的方法进行统计分析得出的，所需的安装扭矩一般是极限承载力乘以某个系数。

目前研究中，可见多种形式的叶片式钢管螺旋桩的承载力计算公式，公式中涉及大量的试验参数，且适用于不同条件。除此之外，螺旋桩基础破坏模式，破坏过程中桩型参数（尤其是叶片几何尺寸）对破坏模式的影响，群桩基础的承载力、沉降计算以及承载性状影响因素等方面的研究也有开展。这部分内容将在后面的章节中详细论述。

1.3 小　　结

综上所述，叶片式钢管螺旋桩具有施工速度快、现场准备少、施工场地小、操作方便、不污染环境、施工不受地下水的影响和多桩组合承载力高的优点，具有较好的工业化生产和机械化施工的优势，具有抗压、抗拔以及抗水平力的多重功能。

目前，叶片式钢管螺旋桩在国外已广泛应用于光伏支架、电力塔架、信号标识牌、房屋基础、桥梁基础等，并且在市政和交通设施等领域也得到广泛应用。而在我国，叶片式钢管螺旋桩的基础形式在工程中的应用还不十分广泛，且缺乏以下方面的认识：

(1)对叶片式钢管螺旋桩承载机理认识不完善，原因在于螺旋桩的承载力机理复杂，与荷载施加方式、叶片分布特征、桩身周边材料的差异等均有直接关系。

(2)叶片式钢管螺旋桩基础的竖向荷载、斜向荷载设计理论缺少系统性，荷载传递机理、破坏模式、极限承载力计算、群桩沉降计算等诸多方面的研究尚不能满足工程应用的要求。

(3)叶片式钢管螺旋桩承载力中，土体性质起到了关键性作用，但每个地区的土质条件不同，螺旋桩用途也不尽相同，所以在国内各个地区推广使用螺旋桩基础之前，需要对不同的地质条件下螺旋桩性能进行评估，以修正国外已有的成熟公式，根据数据对比，选择判定适用于我国国内的地质条件的承载力公式。

此外，国内螺旋桩的应用更多地体现在了抗拔性能上，大部分应用于光伏电站中作为抗拔桩基础使用；其在抗压方面的能力被忽略，致使其在国内的应用范围受到了一定的限制。

因此，本书从叶片式钢管螺旋桩的特点、应用范围、承载机理、桩基荷载试验、承载力理论计算值和试验值的对比、设计和施工技术等方面入手，对叶片式钢管螺旋桩进行系统、全面的介绍，从而为这种桩型在国内的推广应用提供指导。同时，结合实际工程，通过数值模拟计算，进行叶片式钢管螺旋桩的设计参数优化和螺旋桩群桩地基的承载力和变形计算，研究结果将为完善螺旋桩承载力机理提供依据，为拓宽叶片式钢管螺旋桩的使用范围提供支撑，为叶片式钢管螺旋桩的优化设计提供指导。

第2章　叶片式钢管螺旋桩的组成和应用

2.1　叶片式钢管螺旋桩的组成

叶片式钢管螺旋桩是通过施加在桩头的扭矩设备将带有螺旋叶片的钢管拧入地下成为桩，来支撑地面结构的一种桩型。叶片式钢管螺旋桩由桩帽、桩头、螺旋叶片和钢管延长桩组成，分别如图2-1、图2-2和图2-3所示。

图2-1　桩帽

图2-2　桩头和螺旋叶片

图2-3　钢管延长桩

桩头是进入地面的第一个分段，端部有一个45°角斜切口，以方便其在土中的拧入。桩头通常设置有一个或多个螺旋叶片，螺旋叶片垂直焊接在中空的钢管上。当桩身长度不够时，可通过桩身钢管延长桩来加长桩身的长度，桩身钢管延长桩之间通过套筒连接。螺旋桩桩身与桩帽通过螺栓与螺母连接。

在叶片式钢管螺旋桩中，桩身钢管用来抵抗基桩承受的水平向压力，螺旋叶片主要承受垂直向压力，以提高基桩承载力。桩径尺寸、叶片大小和桩帽结构样式视工程现场而定。

上述各部分组合后得到的叶片式钢管螺旋桩示意如图 2-4 所示。

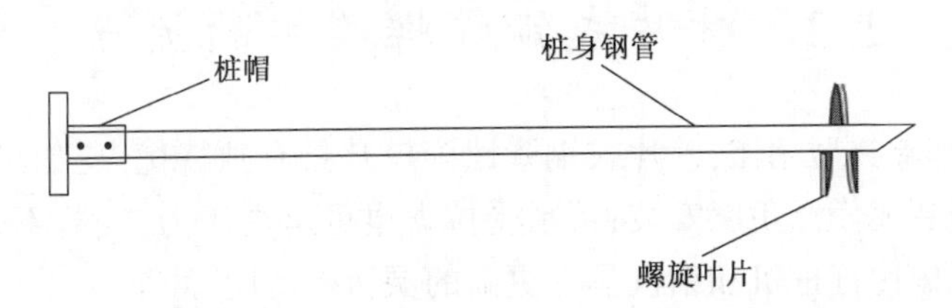

图 2-4　叶片式钢管螺旋桩示意图

根据叶片的数量,叶片式钢管螺旋桩可分为单叶片钢管螺旋桩和多叶片钢管螺旋桩,多叶片钢管螺旋桩中又以双叶片钢管螺旋桩的应用最为广泛,如图 2-5、图 2-6 和图 2-7 所示。

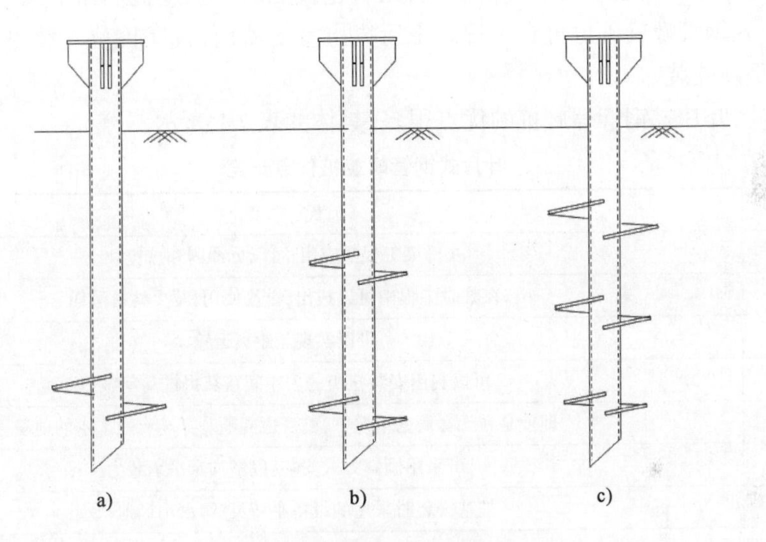

图 2-5　叶片式钢管螺旋桩示意图

a) 单叶片;b) 双叶片;c) 多叶片

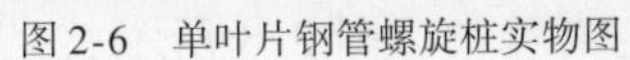

图 2-6　单叶片钢管螺旋桩实物图

图 2-7　双叶片钢管螺旋桩实物图

叶片式钢管螺旋桩的结构简单,桩身参数较少,适用于多种地质条件,其承载机理受到周边土质情况和桩各部分尺寸的影响而有所不同。

2.2 叶片式钢管螺旋桩的优点

与其他常见的基础类型相比,叶片式钢管螺旋桩基具有独特优点:如可实现多角度安装,即水平安装、竖直安装或任意角度安装;可承受拉力也可承受压力;安装不受坍孔和地下水的影响。同时,安装机械比打桩机和钻机具有更高的灵活机动性,甚至可以在既有建筑物内部受限空间内,采用手动操作的方式进行,大大提高了在困难施工环境中的应用。此外,叶片式钢管螺旋桩的安装不会产生钻头损坏、较大的振动或对周边环境的噪声污染,对桩身周围土体的扰动度很小。安装时间短,如安装一个由20根叶片式钢管螺旋桩组成的桩基,一般只需要几个小时。桩基施工完成后即可承受荷载,而无须花费混凝土强度提高所需要的时间。在临时工程中,叶片式钢管螺旋桩也可在工程完工后拔出重复使用;或在桩位安装不正确的情况下,进行拆卸及重新安装。

综上所述,叶片式钢管螺旋桩的优点很多,具体如表2-1所示。

叶片式钢管螺旋桩优点一览　　表2-1

序　号	优　点
1	在桥梁工程中应用,可以抗冲刷和抗侵蚀
2	在临时工程中可以拔出,重复使用,减少材料消耗
3	可以实现长距离运输
4	可以利用安装扭矩的大小间接获得桩基承载力
5	即使是在无套筒的情况下,桩身也能顺利穿越有地下水的地层
6	可采用倾斜方式安装,以增加水平承载力
7	桩基安装时采用的设备小巧灵活、占用场地很小
8	安装过程中无噪声、无振动,对周围环境小,尤其适用于城市环境
9	安装完成后,可以进行原位注浆以提高承载力
10	镀锌防腐处理后,能够抵抗环境腐蚀
11	无须花费混凝土养护所需的时间和混凝土工程中需要的模板
12	在钻进过程中不会产生钻屑等废弃物
13	对环境影响小,可在对环境敏感的地区中使用

2.3 叶片式钢管螺旋桩基应用案例

叶片式钢管螺旋桩基的应用领域如下:

2.3.1 在电力工程中的应用

在电力工程中,叶片式钢管螺旋桩多用在拉锚和输电塔基中。图2-8所示就是在输电塔基中应用的实例,图中的每个输电塔塔身均位于2个现浇的混凝土桩帽上,桩帽的底部连接有叶片式钢管螺旋桩,输电塔基中的叶片式钢管螺旋桩既承受了塔身向下的压力,又承受了塔身在风荷载作用下的向上的拉力。单根叶片式钢管螺旋桩所能承受的拉力一般能达到250kN,这个重量相当于长5.5m、宽5.5m,厚1.5m的混凝土重量。可见,叶片式钢管螺旋桩或螺旋锚的使用,极大地减少了混凝土用量,节约了成本,特别是在偏远地区。

图2-8 双叶片钢管螺旋桩在输电塔基中的应用

2.3.2 在工业与民用建筑中的应用

在工业与民用建筑中,叶片式钢管螺旋桩多用于新建房屋基础、附属设施、甲板和露台的修建中,此外在基础修复工程中的应用也比较多。图2-9所示的叶片式钢管螺旋桩就被用于一个正在施工的、在现有房屋边上增建的一个单层山体住宅中。这个住宅,是一个山体建筑,所处地区偏远,远距离的混凝土运输难度较大;且自身位于一个山体斜坡上,实现浅基础的填埋也非常困难。基于地形、成本等因素的考虑,此处采用了叶片式钢管螺旋桩施工。

此外,叶片式钢管螺旋桩具有施工过程中所需的安装设备小、机动灵活、设备运移成本低等优点,使其成为有限空间中基础设计施工中的首选方案,如在狭窄空间和室内庭院内的使用具有非常大的优势。相关研究指出,叶片式钢管螺旋桩基与工业与民用建筑基础中常用的条形基础相比,具有更高的经济效益。

图2-9 叶片式钢管螺旋桩在山体建筑中的应用

2.3.3 在敏感地区的应用

美国明尼苏达州北部由于及气候原因和土质条件,为冻胀敏感性地区,图2-10所示为在这个地区建设的一个甲板工程,其中使用了叶片式钢管螺旋桩。叶片式钢管螺旋桩基有抵抗冻胀力的作用,且自身的施工过程对冻胀敏感地区土体的影响也较小。

图2-10所示叶片式钢管螺旋桩基础从地下伸出地表面,并延伸至甲板,再通过一个简单的U形支架连接到支撑甲板的木桩上。甲板下的叶片式钢管螺旋桩的长度为1.8m。在这个

地区,由于长期连续冻融循环的作用,均一直径的混凝土桩往往有一部分被拔出地面,致使承载力降低,对上部建筑产生影响。而叶片式钢管螺旋桩的抗冻胀性和抗膨胀性是比较强的。因为其纤细的桩身减小了由于冻胀引起的上拔力,同时螺旋桩叶片则阻止了桩身的上拔。因此,在冻胀敏感地区和膨胀土地区,在上方有建筑物的情况下,土的隆起会引起的较大冻胀力和膨胀力,叶片式钢管螺旋桩的使用,减小了冻胀力,且能阻止桩身的上拔,具有较好的适应性。

图 2-10 叶片式钢管螺旋桩在冻胀敏感地区中的应用

叶片式钢管螺旋桩基在工程建设中的适用条件非常广泛,甚至在对环境敏感的湿地,也是一个极具吸引力的桩基方案。因为湿地中土体的承载力很低,重型设备不具备安放条件,而叶片式钢管螺旋桩的安装设备轻、桩基安装过程中对周边土体的冲击小,对环境影响小,且设备安放对地基承载力的要求低。

图 2-11 所示为一个典型的、由叶片式钢管螺旋桩支撑的、长达数千米的自然步道。这个自然步道每隔 2.4m 设置一道横梁,横梁的两端各安装有深深嵌入软土深部的叶片式钢管螺旋桩,用于支撑步道荷载。步道中所有叶片式钢管螺旋桩的安装均通过安装设备完成,下一段步道施工时,安装设备放在已施工完成的步道上方,以免湿软敏感的土质条件无法承受机械设备的荷载。有些步道在冬季施工,因为冬季土体被冻结,具有较高的强度,可以减少对安装机械的影响。

图 2-11 叶片式钢管螺旋桩在湿地自然步道中的应用

2.3.4 在既有建筑物内部的应用

叶片式钢管螺旋桩的另一个典型特点就是,安装过程中无振动、对环境影响小,因此在许多商业建筑内部的低净空区域,采用了这种桩型,但要注意的是,在使用之前需要重新进行荷载计算和设计。图 2-12 所示为美国南卡罗来纳州的一个体育场,该体育场用叶片式钢管螺旋桩来支撑体育馆中新的举重设备荷重和附属用房荷载。螺旋桩位于基岩上,入土深度为 9 ~ 12m。项目规范中要求,每个桩位处的竖向荷载为 222kN,桩的最大挠度为 13mm,在施工现场对叶片式钢管螺旋桩进行了荷载试验,其极限承载力和挠度均符合项目要求。

叶片式钢管螺旋桩在既有建筑物内部使用的另一个例子，就是用它来支撑工作夹层或其他楼层荷载。由于叶片式钢管螺旋桩基具有施工快速和安装简单的优点，可充分利用非工作时间进行商店或仓库建筑的螺旋桩基础施工，而不干扰其他区域的正常工作。图2-13所示为一个正在施工中的新夹层基础，从中可见，工作区域与其他区域通过悬挂黑塑料布进行区分，以保证其他不施工区域的正常工作，为最大限度地减小对周围环境的影响，施工中采用了小型、轻型、低噪声的安装设备。

图2-12　叶片式钢管螺旋桩在建筑物室内低净空区域中的使用

图2-13　叶片式钢管螺旋桩在新夹层基础中的应用

同时，当商业楼房改变用途后，为满足出入口的规定，需要加设楼梯和电梯，楼梯和电梯的基础同样可采用叶片式钢管螺旋桩。此外，叶片式钢管螺旋桩还被用来支撑商业建筑中的重型机械，细长的桩身具有较高的阻尼比，可用来抵抗机械振动。

为承受较大的荷载，叶片式钢管螺旋桩也可以联合起来使用。最常见的方法就是使用最小桩数且较为稳定的3根桩作为一组来支撑上部荷载。3根螺旋桩桩头之间设置横向支撑，桩顶上设置联合桩帽。这样下来，3根螺旋桩可承受的设计荷载高达670～25340kN。配合增加叶片数量和增大叶片直径，叶片式钢管螺旋的承载力得到了很大提高，已在从低到高、从轻到重的很多商业建筑工程，如超高层建筑中得到了应用。

2.3.5　在恶劣天气中的应用

叶片式钢管螺旋桩另一个突出的优点就是安装基本不受外界天气条件的影响。如图2-14所示，某餐厅在雨中完成了24根叶片式钢管螺旋桩的安装。这个项目最初的设计是采用单桩承载力为222kN的木桩，一个承包商用222kN的螺旋桩替代了木桩，反而使得工程成本更低了。原因在于，上述工程中若采用木桩，在当时恶劣的天气条件下，会使工期延误至少几个星期，而叶片式钢管螺旋桩不存在这个问题。恶劣天气下两天内共安装了35根螺旋桩，完全没有延误工程，并且在工期方面大大节约了成本。

图2-14　叶片式钢管螺旋桩在恶劣天气中的应用

2.3.6　在地下工程开挖支护中的应用

地下工程开挖支护方面也可见叶片式钢管螺旋桩的应用。

图 2-15 所示为俄亥俄州立大学一个地下核磁共振设备基础开挖和施作工程。该工程采用了叶片式钢管螺旋锚加喷射混凝土的支护方式,采用分阶段开挖土体的方法进行基坑开挖。同时,在开挖基坑底时,采用密布叶片式钢管螺旋桩来建造设备基础。该工程中,为屏蔽核磁共振设备的辐射,设计中采用 1.5m 厚的钢筋混凝土侧墙和顶板,每一个螺旋桩需要支撑的设计荷载为 222kN。此外,土体的开挖是在既有建筑物内部进行的,在开挖到基坑底部时遇到了地下水和软土,承载力较低,施工场地狭小、施工地质条件差,叶片式钢管螺旋桩配合轻型履带式安装机械,成功解决了上述问题。

图 2-15 叶片式钢管螺旋桩在基坑支护和设备基础中的应用

图 2-16 所示为叶片式钢管螺旋锚和喷射混凝土支护的另一个应用案例。该支护系统被用来建造一个商店地下室的基础,同样采用分阶段土方开挖的方式进行。螺旋锚安装完成后,将加强筋和人造排水板放置在螺旋锚端部,覆盖在开挖土体的正前方。在加强筋的表面上喷射数层喷射混凝土,直到螺旋锚的顶面呈现出光滑均一的喷射混凝土面层,这样就形成了强有效的支护系统。

图 2-16 叶片式钢管螺旋桩在基坑支护中的应用

在其他许多支护体系中,如板桩、支护桩体系,叶片式钢管螺旋锚常被用作这些支护体系的拉梁。同时,由于沿着整个桩身长度方向上都可以安装螺旋叶片,因此这种类型的螺旋锚也可以当土钉来用。美国底特律、密歇根地区大部分的挡土墙采用上述螺旋锚的支护方式,多个海岸地区都使用螺旋土钉。

图 2-17 为医用建筑中螺旋锚的安装照片,该建筑采用叶片式钢管螺旋锚作为支护体系的拉梁。实际的支护体系高 5.5m,设置了 2 道叶片式钢管螺旋锚拉梁,拉梁中心间距为 1 ~ 2m。

图 2-17　叶片式钢管螺旋桩在支护体系中作为拉梁的案例

综上所述,叶片式钢管螺旋桩是一种环保、可持续发展的基础形式。和传统的深基础形式相比,叶片式钢管螺旋桩消耗原材料少,需要的机械设备少。因此,采用叶片式钢管螺旋桩替代其他深基础,一般都能降低基础施工过程中的碳排放,减轻环境污染。此外,还能减少对敏感地区的扰动。

表 2-2 所示为叶片式钢管螺旋桩(锚)的优势应用点。

螺旋桩(锚)的优势应用点　　表 2-2

行业分类	螺旋桩(锚)优势应用点	备注	
房地产	1. 各类高层建筑物的深基坑支护,有重复利用的可能	A	
	2. 各类建筑改建项目、扩建项目,施工场地受限的地基处理情况	A	
	3. 各类临时性工棚、临时性建筑房屋的地基,可重复使用	A	
	4. 各类中、小、微型建筑物的地基,尤其是各类拼装房、移动房、别墅房屋、厂房地基、帐篷房、气膜建筑	A	
	5. 各类古建筑地基沉降修复和加固	A	
	6. 各类仿古建筑的地基		B
	7. 大型建筑群或小区基础设施相关的亭台楼阁、人行便桥、灯杆、广告牌等地基	A	
	8. 建筑工地的拌和站设备地基		B
	9. 电气工程、给排水、采暖、燃气、通风、空调工程的地下管道支护地基、大型机械或电气设备地基、斜拉索锚		B

续上表

行业分类		螺旋桩(锚)优势应用点	备	注
市政工程、绿化庭院工程		1. 市政河道治理中的河堤边坡加固及沿河的标志标牌、灯杆地基,以及沿河的轻型景观和建筑地基	A	
		2. 市政道路灯杆地基	A	
		3. 市政各类管道地基		B
		4. 市政广告牌地基、斜拉索锚		B
		5. 市政桥梁地基、斜拉索锚		B
		6. 市政景观亭台楼阁地基		B
		7. 各类市政钢结构地基、斜拉索锚		B
		8. 城市地下管廊建设中的深基坑支护、管道支护地基等		B
		9. 庭院绿化中的亭台楼阁地基、人行便桥、灯杆、广告牌等地基	A	
交通行业	高速公路	1. 高速公路深挖路堑边坡加固、各类挡土墙,尤其是膨胀土、失陷性黄土区	A	
		2. 各类公路桥梁建设所需的临时性施工栈桥,有重复利用的可能	A	
		3. 各类公路中小型桥梁的地基		B
		4. 高速公路各类桥涵、涵洞的地基	A	
		5. 高速公路波纹管桥涵的地基	A	
		6. 高速公路服务区内房屋、加油站、收费站、信号牌、广告牌的地基		B
		7. 高速公路特殊路段地基处理,例如经过沼泽地等软基路段	A	
		8. 高速公路隔音墙地基	A	
		9. 高速公路沥青拌和站、沙石料拌和站各类罐体、设备地基		B
		10. 高速公路信号牌、标志标牌、路灯杆地基		B
	高速铁路	1. 高速铁路桥墩地基		B
		2. 高速铁路站房屋地基、高速铁路站钢结构地基		B
		3. 高速铁路信号牌、标志标牌、路灯杆地基	A	
		4. 高速铁路站斜拉索锚	A	
		5. 高速铁路站各类景观设施地基、斜拉索锚	A	
		6. 高速铁路桥梁地基、高速铁路临时性施工栈桥地基	A	
		7. 高速铁路桥涵、涵洞地基	A	
		8. 高速铁路沿线所需的各类深挖路堑边坡加固、挡土墙等	A	
	地铁	1. 地铁站建设深基坑支护	A	
		2. 地铁隧道支护		B
		3. 地铁站房屋、电气设施地基		B
电力和太阳能电站		1. 各类输电塔塔基,尤其适合于在渺无人烟的地方建输电塔基	A	
		2. 变电站房屋、变电站的电气基础设置地基		B
		3. 各类陆地太阳能电站的地基和斜拉索锚	A	
		4. 各类水上太阳能电站的地基和斜拉索锚	A	
		5. 各类输电线电杆的斜拉索系统	A	

续上表

行业分类	螺旋桩(锚)优势应用点	备注	
电信	1. 各类通信塔塔基	A	
	2. 通信基站地基	A	
	3. 各类通信塔、基站的斜拉索锚	A	
	4. 各类通信基础设施地基	A	
石油	1. 各类石油输送管道的地基、石油储油罐地基	A	
	2. 各类石油油井架地基	A	
	3. 各类石油加油站地基	A	
	4. 各类石油行业轻型、便捷式房屋地基	A	
工业行业	1. 各类工业、化工厂房、商业建筑地基		B
	2. 各类临时性工棚、临时性建筑房屋的地基,可重复使用	A	
	3. 各类工业、例如机械、化工、饲料、建筑工地等的大型、重型机械设备地基		B
农业和农场	1. 各类日光温室地基	A	
	2. 各类农场粮食储藏罐、粮食烘干罐的地基	A	
	3. 各类农场仓库、储藏室地基	A	
	4. 葡萄架等	A	
	5. 各类农产品加工行业、养殖行业的罐体、厂房、重型设备地基		B

注:1. A 表示相对水泥桩而言,在大多数情况下,既有技术优势,也有经济成本优势,一定程度上能替代水泥桩,但不绝对;

2. B 表示相对水泥桩而言,在水泥桩不能发挥优势的复杂地质条件下,例如地下水位高、特别软基(沼泽地),螺旋桩才有相对经济成本优势;

3. 就便捷性而言,螺旋桩在任何情况下都比水泥桩有优势,例如赶工期、抢险救灾等特殊情况。

2.4　叶片式钢管螺旋桩的环保效应

提高了原材料的有效利用率,减少了钢材用量。叶片式钢管螺旋桩的结构形式为纤细的桩身,桩身局部再配备大直径的承载叶片,在既保证承载力的要求下,又实现了最合理的材料配置。相比之下,在达到相同承载力的情况下,叶片式钢管螺旋桩所使用的原材料数量,比钻孔桩减少了 65%,比打入式预制钢桩减少了 95%。

运输工作量小,环境污染少。叶片式钢管螺旋桩施工前需要从供货商处将加工好的螺旋桩运输至现场,一并运输的还有安装机械,除此之外,并无其他的运输作业。而钻孔灌注桩施工需要运输钢筋、混凝土,运输钻机和混凝土泵车去现场,需要多次往返的车辆运输作业。相比钻孔灌注桩,叶片式钢管螺旋桩基施工中的运输工作量要小很多,且安装过程中也无额外的运输作业。运输工作量小、对周围环境的污染小、相应的对道路的维护工作量也减小。

运输能耗小,降低碳排放。尽管叶片式钢管螺旋桩也是长距离从供应商处运送到现场,但问题的实质在于,这种桩型所需的原材料少、重量轻,可减少载货汽车的运输次数,使得材料运输过程中的总能耗非常小。在一个工程中,将 350 根叶片式钢管螺旋桩,从美国俄亥俄州的辛辛那提运输到科罗拉多州的丹佛,运输过程中所需的燃油与完成同样工程所要运输混凝土和钢筋所需的燃油相比,减少了40%。此外,螺旋桩施工中不需要掺加混凝土,即不需要水泥,也就是减少了生产水泥过程中大量的碳排放所导致的环境污染。在大多数工程地质条件下,相比其他深基础,叶片式钢管螺旋桩安装都可以采用较小的安装设备,因此从短期内来看,可减少安装设备所需的能耗。

此外,叶片式钢管螺旋桩也是一种对外界影响较小的基础形式,适用于环境敏感的北极地区,湿地、草原或历史遗址地区。重量轻的安装设备最大限度地减少了对环境的干扰,减少了对环境脆弱生态系统的影响。此外,叶片式钢管螺旋桩的安装也可以在沼泽地上进行,通过将安装机械放置在已建好的建筑物上,施工螺旋桩。同样,可以在冬季施工,如在土体冻结后,在其内部安装螺旋桩,以减少未冻结时软土地基无法承受安装设备重量的问题。总体来说,叶片式钢管螺旋桩有可能是现今深基础工程中,对周围环境最为友好的基础形式之一。

2.5 小　　结

作为一种新型桩型,叶片式钢管螺旋桩有很多优点,可在多种条件下使用,尤其适用于特殊的工程、地质条件和天气条件。可适用于多种工程,从轻型、小型建筑到超高层建筑,从地上建筑基础到地下建筑围护结构,从沼泽地到膨胀土再到冻土地区,不受天气条件、施工场地的影响,此外还具有节省材料、降低能耗、减少污染的特点,是一种极具潜力的桩型,未来将会有越来越多的应用领域。

第3章　叶片式钢管螺旋桩的构造与产品要求

3.1　构 造 类 型

目前,在工程中比较常用的是单叶片和双叶片钢管螺旋桩,构造分别如图3-1和图3-2所示,各参数代表的含义见表3-1和表3-2。

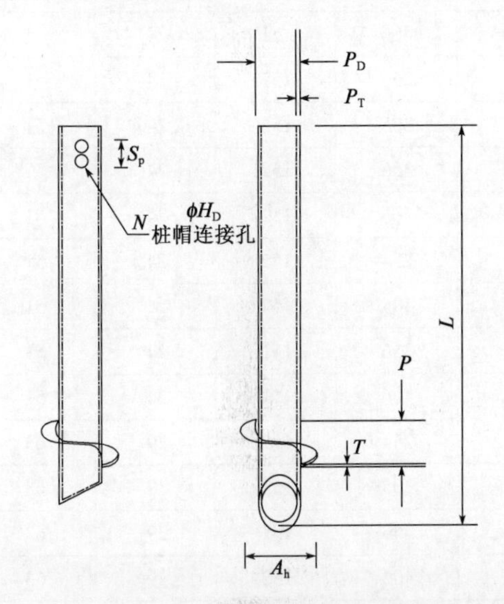

图3-1　单叶片钢管螺旋钢桩构造

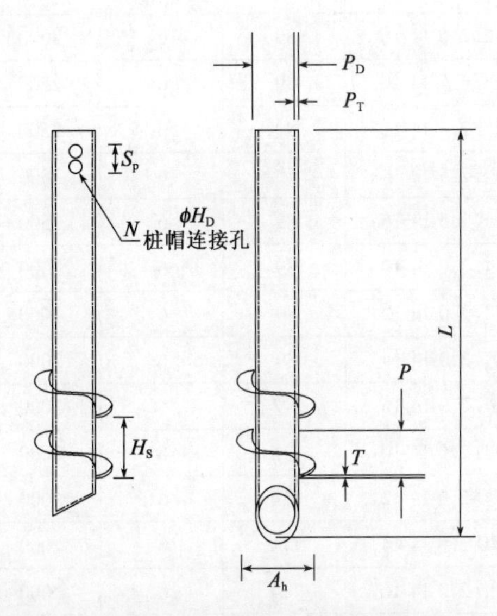

图3-2　双叶片钢管螺旋桩构造

单叶片钢管螺旋桩常用型号及各部分尺寸(mm)　　表3-1

型　号	P_D	P_T	L	T	A_h	P	H_D	S_P
	钢管直径	壁厚	桩长	叶片宽度	叶片投影直径	叶片高度	孔径	孔距
PA-2.0-10-10	60	5	2000	10	254	102	24	51
PA-2.0-10-12	60	5	2000	10	305	102	24	51
PA-2.0-10-14	60	5	2000	10	356	102	24	51
PA-2.5-10-10	60	5	2500	10	254	102	24	51
PA-2.5-10-12	60	5	2500	10	305	102	24	51
PA-2.5-10-14	60	5	2500	10	356	102	24	51
PB-2.0-10-10	73	5	2000	10	254	102	24	51

续上表

型　号	P_D	P_T	L	T	A_h	P	H_D	S_P
	钢管直径	壁厚	桩长	叶片宽度	叶片投影直径	叶片高度	孔径	孔距
PB-2.0-10-12	73	5	2000	10	305	102	24	51
PB-2.0-10-14	73	5	2000	10	356	102	24	51
PB-2.5-10-10	73	5	2500	10	254	102	24	51
PB-2.5-10-12	73	5	2500	10	305	102	24	51
PB-2.5-10-14	73	5	2500	10	356	102	24	51
PC-2.0-14-10	89	6	2000	14	254	152	24	51
PC-2.0-14-12	89	6	2000	14	305	152	24	51
PC-2.0-14-14	89	6	2000	14	356	152	24	51
PC-2.0-14-16	89	6	2000	14	406	152	24	51
PC-2.5-14-10	89	6	2500	14	254	152	24	51
PC-2.5-14-12	89	6	2500	14	305	152	24	51
PC-2.5-14-14	89	6	2500	14	356	152	24	51
PC-2.5-14-16	89	6	2500	14	406	152	24	51
PC-3.0-14-10	89	6	3000	14	254	152	24	51
PC-3.0-14-12	89	6	3000	14	305	152	24	51
PC-3.0-14-14	89	6	3000	14	356	152	24	51
PC-3.0-14-16	89	6	3000	14	406	152	24	51
PD-2.0-14-10	114	6	2000	14	254	152	29	63
PD-2.0-14-12	114	6	2000	14	305	152	29	63
PD-2.0-14-14	114	6	2000	14	356	152	29	63
PD-2.0-14-16	114	6	2000	14	406	152	29	63
PD-2.5-14-10	114	6	2500	14	254	152	29	63
PD-2.5-14-12	114	6	2500	14	305	152	29	63
PD-2.5-14-14	114	6	2500	14	356	152	29	63
PD-2.5-14-16	114	6	2500	14	406	152	29	63
PD-3.0-14-10	114	6	3000	14	254	152	29	63
PD-3.0-14-12	114	6	3000	14	305	152	29	63
PD-3.0-14-14	114	6	3000	14	356	152	29	63
PD-3.0-14-16	114	6	3000	14	406	152	29	63
PE-2.5-14-16	140	7	2500	14	406	152	29	63
PE-2.5-20-16	140	7	2500	20	406	152	29	63
PE-2.5-14-20	140	7	2500	14	508	152	29	63
PG-2.5-20-20	178	8	2500	20	508	152	34	63

续上表

型　　号	P_D 钢管直径	P_T 壁厚	L 桩长	T 叶片宽度	A_h 叶片投影直径	P 叶片高度	H_D 孔径	S_P 孔距
PG-2.5-20-24	178	8	2500	20	610	152	34	63
PG-2.5-20-28	178	8	2500	20	711	152	34	63
PH-2.5-25-39	219	8	2500	25	984	152	34	63
PK-2.5-14-28	273	9	2500	14	711	152	51	63
PL-2.5-14-28	324	9	2500	14	711	152	51	63

双叶片钢管螺旋桩常用型号及各部分尺寸(mm)　　表 3-2

型　　号	P_D 桩身直径	P_T 壁厚	L 桩长	T 叶片宽度	A_h 叶片投影直径	P 叶片高度	H_D 孔径	S_P 孔距	H_S 叶片间距
P2A-2.0-10-10	60	5	2000	10	254	102	24	51	762
P2A-2.0-10-12	60	5	2000	10	305	102	24	51	915
P2A-2.0-10-14	60	5	2000	10	356	102	24	51	1068
P2A-2.5-10-10	60	5	2500	10	254	102	24	51	762
P2A-2.5-10-12	60	5	2500	10	305	102	24	51	915
P2A-2.5-10-14	60	5	2500	10	356	102	24	51	1068
P2B-2.0-10-10	73	5	2000	10	254	102	24	51	762
P2B-2.0-10-12	73	5	2000	10	305	102	24	51	915
P2B-2.0-10-14	73	5	2000	10	356	102	24	51	1068
P2B-2.5-10-10	73	5	2500	10	254	102	24	51	762
P2B-2.5-10-12	73	5	2500	10	305	102	24	51	915
P2B-2.5-10-14	73	5	2500	10	356	102	24	51	1068
P2C-2.0-14-10	89	6	2000	14	254	152	24	51	762
P2C-2.0-14-12	89	6	2000	14	305	152	24	51	915
P2C-2.0-14-14	89	6	2000	14	356	152	24	51	1068
P2C-2.0-14-16	89	6	2000	14	406	152	24	51	1218
P2C-2.5-14-10	89	6	2500	14	254	152	24	51	762
P2C-2.5-14-12	89	6	2500	14	305	152	24	51	915
P2C-2.5-14-14	89	6	2500	14	356	152	24	51	1068
P2C-2.0-14-16	89	6	2000	14	406	152	24	51	1218
P2C-3.0-14-10	89	6	2500	14	254	152	24	51	762
P2C-3.0-14-12	89	6	2500	14	305	152	24	51	915

续上表

型号	P_D	P_T	L	T	A_h	P	H_D	S_P	H_S
	桩身直径	壁厚	桩长	叶片宽度	叶片投影直径	叶片高度	孔径	孔距	叶片间距
P2C-3.0-14-14	89	6	2500	14	356	152	24	51	1068
P2C-3.0-14-16	89	6	2000	14	406	152	24	51	1218
P2D-2.0-14-10	114	6	2000	14	254	152	29	63	762
P2D-2.0-14-12	114	6	2000	14	305	152	29	63	915
P2D-2.0-14-14	114	6	2000	14	356	152	29	63	1068
P2D-2.0-14-16	114	6	2000	14	406	152	29	63	1218
P2D-2.5-14-10	114	6	2500	14	254	152	29	63	762
P2D-2.5-14-12	114	6	2500	14	305	152	29	63	915
P2D-2.5-14-14	114	6	2500	14	356	152	29	63	1068
P2D-2.5-14-16	114	6	2500	14	406	152	29	63	1218
P2D-3.0-14-10	114	6	3000	14	254	152	29	63	762
P2D-3.0-14-12	114	6	3000	14	305	152	29	63	915
P2D-3.0-14-14	114	6	3000	14	356	152	29	63	1068
P2D-3.0-14-16	114	6	3000	14	406	152	29	63	1218
P2E-2.5-14-16	140	7	2500	14	406	152	29	63	1218
P2E-2.5-14-16	140	7	2500	20	406	152	29	63	1218
P2E-2.5-14-16	140	7	2500	14	508	152	29	63	1524
P2G-2.5-20-20	178	8	2500	20	508	152	34	63	1524
P2G-2.5-20-24	178	8	2500	20	610	152	34	63	1830
P2G-2.5-20-28	178	8	2500	20	711	152	34	63	2133
P2H-4.0-25-39	219	8	4000	25	984	152	34	63	2952
P2K-4.0-14-28	273	9	4000	14	711	152	51	63	2133
P2L-4.0-14-28	324	9	4000	14	711	152	51	63	2133

表3-1和表3-2分别给出了单叶片、双叶片钢管螺旋桩的常用型号，并对各型号中各组成部分的具体尺寸进行了规定，方便螺旋桩设计中参考使用。

3.2 原材料要求

3.2.1 钢材和钢板

用于生产叶片式钢管螺旋桩的钢材建议采用Q345B及以上的高强度钢，质量应符合《碳素结构钢》(GB/T 700)的规定；叶片式钢管螺旋桩所购钢材、钢板均要有质量检验报告、材质单和质量检验证书,并在螺旋桩上打上质量检验标志。

采购的钢管和钢板应符合叶片式钢管螺旋桩的设计要求,并随货提供相应的材质单。上述材料到厂后,质检人员先检验材质单上的炉号与原料上的炉号是否一一对应,然后再卸货。必要时,引进第三方独立进行钢材、钢板的质量检验。

3.2.2　螺旋叶片的要求

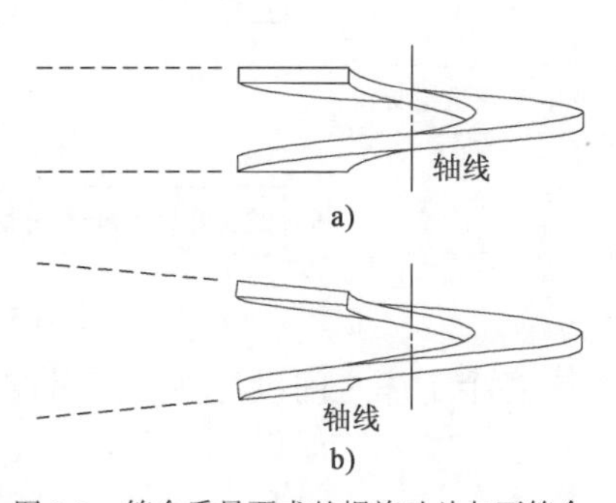

图 3-3　符合质量要求的螺旋叶片与不符合质量要求的螺旋叶片的对比图
a)符合质量要求;b)不符合质量要求

符合质量要求的螺旋叶片要有完美的对称性,也就是说它在整个 360°圆周范围内要有一致的等螺距张角,即在螺旋面上穿过圆心的任意一条半径线都垂直于中轴。螺旋叶片的内缘应跟中轴平行,叶片内缘与中轴之间的空间应该是一致的。如图 3-3 所示,图 3-3a)为符合质量要求的螺旋叶片,图 3-3b)为不符合质量要求的螺旋叶片。可见不符合质量要求的螺旋叶片螺距张角不同,且螺旋上下边缘的线不平行。

在叶片的俯视图中(从轴线方向看),螺旋叶片的内、外缘都应该是完美的圆形。通常情况下,没有正确加工成型的螺旋叶片,如果从其尾翼处开始测量螺距,其外缘螺距比紧挨中轴的内缘螺距大。

图 3-4 为符合质量要求[图 3-4a)]和不符合质量要求[图 3-4b)]的螺旋叶片实物图。

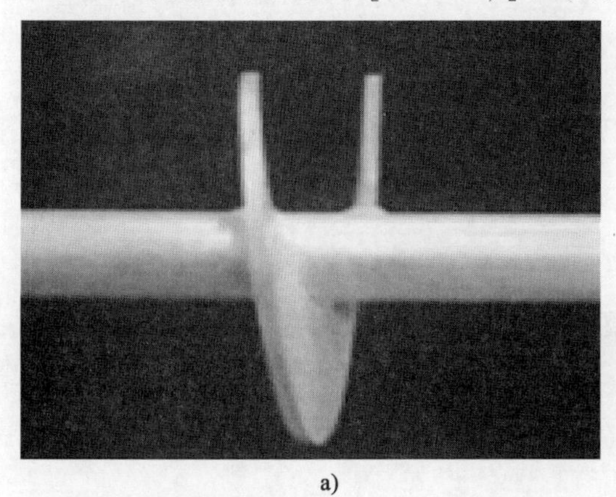
a)

b)

图 3-4　螺旋叶片实物
a)符合质量要求;b)不符合质量要求

3.2.3　螺旋叶片和钢管之间的焊接要求

焊接方法采用二氧化碳气体保护焊;焊接材料为焊丝 501-1。钢管间、钢管和叶片间、钢管和桩帽间的焊接质量都要满足我国现行的《钢结构焊接规范》(GB 50661)中的相关规定。

3.3　生 产 工 艺

叶片式钢管螺旋桩的生产工艺如图 3-5 所示。

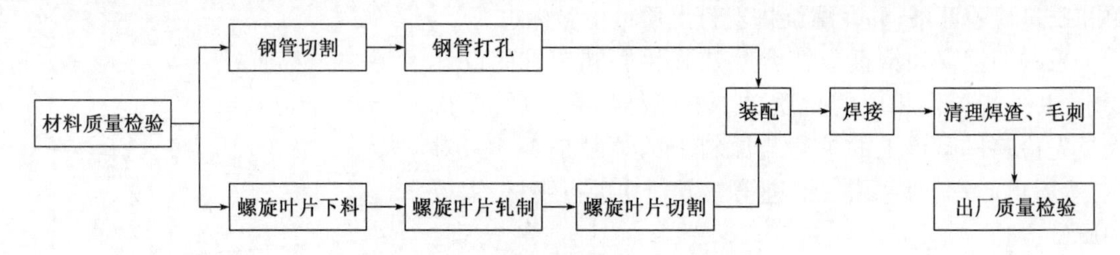

图 3-5　叶片式钢管螺旋桩生产工艺流程图

各个工序之间设计独立质量控制环节，不合格不转序。

3.4　产品质量要求

叶片式钢管螺旋桩的产品质量要求包含钢管长求、直径和弯曲度要求，具体如下：

钢管长度允许偏差为 -0.5% ~ +0.7%，用钢卷尺测量，精确至1mm。

管端100mm长度范围内，钢管最大外径不得比标准外径大1%，最小外径不得比标准外径小1%，采用能够测量最大和最小外径的卡尺、杆规或其他工具测量。

钢管弯曲度不得超过管长0.2%。

此外，还包含螺旋叶片的直径、螺距、螺旋张角的要求，具体如下：

螺旋叶片的外径公差为 ±2mm。

螺旋叶片的内径公差为 +2mm。

螺旋叶片的螺距公差为 ±3mm。

螺旋面上的每一条半径线垂直于中轴线，螺旋张角的误差不超过3°。

3.5　小　　结

本章首先给出了叶片式钢管螺旋桩的常用型号及各型号对应的各组成部分的详细尺寸；接下来对叶片式钢管螺旋桩的原材料要求、生产工艺和产品质量要求进行了叙述，为螺旋桩的生产和质量检验提供指导。

第4章　叶片式钢管螺旋桩抗压承载力相关理论

本章主要介绍了叶片式钢管螺旋桩抗压承载力计算中最常用的一种方法，即以传统的岩土工程极限状态分析法为原理，以叶片承载模式和圆柱剪切模式为基本破坏模式的承载力计算方法。很多国家的螺旋桩设计规范中给出的承载力计算公式，多是基于这个最基本的理论和方法。

在实际工程中，本章所述的方法主要用于确定螺旋桩的尺寸即确定螺旋桩叶片数量，确定桩身强度，以此来满足基于实际工程地质条件下的螺旋桩设计。在实施过程中，可配合安装扭矩测量和现场荷载试验，来进行螺旋桩的抗压极限承载力的确定。

4.1　叶片式钢管螺旋桩的承载模式

4.1.1　叶片承载模式和圆柱剪切承载模式

基于经典的土力学理论，叶片式钢管螺旋桩承载力的计算有两种方法，即叶片承载模式计算法和圆柱剪切模式计算法。具体选择哪一种方法进行计算，主要取决于叶片间距，因为叶片间距直接决定了承载模式，如图4-1所示。

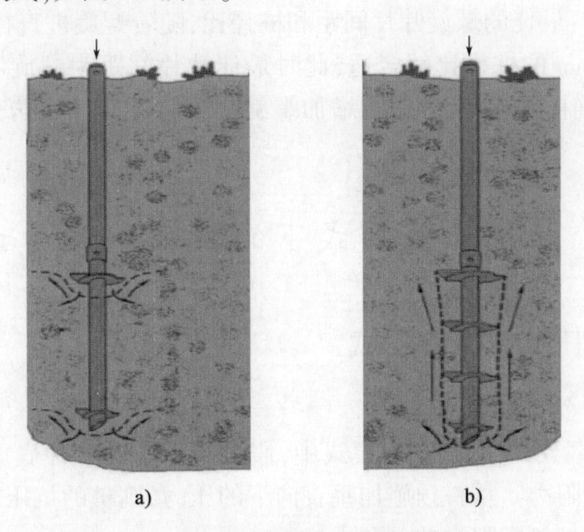

图4-1　叶片式钢管螺旋桩承载模式

如果叶片之间的间距非常大，如图4-1a)所示，每个叶片单独发挥作用。在这种情况下叶片式螺旋桩的承载能力主要取决于螺旋叶片的承载能力，为所有单叶片承载力的和，因此也被称为叶片承载模式。

如果叶片之间的间距非常小,如图4-1b)所示,此时叶片和周围土体共同发挥作用。在这种情况下,叶片式钢管螺旋桩的承载力就是螺旋桩叶片端承载力和螺旋叶片之间圆柱土体侧阻力之和,因此也被称为圆柱剪切模式。

4.1.2 叶片间距和承载模式之间的关系

叶片间距是决定叶片式钢管螺旋桩承载模式的重要因素,很多学者进行了大量螺旋桩的室内模型试验,对叶片间距和叶片承载模式、圆柱剪切承载模式之间的关系进行了探讨。上述试验中,涉及的螺旋叶片间距与桩身直径的比范围为1~5。Narasimha Rao的研究表明,螺旋叶片与桩身直径比在1.5以内时,应采用圆柱剪切模式进行计算。Bassett的试验则表明,从圆柱面剪切模式到叶片承载模式之间的转换,一般发生在叶片间距与桩径比为2.1~3.4。上述试验结果出现差别的原因,就是不同模型试验的尺寸效应引起的。

叶片式钢管螺旋桩螺旋叶片的间距决定了螺旋叶片的疏密,在某特定地层中,疏密是一个相对的概念,还取决于螺旋桩的几何尺寸和周围土体的条件。一般情况下,对给定叶片间距和桩身直径的叶片式钢管螺旋桩,不能提前判断出螺旋叶片的间距到底是太大还是太小,最实用的方法就是分别计算出两种承载模式下的承载力,取其中的小值作为承载力限值。上述通过计算所有破坏模式,来获得最小值的方法被称为极限状态分析法。

对叶片式钢管螺旋桩来说,螺旋叶片的理想间距是在该间距下,采用叶片承载模式和圆柱剪切模式,分别计算得到的承载力相等。叶片间距超过该值将会导致桩身过长,间距小于该值,又会造成螺旋叶片的尺寸过大。通过承载力相等计算得到的螺旋桩叶片的理想间距,受土体重度、强度、均匀性和地下水条件的影响,还受桩的入土深度和螺旋桩直径的影响。Narasimha Rao进行了一系列室内叶片式钢管螺旋桩缩尺模型试验,试验中采用的叶片直径最大为152mm,得到以下结论,圆柱剪切区域随叶片半径的增加而增大,此时螺旋桩的承载力是螺旋叶片承载力的平方;最佳的螺旋叶片间距和桩径比,随着螺旋桩直径的增加而增大。对绝大多数土来说,38~89mm的桩径比较合适,此时最佳叶片间距为螺旋叶片平均直径的2~3倍 。在斜坡上进行螺旋桩安装时,应适当增加螺旋叶片间距,以保证安装过程中螺旋桩叶片旋入土体的轨迹相同。

4.2 叶片承载模式下的抗压承载力计算

4.2.1 螺旋桩抗压承载力计算公式

叶片承载模式即每个叶片单独受力。

图4-2b)为叶片承载模式受力图,该模式中,假设每个螺旋叶片底面承受均布荷载,沿桩身长度方向分布着侧摩阻力。从桩顶施加垂直向下的压力,则桩的抗压极限承载力P_u为n个螺旋叶片单独承载力和桩侧摩阻力的总和:

$$P_u = \sum_n q_{ult} A_n + \alpha H \pi d \tag{4-1}$$

式中:q_{ult}—— 叶片下地基的极限承载力(kPa);

A_n——第 n 个螺旋叶片的面积(m^2)；

α——桩身和土体之间的摩擦力(kPa)；

H——螺旋叶片顶部与桩顶之间的距离(m)；

d——桩身直径，$d=2t$(m)。

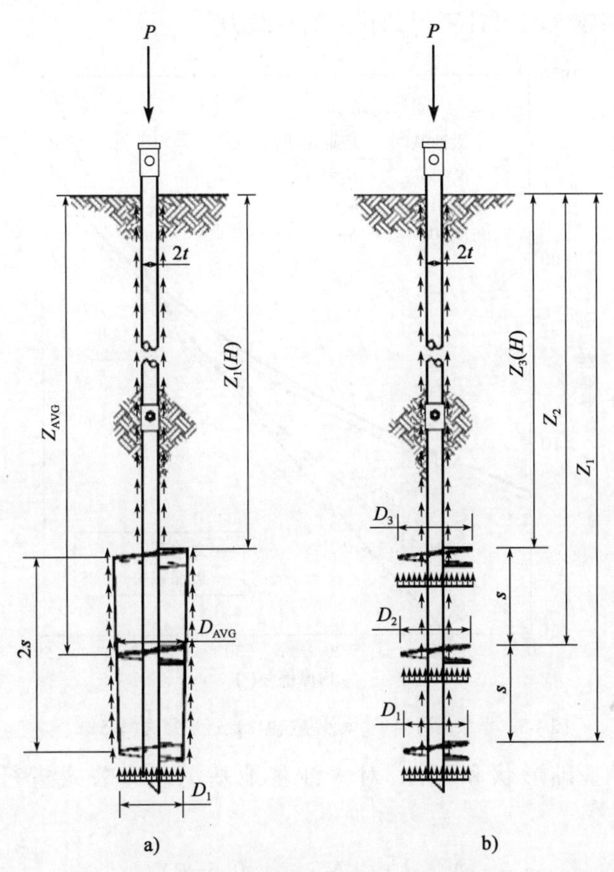

图 4-2　叶片承载模式和圆柱剪切承载模式

a) 圆柱剪切承载模式；b) 叶片承载模式

4.2.2　叶片下地基的承载力确定和理论公式验证

桩顶竖向压力作用下，每个螺旋叶片底面承受着土体对其向上的均布荷载，计算叶片式钢管螺旋桩的极限承载力，首先要确定出叶片下地基的极限承载力。

1) 经典的地基承载力计算公式

在具体工程中，岩土工程勘察报告中若提供了地基极限承载力 q_{ult}，则直接采用报告中的数值。若没有提供，地基极限承载力可按照太沙基(1943)提出的承载力公式进行计算：

$$q_{ult}=1.3cN_c+q'N_q+0.3\gamma BN_\gamma \tag{4-2}$$

式中：　c——黏聚力(kPa)；

q'——在承载深度处的有效附加应力(kPa)；

γ——土的单位重度(kN/m^3)；

B——承载部分的宽度(m)；

N_c、N_q、N_γ——承载能力因子。

图4-3所示为太沙基公式中的承载能力因子和土体内摩擦角之间的关系曲线。为方便计算,承载能力因子采用图线的形式给出,可见3个承载能力因子都随土体内摩擦角的增加呈指数增长,当土体内摩擦较大时可计算得到较高的承载力。

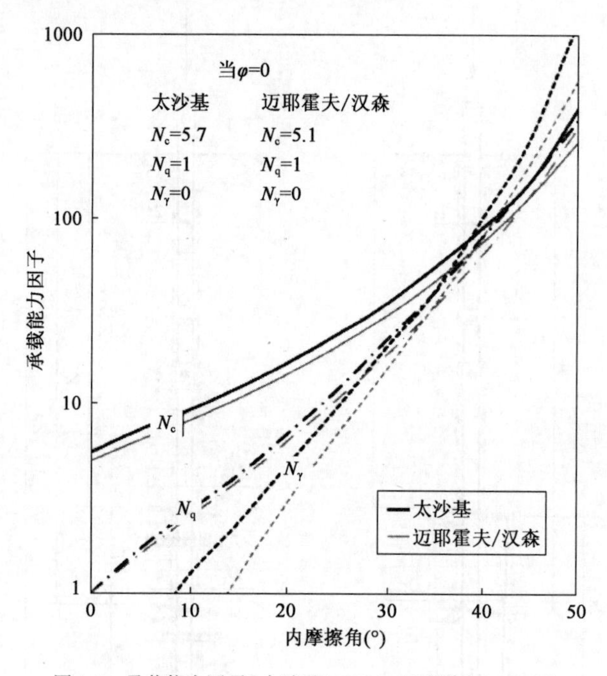

图4-3 承载能力因子[太沙基(1943)、迈耶霍夫(1951)]

迈耶霍夫考虑了基础形状和埋深,对太沙基地基承载力公式进行了修正,得到如下公式:

$$q_{\text{ult}} = cN_c s_c d_c + q' N_q s_q d_q + 0.5\gamma B N_\gamma s_\gamma d_\gamma \tag{4-3}$$

式中:s_c、s_q、s_γ——基础形状影响系数;

d_c、d_q、d_γ——基础埋深影响系数。

并对承载能力因子进行了重新定义,给出如下公式:

$$N_q = e^{\pi\tan\varphi}\tan^2\left(45 + \frac{\varphi}{2}\right) \tag{4-4}$$

$$N_c = (N_q - 1)\cot\varphi \tag{4-5}$$

$$N_\gamma = (N_q - 1)\tan(1.4\varphi) \tag{4-6}$$

迈耶霍夫承载力因子与内摩擦之间的关系曲线如图4-3所示。迈耶霍夫考虑基础形状和埋深得到的承载能力因子比太沙基给出的略小。

汉森(1970)和魏西克(1973)对迈耶霍夫土的地基承载力公式中基础形状和埋深系数进行了进一步定义,得到公式如下:

$$s_c = 1 + \frac{N_q}{N_c}\frac{B}{L} \tag{4-7}$$

$$s_q = 1 + \frac{B}{L}\tan\varphi \tag{4-8}$$

$$s_\gamma = 1 - 0.4\frac{B}{L} \tag{4-9}$$

$$d_c = 1 + 0.4K \tag{4-10}$$

$$d_q = 1 + 2K\tan\varphi\,(1 - \sin\varphi)^2 \tag{4-11}$$

$$d_\gamma = 1 \tag{4-12}$$

$$K = \arctan\left(\frac{H}{B}\right) \tag{4-13}$$

式中：L——基础的长度(m)；

K——尺寸参数；

φ——土体的内摩擦角(°)。

魏西克同时考虑了倾斜荷载对地基承载力的影响，但这个因素对浅基础的影响是很大，但对深基础来说影响不大。

2)螺旋叶片下的地基承载力简化计算

当不考虑承载力理论时，可采用一些简化公式来计算叶片下地基的极限承载压力。

对应于叶片式钢管螺旋桩，基础的宽度 B 和长度 L 均可等同于螺旋叶片的直径 D，此时 B/L 的值等于 1。同时，螺旋叶片的埋深远比大于它的直径，因此，H/B 值也非常大。当 H/B 值较大时，式(4-13)中尺度参数 K 接近 $\pi/2$。如果 K 和 B/L 为常数，那么基础形状和深度系数将只随土体内摩擦角的变化而变化。

因此，螺旋桩叶片的基础形状和深度系数可用与地基承载力因子统一的形式来表达，即：

$$N'_c = N_c s_c d_c,\ N'_q = N_q s_q d_q,\ N'_\gamma = N_\gamma s_\gamma d_\gamma$$

图 4-4 所示为叶片式钢管螺旋桩在考虑承载能力、基础形状和埋深的承载能力因子和内摩擦角的关系曲线，和图 4-3 相比，N'_c值偏高，N'_q值不变，N'_γ值偏小。

由于螺旋桩、螺旋叶片都有重量，螺旋叶片上的土体也会对螺旋桩施加附加荷载 q'，这几项均没有在式(4-3)的第 2 项中去除。此外，对叶片式钢管螺旋桩来说，螺旋叶片的直径 D 可以替代基础的宽度 B，因此简化的叶片下的地基极限承载力公式可写成：

$$q_{ult} = cN'_c + q'(N'_q - 1) + 0.5\gamma DN'_\gamma \tag{4-14}$$

(1)细粒土中叶片下的地基承载力简化公式与试验验证。

对于细粒土，内摩擦角等于 0，汉森和魏西克方程中的 N'_c等于 9。然而，Skempton(1951)通过理论研究和实验证明，N'_c为一个定值，约为 9 倍的基础埋深。在这种情况下，方程式(4-14)中的第 2 项和第 3 项都接近于 0。

对叶片式钢管螺旋桩，土体黏聚力 c 可取为不排水条件下的抗剪强度 s_u(kPa)，因此，细粒土中叶片下的地基极限承载力公式可简化如下形式：

$$q_{ult} = 9s_u \tag{4-15}$$

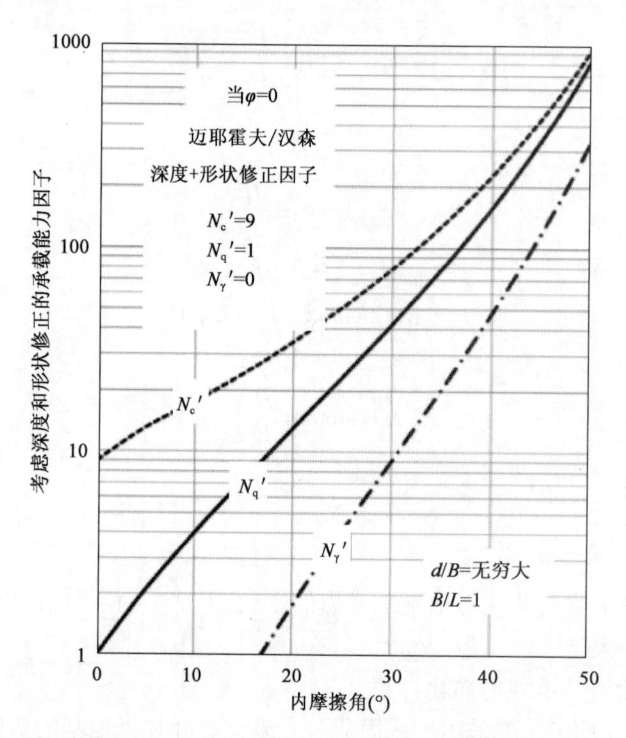

图 4-4　考虑形状和深度修正的叶片下地基承载能力因子

太沙基和派克(1967)研究得出,细颗粒土的不排水抗剪强度与标准贯入锤击数有以下关系:

$$s_{u} = \lambda_{SPT} N_{55} \tag{4-16}$$

式中:λ_{SPT}——6.2kPa/击/30cm;

N_{55}——能量比为 0.55 时的标准贯入试验锤击数。

将式(4-15)与式(4-16)联合,就得到细粒土中用标准贯入试验锤击数来计算叶片下地基极限承载力的公式。值得注意的是,早期的标准贯入设备多为绳滑轮锚式系统,贯入能量比为 55,而现代的标准贯入设备,贯入能量比多为 70 ,因此需对式(4-16)进行能量校正,校正后的公式如下:

$$q_{ult} = 11\lambda_{SPT} N_{70} \tag{4-17}$$

式中:N_{70}——能量比为 0.70 时的标准贯入试验锤击数。

采用叶片承载模式计算细粒土中螺旋桩的抗压极限承载力,需要把式(4-14)、式(4-15)或式(4-17)都带入到式(4-1)中,为保守起见,忽略土体和桩身周边的摩阻力。

对用式(4-17)和式(4-1)计算得到的叶片式钢管螺旋桩抗压极限承载力,用细粒土中 47 个足尺的螺旋桩荷载试验进行了验证。试验中的螺旋桩直径为 73 ~ 273mm,叶片直径为 203 ~ 762mm。现场测试和理论计算结果对比见图 4-5。

总体来说,叶片式螺旋桩荷载试验测得的承载力是理论公式计算承载力的 1.03 倍,标准差为 0.47,说明二者具有较好的一致性。值得注意的是,若对式(4-14)采用 2 的安全系数后,现场实测值 98% 都超过了理论计算值。

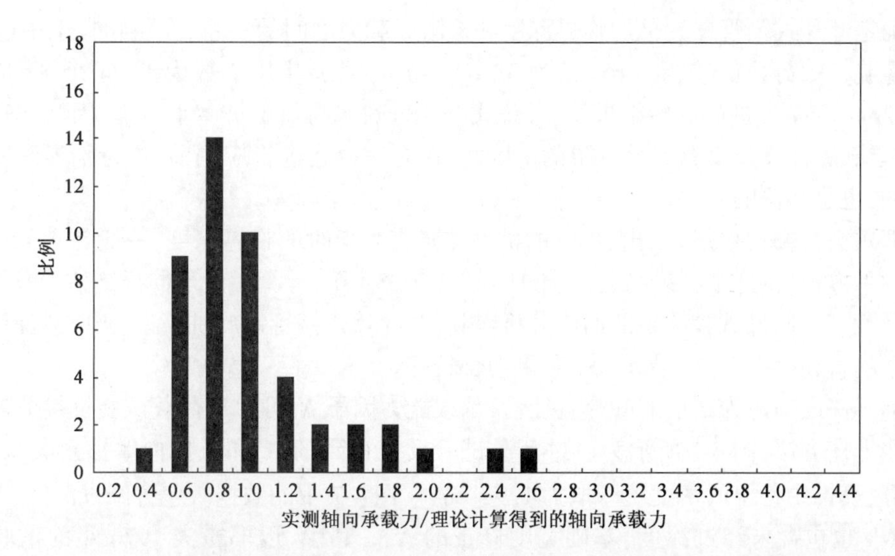

图4-5　叶片承载模式下，黏土中螺旋桩抗压极限承载力理论计算值和实测值比较

另一种能验证式(4-17)准确性的方法如图4-6中所示，绘制实测承载力和标准贯入锤击数之间的关系曲线。可以看出，式(4-17)能高度拟合实测结果。47组试验中，叶片式钢管螺旋桩测试极限承载力范围为192～4788kPa。

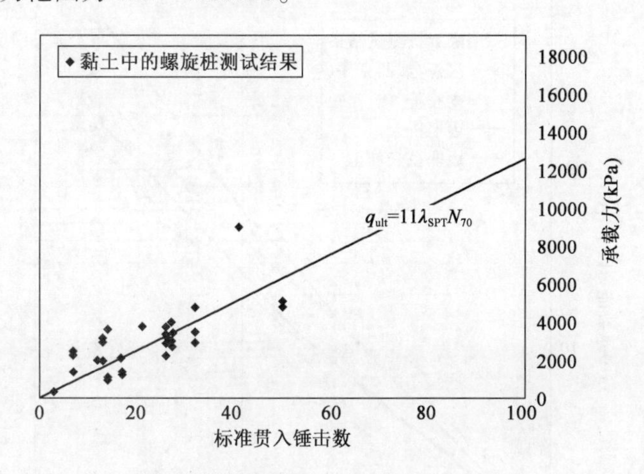

图4-6　黏土中螺旋桩抗压极限承载力和标准贯入锤击数之间的关系

(2)粗粒土中叶片下地基承载力简化公式与试验验证。

对粗颗粒土，黏聚力为0，式(4-14)中的第1项为0；第3项对深基础来说数值很小，也可以完全被忽略。有了这些简化，粗粒土中叶片下地基极限承载力计算公式如下：

$$q_{ult}=q'(N'_q-1) \tag{4-18}$$

但是，直接用式(4-18)计算存在一个问题，就是随深度增加，计算结果会而持续增加，这就导致在很多工程中会高估螺旋桩的极限承载力。

迈耶霍夫(1951，1976)已经指出，在某临界深度处，深基础底部土体的承载力会达到一个极值，许多学者对此也进行了大量研究，得到了临界深度计算的种种方法，但多是针对普通桩型，这些临界深度计算结果在螺旋桩基础中的适用性需要进一步探讨。

为确定叶片式钢管螺旋桩的临界深度和极限承载力之间的关系，在粗颗粒土中进行了54个足尺螺旋桩的荷载试验，桩身直径为38～219mm，螺旋叶片个数为1～4个，叶片直径为203～762mm。54个桩的试验结果发现，公式(4-18)确实高估了桩基承载力，因为在这个公式中，极限承载力计算是没有深度界限的。因此，在对该公式进行应用前，进行临界深度的确定是合理的，也是必要的。

迈耶霍夫(1951,1976)指出，一般的桩型在竖直入土时的临界深度，一般是4～10倍被动土压力的平方根，将这个结果与公式(4-18)结合起来使用，计算后发现同样高估了螺旋桩的极限抗压承载力。通过试验结果的回归分析得到，对叶片式钢管螺旋桩来说，当临界深度为2倍的叶片平均直径时，计算结果和试验结果吻合较好。

将临界深度确定为2倍的叶片直径后，承载能力因子N_q'可通过荷载试验反推的方法来得到。按照上述方法，图4-7所示为通过荷载试验反推得到的N_q'和土体内摩擦角关系曲线，为简化计算，反推中将土的密度统一取为$1.9g/cm^3$。图4-7中的数据既包含经过深度、基础宽度修正的N_q'，也包含未经过深度、基础宽度修正的N_q'。其中，迈耶霍夫1976年的试验结果如图4-7中虚线所示；太沙基1943年给出的承载力因子如图4-7所示；而汉森和魏西克经过基础形状和深度修正后得到的结果如图4-7所示。从图中可以看出，汉森和魏西克考虑基础深度和宽度修正后所得到的N_q'与实际测试结果最为吻合。

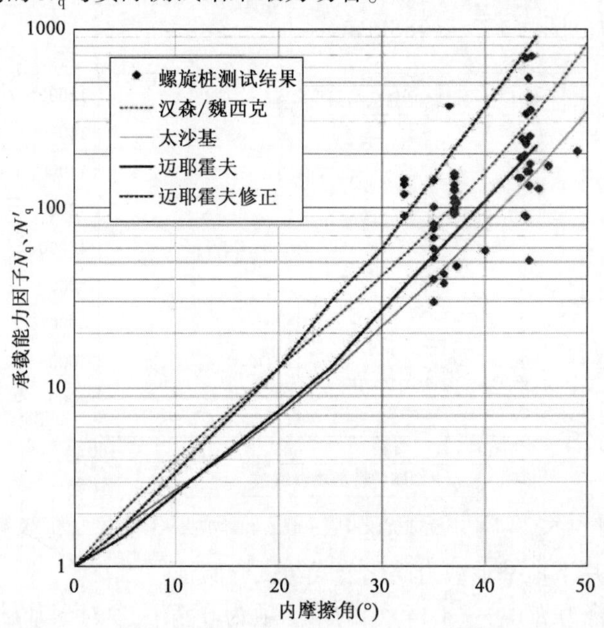

图4-7　砂土中从螺旋桩荷载试验中反推得到的承载力因子N_q'

综上所述，在粗颗粒土中，叶片下地基的极限承载力，可采用传统的承载力理论计算公式进行计算。在使用过程中，要将叶片上的附加荷载q'用土的重度乘以2倍的螺旋叶片平均直径来替代，并带入式(4-18)中，即可得到：

$$q_{ult} = 2D_{AVG}\gamma(N_q' - 1) \tag{4-19}$$

式中：D_{AVG}——螺旋叶片的平均直径(m)。

荷载试验的结果表明，使用汉森和魏西克进行了基础形状和埋深后修正后的N_q'值精度较高。将式(4-19)中给出的叶片下地基的承载力公式,代入式(4-1)中,就可以确定粗颗粒土中叶片式钢管螺旋桩的抗压极限承载力。同样,基于保守的考虑,忽略沿桩身的摩阻力。

在粗粒土中,进行了 54 个足尺的叶片式钢管螺旋桩荷载试验,来验证式(4-19)和式(4-1)联立计算公式的准确性。试验采用的桩身直径范围为 38 ~ 219mm,叶片个数为 1 ~ 4 个,螺旋叶片的直径范围为 203 ~ 762mm。试验得到实测抗压承载力和计算预测承载力的比值的平均值为 1.16,标准差为 0.84。若对式(4-14)采用 2.0 的安全系数后,实测承载力大于理论公式计算承载力的概率达 83%。砂土中叶片承载模式理论计算承载力和实测值的比较如图 4-8 所示。

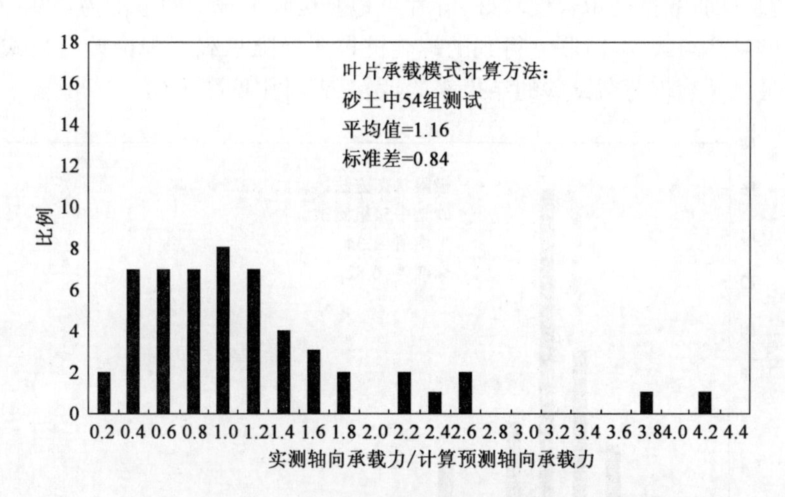

图 4-8　砂土中叶片承载模式理论计算承载力和实测值的比较

Parry(1977)研究指出,粗颗粒土中叶片下地基的极限承载力标准贯入锤击数相关的公式进行简化计算:

$$q_{\mathrm{ult}} = 6\lambda_{\mathrm{SPT}} N_{55} \tag{4-20}$$

将这个公式的计算结果、54 根螺旋桩的承载力测试结果、贯入能量比从 55 调整到 70 修正后的计算结果,共同绘制到一张图中,见图 4-9。

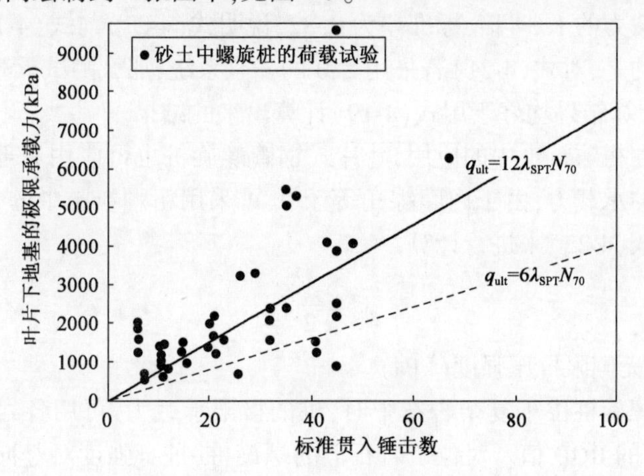

图 4-9　砂土中标准贯入锤击数与叶片下地基极限承载力关系曲线

将每根螺旋桩测量得到的抗压极限承载力除以螺旋叶片的总面积的数值,作为螺旋叶片的极限承载力,绘制在曲线的纵轴。可以看出,1977 年 Parry 提出的从浅基础中得出的式(4-20),即使进行了能量校正,也不能够较好地适用于螺旋桩。

基于试验数据,一个基于标准贯入锤击数建立的、适用于粗颗粒土中,用来估计螺旋叶片下地基极限承载力的公式如下:

$$q_{\mathrm{ult}} = 12\lambda_{\mathrm{SPT}}N_{70} \tag{4-21}$$

这个公式在实际工程中获得了较好的应用。从图 4-9 也可以看出,在粗颗粒土中,这个公式与螺旋桩荷载试验数据的拟合度较好,叶片下地基极限承载力的范围为 479 ~ 9576kPa。

同样,式(4-21)与式(4-1)联立得到的螺旋桩抗压极限承载力理论计算公式的准确性,可用之前 54 个足尺螺旋桩荷载试验的结果来验证,二者对比见图 4-10。

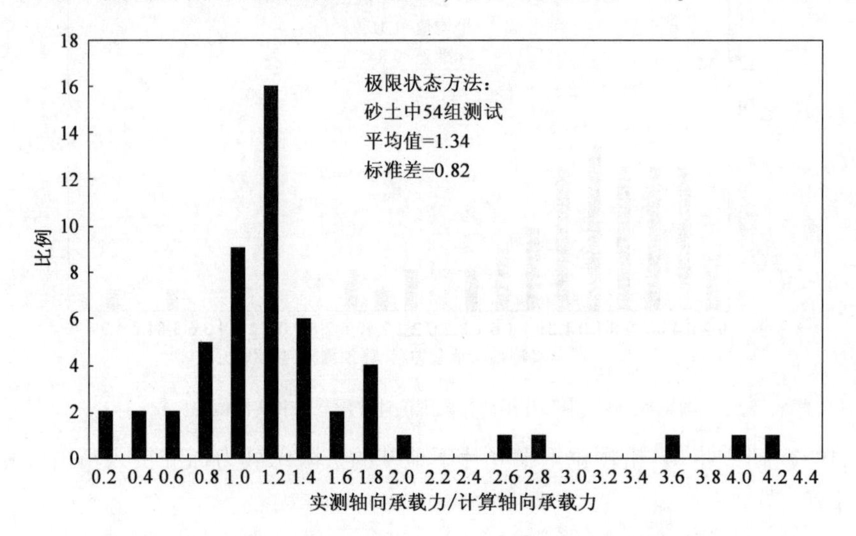

图 4-10 砂土中叶片承载模式基于 SPT 的计算轴向承载力和实测值的比较

对比图 4-8,粗颗粒土中采用标准贯入锤击数计算得到的螺旋桩抗压极限承载力要比采用承载力因子得到的计算结果更准确。现场荷载试验测得的承载力是用式(4-21)与式(4-1)计算出来的轴向承载力的 1.34 倍,标准差为 0.82,说明式(4-21)与式(4-19)一样具有较好的相关性。值得注意的是,对式(4-21)若采用 2.0 的安全系统,那么测试承载力高于计算承载力比率高达 91%,且计算结果均好于用式(4-19)计算出来的结果。

除了在细颗粒和粗颗粒土中的应用,叶片式钢管螺旋桩也可应用于部分岩石地基。如强风化岩石中螺旋桩的承载力,由于内摩擦角等于 0,可采用粗颗粒土中的式(4-15),结合岩石的无侧限抗压强度式(4-22)来进行计算。

$$s_{\mathrm{u}} = \frac{1}{2}q_{\mathrm{u}} \tag{4-22}$$

式中:q_{u}——岩石的无侧限抗压强度(kPa)。

当叶片式钢管螺旋桩位于复杂岩石中时,桩的极限承载力,可用各岩石对应的强度来计算,其中多涉及岩石的 RQD 值。对位于岩石上的螺旋桩,桩身强度对竖向承载力的发挥起到了非常重要的作用,一定要确保足够的桩身强度才能保证在岩石中的应用。

此外，强风化岩石的性能与土更接近，与其说是岩石倒不如说是土。因此，强风化岩石中，中螺旋叶片的极限承载力，可参照土中的计算方法，按标准贯入锤击数来进行确定，给出经验公式如下：

$$q_{\mathrm{ult}} = 13\lambda_{\mathrm{SPT}}N_{70} \tag{4-23}$$

这个公式中所有参数的定义之前都已给出，为验证公式的准确性，采用23根螺旋桩现场载荷试验的结果对其进行了验证，见图4-11。试验中，螺旋桩直径范围为73～218mm，每个螺旋桩有一个螺旋叶片，直径为203～406mm；试验中涉及的岩石有黏土岩、砂岩和页岩，桩进入岩层的深度从几厘米到几米不等。在不考虑风化岩层内部结构可变性的条件下，式(4-23)计算出来的结果与图4-11中的试验数据吻合较好。从图中可以看出，风化岩层中螺旋叶片的承载力为479～18000kPa。

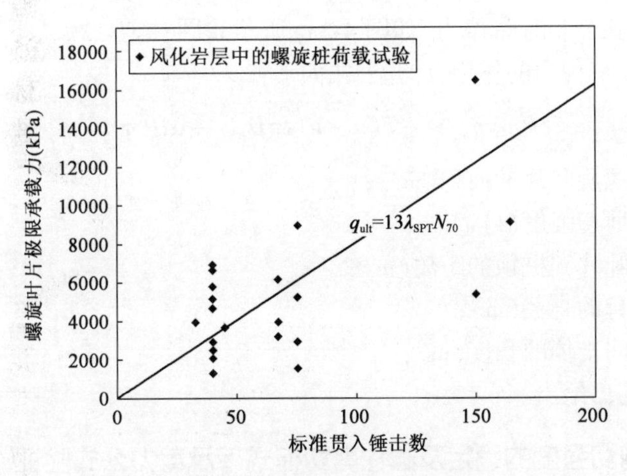

图4-11 风化岩层中承载力和标准贯入锤击数之间的关系

为保证桩身承载力的发挥，螺旋桩制造商多使用空心钢管。因此，螺旋桩安装过程中，会有部分土体进入螺旋桩钢管内(图4-12)。尽管螺旋桩桩身被土填充的部分不多，但是这部分土体是非常密实的，这个填充作用，使得螺旋桩很难从端部被撬起。因此，工程师在进行螺旋桩叶片承载力计算的时候，对螺旋桩桩身的空心钢管也考虑用整个面积进行计算。

图4-12 桩身端部土体的填入情况

4.3 圆柱剪切承载模式下的抗压承载力计算

4.2 节重点介绍了叶片承载模式下螺旋桩抗压极限承载力的计算方法,但叶片模式下螺旋桩通常没有达到极限状态。Mooney(1985)首次提出,在有多个叶片存在的情况下,螺旋桩的破坏模式可以采用圆柱面剪切破坏模式。在这个破坏模式当中,考虑了螺旋桩叶片之间土体的承载力。

4.3.1 抗压极限承载力计算公式

桩顶作用有集中荷载时,螺旋桩的端部分布有均布荷载,螺旋叶片范围内的土体周边分布有剪应力,沿桩身全长分布有摩擦力,如图 4-2a)所示。圆柱剪切模式下,螺旋桩的极限承载力计算中考虑了上述三种力的作用,计算公式如下:

$$P_{\mathrm{u}} = q_{\mathrm{ult}}A_1 + T(n-1)s\pi D_{\mathrm{AVG}} + \alpha H(\pi d) \tag{4-24}$$

式中:A_1——最底部螺旋叶片的面积(m^2);

T——土体的剪切强度(kPa);

H——最顶部叶片到桩顶的距离(m);

d——螺旋桩身的直径(m);

$(n-1)s$——叶片之间土体的长度(m);

其他参数之前均已给出。

4.3.2 土体剪切强度的确定及圆柱剪切模式下承载力公式验证

在细颗粒土中,土体的剪切强度 T 可取为不排水抗剪强度 s_{u},和叶片承载模式分析中一样,土体不排水抗剪切强度也可通过标准贯入锤击数来确定。把 $T = s_{\mathrm{u}}$ 带入到式(4-24),计算出圆柱剪切模式下螺旋桩的抗压极限承载力。使用 32 个足尺的螺旋桩荷载试验,对公式计算结果进行验证。试验中,螺旋桩身直径为 73 ~ 273mm,螺旋叶片个数为 2 ~ 5 个,叶片直径为 203 ~ 762mm,试验实测值和公式计算值的对比如图 4-13 所示。为保守考虑,没有考虑桩身摩阻力。总体来说,现场测得的抗压承载力是理论计算承载力的 0.82 倍,从表面看来,二者之间有轻微的不一致,但标准偏差为 0.26,说明这个计算结果比图 4-5 中叶片承载模式下的计算结果更接近于真值。若取安全系数为 2.0,那么有 94% 的实测结果值会高于理论计算值。

此外,粗颗粒土的剪切强度还可以用式(4-25)表示(Bowles,1988):

$$T = \sigma_0' \tan\varphi \tag{4-25}$$

式中:σ_0'——粗颗粒土的有效围压(kPa)。

这个公式中,最关键的是要确定粗颗粒土中的 σ_0'。在不扰动地层中,地表下深度 z 处的有效围压为:

$$\sigma_0' = K_0 P_0' \tag{4-26}$$

式中:K_0——静止状态下的水平土压力系数;

P_0'——深度 z 处上覆土的有效应力(kPa)；

$$P_0' = \gamma z - \gamma_w h_w \tag{4-27}$$

γ_w——水的单位重度(kN/m^3)；

γ——土的单位重度,地下水位以上取天然重度,地下水位以下取浮重度(kN/m^3)；

h_w——深度 z 以上地下水的高度(m)。

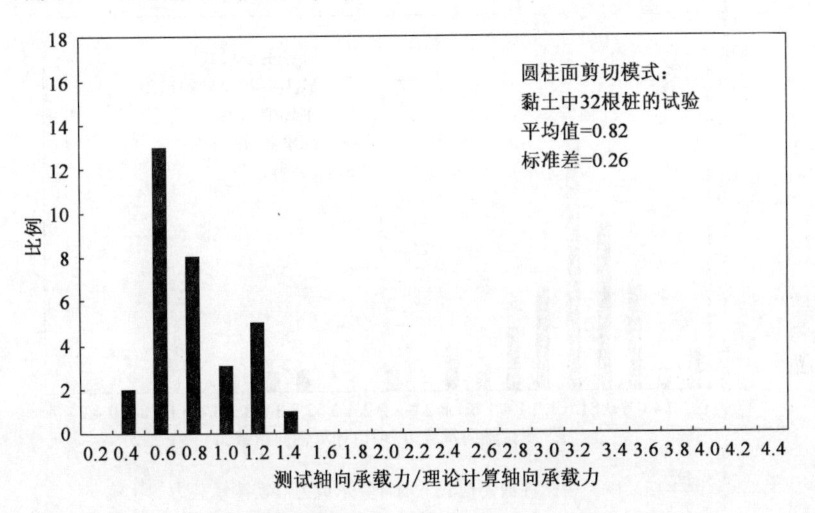

图4-13　黏土中圆柱剪切模式下的计算承载力和实测承载力的比较

螺旋桩安装时,要求对土的扰动越小越好,但安装过程中会增加周围土体的水平位移,从而使桩周土体的水平应力增加。Mitsch 和 Clemence(1985)研究表明,螺旋桩周土体的水平应力的增加程度与土体初始重度有关,并基于砂土中几个螺旋桩荷载试验结果计算了土体剪切强度,给出水平压力系数建议值见表4-1,试验曲线如图4-14所示。

水平压力系数建议值(1985)　　表4-1

内摩擦角 φ	25	30	35	40	45
水平压力系数 K_h	0.7	0.9	1.5	2.35	3.2

图4-14中水平土压力系数和内摩擦角之间的关系可用下式表示:

$$K_h = 0.09e^{0.08\varphi} \tag{4-28}$$

将式(4-26)、式(4-27)和式(4-28)带入式(4-25)中,就得到位于两个螺旋叶片之间的圆柱面土体的抗剪强度:

$$T = (0.09e^{0.08\varphi})(\gamma z - \gamma_w h_w)\tan\varphi \tag{4-29}$$

对粗颗粒土中多叶片螺旋桩极限承载力的计算,式(4-29)和式(4-25)给出了圆柱剪切模式下,土体剪切强度这个关键部分的计算方法。为保守考虑,忽略了螺旋桩桩身从最顶部叶片到桩端段这部分的摩阻力。这个计算方法的准确性,用42个螺旋桩荷载试验进行了验证,试

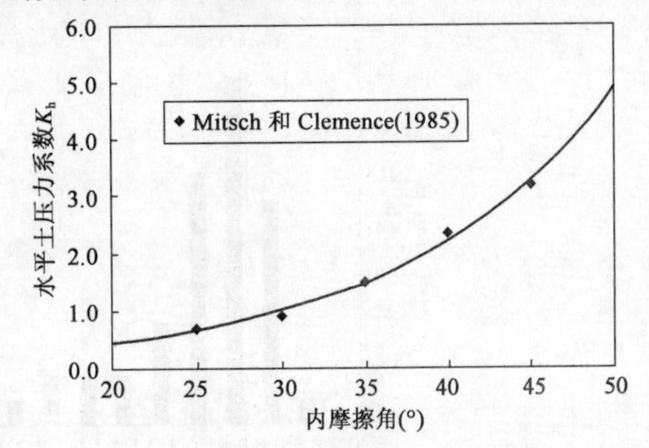

图4-14　圆柱剪切模式下水平土压力系数
[Mitsch 和 Clemence(1985)]

验螺旋桩桩身直径为38～219mm，有2～4个螺旋叶片，叶片直径为203～762mm，实测值和理论公式计算值之间的对比如图4-15所示。总体来说，试验测试承载力是理论计算承载力的1.07倍，标准差为0.58。这说明，该方法比图4-8中叶片承载模式计算方法更接近真值。叶片极限承载力计算中用到了标准贯入锤击数，若采用2.0的安全系数，则93%的测试承载力要高于理论计算承载力。

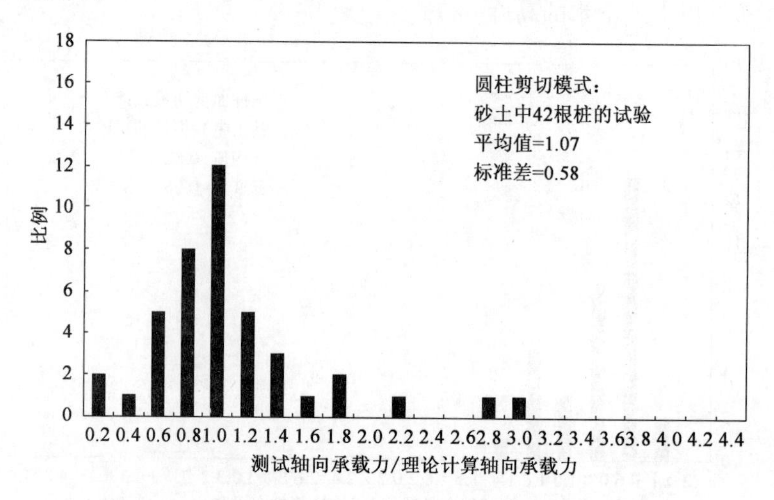

图4-15 砂土中圆柱剪切模式下的计算承载力和实测承载力的比较

4.4 极限状态分析法

在极限状态分析法中，叶片式钢管螺旋桩的承载力应分别使用叶片承载模式和圆柱剪切模式两种方法进行计算，以确保理论计算值能较好地预测螺旋桩的极限承载力。

为评价极限状态分析法的有效性，将用上面两种方法计算得出的承载力最小值和实测值进行对比，其中细颗粒土中的对比结果见图4-16，粗颗粒土中的对比结果见图4-17。可见，测试结果和理论计算结果较吻合，说明用理论计算来预测螺旋桩的承载力是切实可行的。

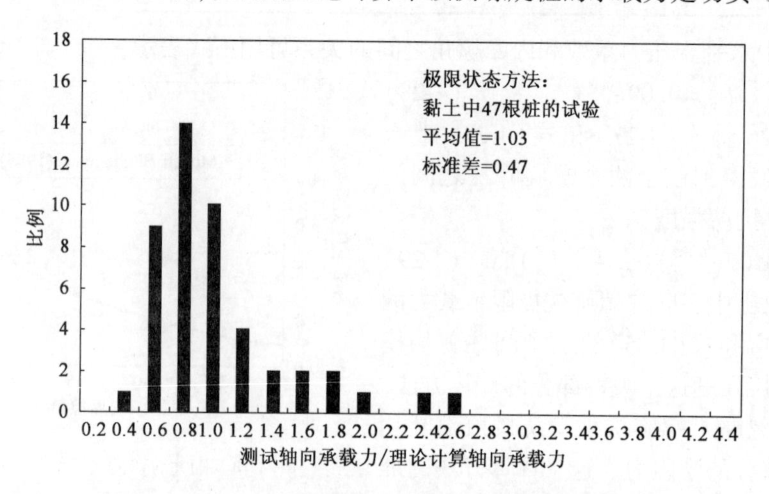

图4-16 黏土中极限状态法计算的承载力和实测承载力的比较

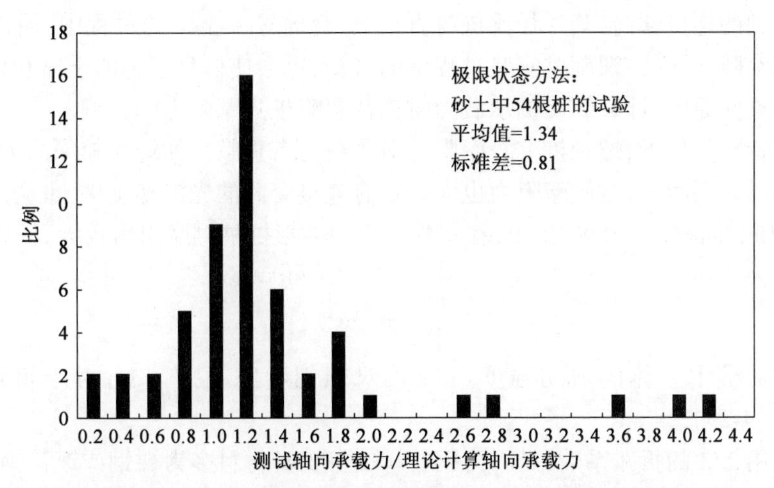

图4-17 砂土中极限状态法计算的承载力和实测承载力的比较

对细颗粒土、粗颗粒土和风化岩层中的试验数据进行整合,采用极限状态分析法,考虑叶片承载模式和圆柱剪切模式两种破坏模式,采用标准贯入锤击数计算叶片抗压承载力,将最终计算得到的承载力和实测值进行对比,见图4-18。图中数据呈现正态分布,平均值0.97,标准差0.51,说明不同土体中,螺旋桩承载力可通过理论公式计算获得。

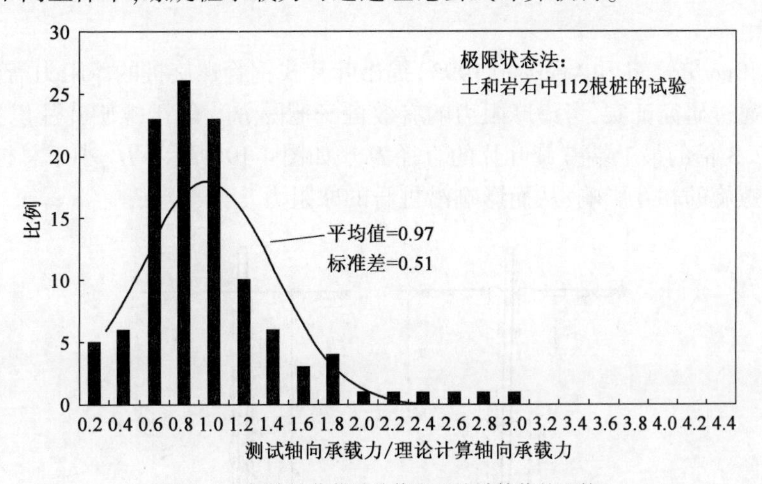

图4-18 螺旋桩荷载试验值和理论计算值的比较

此外,Narasimha Rao、Prasad 和 Veeresh(1993)提出了叶片承载模式下考虑叶片间距修正的承载力计算方法,这种方法被认为是叶片承载模式和圆柱剪切模式之间的转换。Tappenden(2007)进行了叶片承载模式下考虑和不考虑群桩修正系数的螺旋桩承载力计算,发现当螺旋桩的 S/D 在1.5~3.4之间时,可忽略群桩效应,因为此时群桩和单桩的承载力差别为2%。以上研究证明,若使用极限状态分析法进行计算,没有必要进行群桩效应系数修正。

4.5 桩侧摩阻力

为安全起见,上面的分析中均忽略了桩身摩阻力的影响,因为很多情况会影响桩身摩阻力。如方形叶片的钢管螺旋桩,在拧入土中时会产生圆形孔洞,会使桩身周围的土体变松。如螺旋桩连接用到的连接套筒,其外径比桩身直径大,套筒拧入土中的过程中,使桩身周围的土体具有了更大空隙。此外,螺旋桩安装过程中的震动,也会使桩身上部的土体和螺旋桩桩身产生分离。基于这些原因,计算螺旋桩承载力时往往忽略桩身摩阻力的影响。

但在某些特定条件下,螺旋桩桩身摩阻力对承载力有贡献。如埋深较深的大直径螺旋桩,桩身和土体接触表面积大,桩侧摩阻力也大。具有连接套筒的光滑螺旋桩,也会产生一定的摩阻力。Ghaly 和 Clemence(1998)指出,在粗颗粒土中方形桩桩侧摩阻力较大,桩侧摩阻力的计算可参照以下公式:

$$\alpha = 2/3T \tag{4-30}$$

式中:T——螺旋桩中土体的剪切强度(kPa),对于细颗粒土,$T = s_u$;对于粗颗粒土,详见式(4-29)。

之所以采用 2/3 的折减系数,是因为钢管螺旋桩桩身材料多为裸钢或镀锌钢,对摩阻力有减小作用。假如防腐采用的是环氧树脂或其他处理方式,那么折减系数也不一定是 2/3。对叶片式后注浆钢管螺旋桩,折减系数取为 1.0。

叶片式钢管螺旋桩钻进过程中,叶片周边的土体承受了较大变形,在确定桩侧摩阻力时,采用残余剪切强度参数更合适。因为当桩周土体为残余强度比峰值剪切强度小很多的敏感性土时,桩侧摩阻力就很小。桩土之间摩阻力会随土体超固结比的增加而减小(Meyerhof,1976)。

Narasimha Rao、Prasad 和 Veeresh(1993)提出叶片式钢管螺旋桩的摩阻力需要考虑但有一定界限。他们通过研究证实,考虑摩阻力的有效桩身范围 H_{eff},等于螺旋叶片以上桩身的长度 H,减去 1.4~2.3 倍的最上端螺旋叶片的直径 D_T,如图 4-19 所示。H_{eff}小于总桩长,避免了顶部螺旋和后面螺旋的相互影响,从而影响沿桩身的摩阻力。

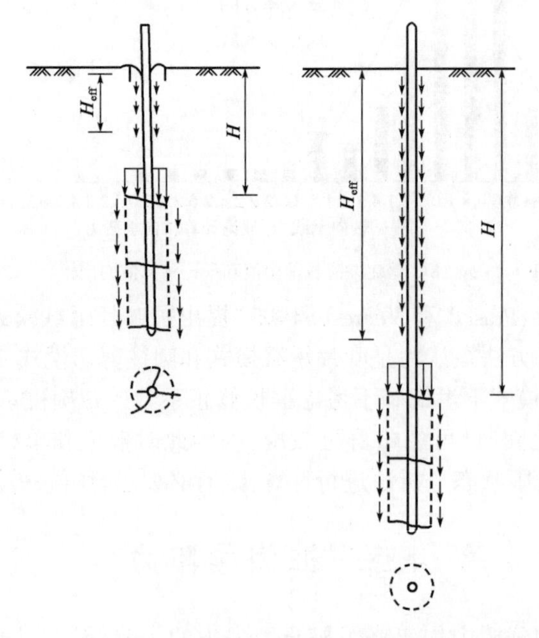

图 4-19　桩侧摩阻力计算中有效桩长的确定

对安装在粗颗粒和细颗粒土中的多叶片螺旋桩，Zhang（1999）进行了一系列螺旋桩桩基静载试验，指出 H_{eff} 等于桩身长度 H 减去1倍的最顶部螺旋叶片直径 D。

4.6 桩侧负摩阻力

负摩阻力即下拉荷载，是在软土地区，由于桩周土体发生固结沉降而对桩产生的向下拖拽力。地下水位变化、外界填土或其他荷载作用到土体表面，均会引起土体固结。对于欠固结土，人工处理方法会很快降低土的渗透性，使土体自重发生变化，但欠固结土的固结过程十分漫长。

固结和沉降的主要区别在于，固结包含了孔隙水排出和孔隙水压力向土压力的转化过程。细颗粒土渗透性低，因此固结常发生在细颗粒土中，而沉降则与粗颗粒土直接相关。沉降是在外界荷载作用下，土颗粒内部结构调整所引起的土体体积的变化。当螺旋桩发生向下运动，也可用“沉降”这个词来描述，但要注意的是，螺旋桩不会发生固结，但会发生压缩，有水从桩土中间排出。

在软土中出现负摩阻力的另一个典型例子，就是在渗透性较小的饱和软土上方填筑一层填土，在新近填土的自重作用下，软土中的孔隙水压力增加。随着时间的增长，由于排水的作用，孔隙水压力会逐渐消散。水的排出引起了土体体积的减小，软土发生固结沉降，同时也引起上部填土发生沉降和向下运动。上述现象的直接后果，就是引起螺旋桩和填筑材料之间、螺旋桩和软土之间出现摩擦力，这个摩擦力都会对桩身产生向下的拖拽力。这就需要螺旋叶片上表面承受更多的力来抵抗螺旋桩的向下运动。

桩基中广泛存在着负摩阻力，叶片式钢管螺旋桩由于具有纤细的桩身和较大的承载叶片，因此具备较好的抵抗负摩阻力的能力。尽管从理论上来说，负摩阻力对螺旋桩承载力的发挥有贡献，在设计螺旋桩时需考虑负摩阻力。但在某些工程案例中，有负摩阻力的情况下，螺旋桩的抗压极限承载力反而降低了15%～33%。如一根在坚硬土层中能承受400kN荷载的螺旋桩，在地表以下由于受到了下拉荷载的作用，极限承载力压力仅达到267kN。

螺旋桩桩身的注浆，可以使桩身直径变大，增加了负摩阻力；可以使浆液填充在桩周土体中，使桩侧摩阻力增加；但实际工程设计中，往往忽略上述作用。某工程案例中发现螺旋桩桩身注浆后，对负摩阻力起到了100%的降低作用，原因在于注浆增加的负摩阻力和螺旋叶片提高的抗压承载力二者抵消。为降低负摩阻力的影响，开发商在既有软土上方填筑了一层较厚的填土，使土体高度增加，软土固结加快，用有注浆功能的螺旋桩来支撑上部住宅。

在容易出现负摩阻力的地方，螺旋桩是一种比较好的基础形式。在很多工程中，可以看到木桩和钻孔灌注桩桩基发生沉降对上部结构产生影响。螺旋桩在这个区域得到了成功应用，在那些已经失效、进行废桩切除之后的地方重新补打，使基础的作用得以发挥。设计人员只要认识到负摩阻力的影响，并在设计中加以考虑，那么无论是注浆还是不注浆的螺旋桩，都可用来解决传统桩基中部分工程中负摩阻力过大所引起的问题。

4.7 小　　结

本章在文献调研的基础上,重点对叶片式钢管螺旋桩抗压承载力相关理论进行了介绍,分析了其两种典型的承载模式,并给出了各模式下承载力的计算公式,并就公式中涉及的螺旋叶片下地基的承载能力和圆柱面土体的剪切强度进行了重点分析和现场试验验证总结;接下来就叶片式钢管螺旋桩承载力理论相关的极限状态分析法、桩侧摩阻力、桩侧负摩阻力等内容进行了介绍和分析;为叶片式钢管螺旋桩抗压极限承载力的计算提供了方法和指导。

第5章　叶片式钢管螺旋桩抗拔承载力相关理论

第4章详细讲述了叶片式钢管螺旋桩抗压承载力相关理论，但这种桩型同时也具有较强的抗拔承载能力，因此在工程中也常将其作为抗拔螺旋桩即螺旋锚来使用，实际应用效果很好。因此，本章将重点介绍叶片式钢管螺旋桩抗拔承载力相关理论、承载力确定方法和局限性，同时对地下水影响、群桩效应系数和受拉过程中桩身结构的承载力等内容进行介绍。

5.1　抗拔极限承载力理论计算

5.1.1　抗拔承载模式

假设螺旋锚的锚固深度很深，符合深基础破坏模式，那么螺旋锚抗拔承载力可按第4章中的方法进行分析。Ghaly、Clemence（1998）、Adams、Klym（1972）分析了螺旋桩顶部的土体在上拔过程中的抗拔力，发现其破坏模式与在深基础下螺旋桩的抗压破坏模式相似。Narasimha Rao等（1989）根据螺旋叶片间距和地下岩土体条件，分析得出螺旋锚同样也表现出叶片承载模式和圆柱剪切模式。

螺旋间距比被定义为螺旋叶片间距除以螺旋叶片直径，对判断螺旋锚承载模式具有重要意义。图5-1所示为螺旋间距比分别为1.5、2.3和4.6时，螺旋锚从土中拉出来后的现场照片。图5-1的左侧是螺旋间距比较小，小于1.5时螺旋锚的破坏图片，可以看到螺旋叶片之间有完整的圆柱面土体存在，此时为圆柱剪切模式。图5-1的右侧，则为较大间距比，如大于4.6时的破坏图片，此时仅在螺旋叶片上部堆积有圆锥形的土体，而没有在螺旋叶片之间观察到完整的圆柱形土体，此时的螺旋锚表现出叶片承载模式。

图5-1　不同螺旋间距比下的螺旋锚破坏模式

5.1.2　不同模式下的抗拔承载力计算公式

图5-2所示为当桩顶作用有上拔力时，螺旋锚圆柱剪切模式和叶片承载模式下的应力分布图，可见与图4-2中螺旋桩受压后的应力分布图非常相似。图5-2a）所示为圆柱面剪切破坏模式，在螺旋叶片顶部有均匀的应力分布，在螺旋叶片之间土体的侧壁存在有剪应力，叶片以上范围内沿着桩身分布有摩擦力。图5-2b）所示为叶片承载模式，在每个叶片的顶部呈现出均匀的压应力分布，沿桩身长度范围内分布有摩擦力。

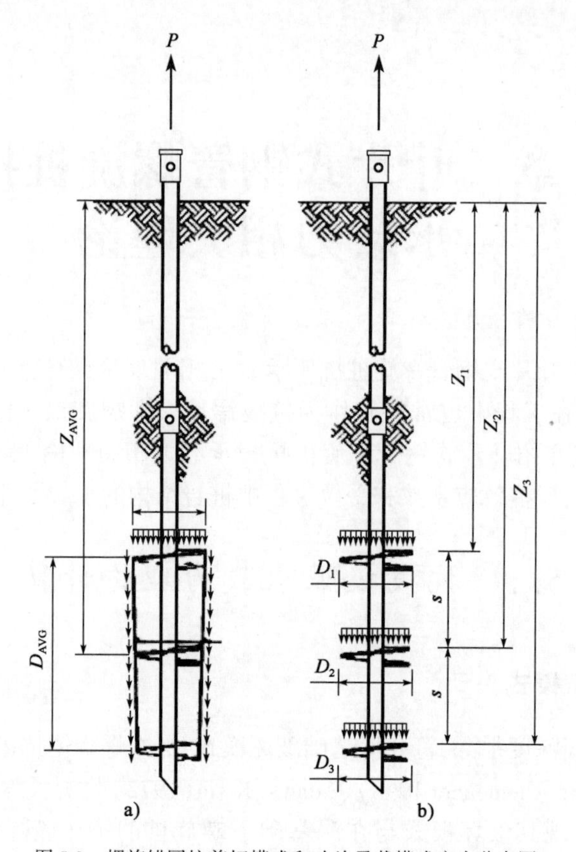

图 5-2 螺旋锚圆柱剪切模式和叶片承载模式应力分布图

1)圆柱剪切模式下的抗拔极限承载力计算公式

在圆柱剪切模式下,螺旋锚的抗拉极限承载力,就等于沿圆柱面土体的剪切强度、沿桩身的摩阻力和最上部螺旋叶片的承载力的和。

$$P_u = q_{ult}A_T + T(n-1)s\pi D_{AVG} + \alpha H_{eff}(\pi d) \tag{5-1}$$

式中:q_{ult}——最顶部螺旋叶片周围土体的极限承载力(kPa);

A_T——最顶部螺旋叶片的面积(m^2);

T——土体剪切强度(kPa);

α——桩土界面摩擦系数;

H_{eff}——最顶部螺旋距离桩顶的距离(m);

d——桩身直径(m);

$(n-1)s$——叶片之间土体的长度(m)。

2)叶片承载模式下抗拔极限承载力计算公式

叶片承载模式下,螺旋锚的抗拔极限承载力,就是所有 n 个叶片单独的承载力再加上沿着桩身的摩擦力,表达式如下:

$$P_u = \sum_n q_{ult}A_n + \alpha H_{eff}(\pi d) \tag{5-2}$$

式中:A_n——第 n 个螺旋叶片的面积;

其余符号含义同前。

可见，叶片式钢管螺旋锚抗拔极限承载力计算公式和抗压极限承载力计算公式相似。

3) 两种模式下螺旋锚抗拔极限承载力公式的参数确定和试验验证

为了使式(5-1)和式(5-2)能在实际工程中得到应用，就必须和第 4 章一样，针对不同土体和岩性条件，确定上述公式中的各个计算参数。

(1) 螺旋叶片周围土体的极限承载力确定。

螺旋叶片周围土体的极限承载力 q_{ult}，对粗颗粒土可用式(4-14)来进行估算。严格意义上来说，式(4-14)中的 $n_q' - 1$，在螺旋锚抗拉极限承载力计算时，应用 n_q'来替代。然而，这种替代只对非常软的土有影响，对其他土的影响非常小。因此，很多学者建议，承载能力因子 n_q'，在抗拔承载力计算时应用一个经验上拔承载力系数 n_u'来替代。但同时又有研究表明，即使不进行这样的替换，理论公式计算出来的螺旋锚的抗拔极限承载力也是合适的。原因在于，在第 4 章中，图 4-8 中的粗颗粒土螺旋桩抗压承载力计算和实测值对比，也包含了许多抗拔承载力试验的结果。同时，用式(5-1)和式(4-14)的计算结果对比，发现结论也是一样的。

受拉过程中的叶片周围土体的极限承载力 q_{ult}，也可按标准贯入锤击数来确定，适用的土质有细颗粒土、粗颗粒土和风化岩层，对应的公式分别为式(4-17)、式(4-21)和式(4-23)，相关参数介绍详见第 4 章。

图 4-9、图 4-6 和图 4-11 所示分别为粗颗粒土、细颗粒土和风化岩层中，叶片周围土体的承载力和标准贯入锤击数之间的关系曲线，在图 5-3、图 5-4 和图 5-5 中进行了重新绘制。在新绘制的图中，用不同符号将抗压试验和抗拉试验的结果进行了区分。其中，空心圆代表抗拉试验，实心圆代表抗压试验。可以看出，叶片式钢管螺旋桩受压和受压试验中，叶片周围土体的极限承载力相差不多。说明在进行螺旋桩受拉时叶片周围土体的极限承载力计算时，没有必要对先前抗压承载力计算时采用的 SPT 值进行修正。

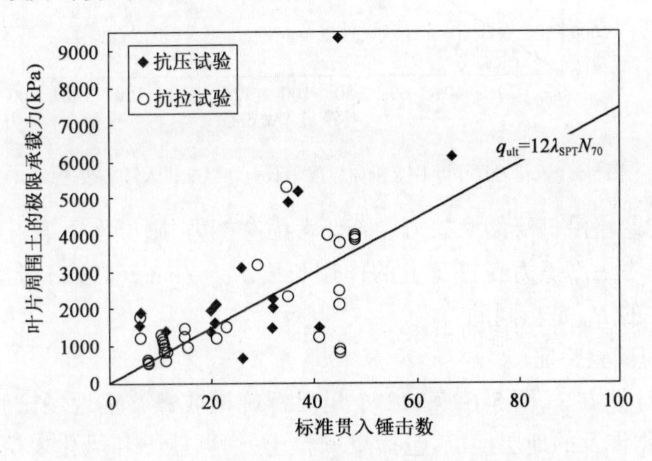

图 5-3　砂土中叶片周围土体极限承载力和标准贯入锤击数关系

(2) 土体剪切强度的确定。

确定螺旋锚极限抗拉极限承载力时，需要用到土体的剪切强度 T，同样可以采用第 4 章中的方法进行计算。在粗颗粒土中，T 可用式(4-25)确定；在细颗粒土中，T 可取为土体的不排水抗剪强度，可通过室内无侧限压缩试验和 SPT 标准贯入锤击数计算得到。

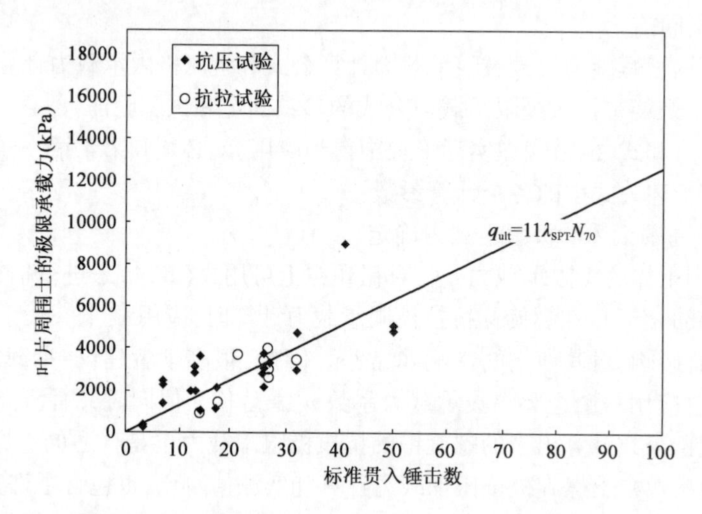

图 5-4　黏土中叶片周围土体极限承载力和标准贯入锤击数关系

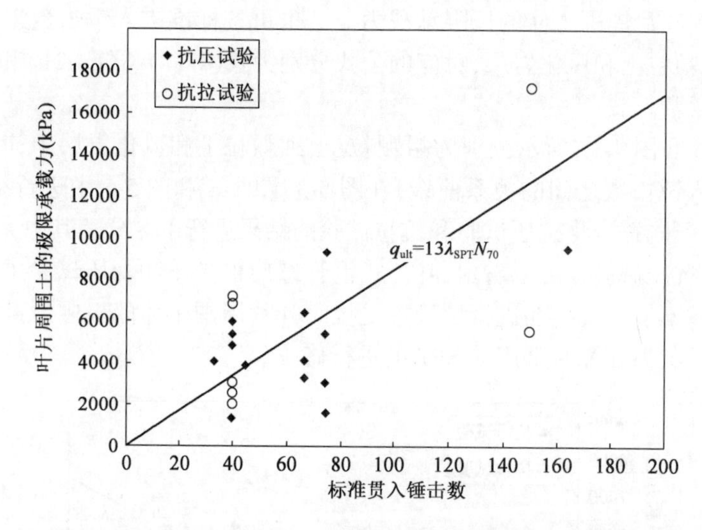

图 5-5　风化岩层中叶片上土体极限承载力和标准贯入锤击数关系

为安全起见，均忽略沿桩身的摩擦力。若要考虑摩擦力，则可采用第 4 章中摩擦力的计算公式，计算中需同时考虑摩擦力在桩身上的作用长度 H_{eff}，Zhang(1999)指出在抗拉和抗拔两种荷载、在不同土中的 H_{eff} 是相同的。

(3)理论公式的试验验证。

根据上述理论计算方法，图 5-6 为 112 个足尺螺旋桩或螺旋锚现场试验与理论计算结果的对比直方图。数据涉及的地层广泛，包括粗颗粒土、细颗粒土和风化岩层。计算中，采用标准贯入锤击数计算了叶片周围土的极限承载力，使用了极限状态分析方法，对叶片承载模式和圆柱剪切模式分别进行了计算，并取小值作为最终理论计算得到的承载力。

图 5-6 中的实心方框代表了压缩试验，空心方框代表了拉伸试验。抗拉和抗压试验结果都呈现出良好的正态分布。其中，抗压试验实测值除以理论计算值的均值为 1.06，标准差为 0.58；抗拉试验实测值除以理论计算值的均值为 0.87，标准差为 0.4。说明极限状态分析法，

对抗拉极限承载力高估了 13%，对抗压极限承载力低估了 6%。从标准差也可以看出，理论方法在计算抗拉承载力时的准确度略高于计算抗压承载力时的准确度。考虑到 SPT 值随现场条件变化较大，且影响螺旋桩或螺旋锚承载力的因素很多，计算和实测值之间存在误差是不可避免的，也是合理的，从而说明用理论计算方法来预测叶片式钢管螺旋桩、螺旋锚的极限承载力是合理可信的。

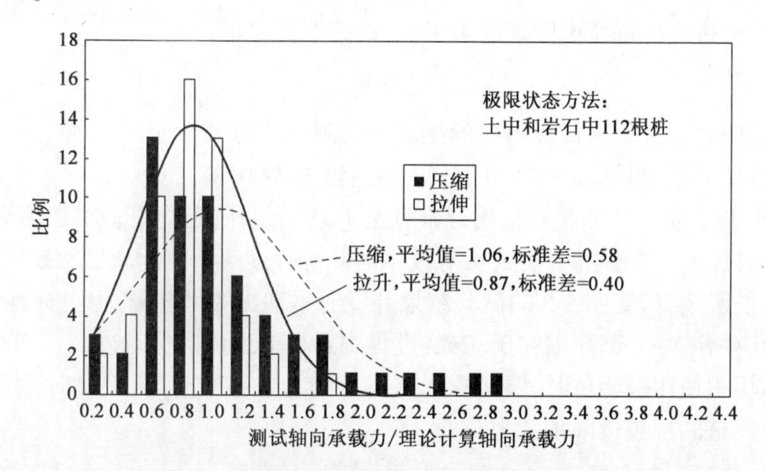

图 5-6　土体和岩石中轴向承载力测试值和计算值对比

为更加直接地评价抗压和抗拉极限承载力之间的关系，对相同的螺旋桩，分别进行了抗拉和抗压荷载试验，试验结果如图 5-7 所示。

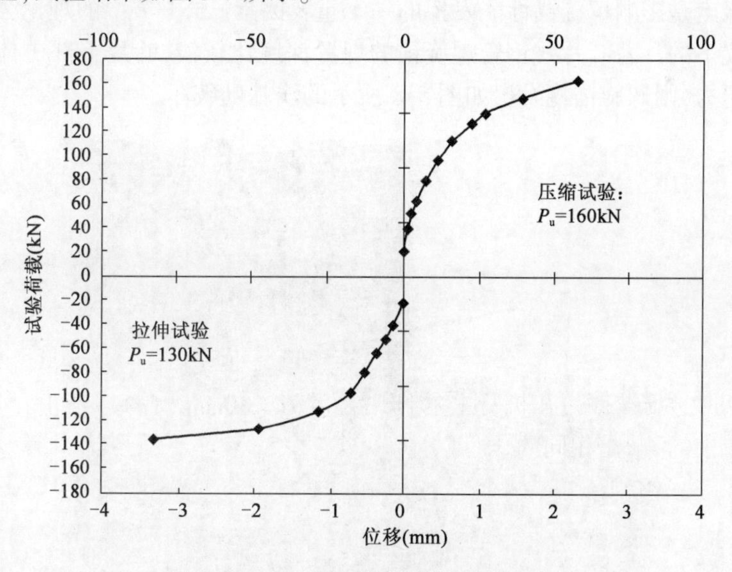

图 5-7　对相同螺旋桩的压缩和拉伸试验

上述试验中，螺旋桩直径 76mm，2 个叶片直径分别为 203mm 和 305mm，螺旋桩钻入冰川冻土中，入土深度约 4.6m。冰川冻土的性质不均一，标准贯入锤击数差异比较大。首先对螺旋桩进行了抗压承载力测试，接下来对加载框架进行调整，对同一根桩进行了抗拉承载力测试。试验测得的抗压承载力为 160kN，抗拉承载力为 130kN。最终测得的安装扭矩为 500N · m，说明螺旋桩最后位于较松软的岩土中。螺旋桩的抗压承载力仅比抗拉承载力增长了 20%，同样在图 5-6 中,螺旋桩或螺旋锚的抗压和抗拉极限承载力之间的差别为 21.8%,二者非常接近。

从理论上说,对进入均一土体和岩石中较深的螺旋桩,其抗压和抗拉极限承载力差别不大。而在实际中,二者在数值上略有不同,原因在于叶片钻进过程中,桩身周围土体和岩层受到了扰动。因此,为安全考虑,在确定抗拉极限承载力时可以对图 5-6 中给出的数据乘以0.87的折减系数。

因此,修正的螺旋桩抗拉极限承载力 P_{ut}可以用下式表示:

$$P_{ut} = \lambda_t P_u \tag{5-3}$$

式中:P_u——用限状态分析法计算得到的螺旋桩极限承载力(kN);

λ_t——扰动因子,根据图 5-6 中的数据,这个值暂取 0.87。

λ_t 的大小,与土质条件如超固结比有着直接关系。此外,还受很多因素的影响,如安装机械、安装速度、具体安装操作和安装人员对技术的熟练程度等。风化岩层和超固结土更容易受到螺旋桩钻进的影响,尽管图 5-5 的试验结果并没有呈现出太大差异,但上述地层中螺旋桩的抗拔承载力会有所减小。其原因在于,安装过程中对桩周土体的扰动过大。因此,在风化岩层和超固结土地层中使用螺旋桩时,要考虑到抗拔承载力减小的问题,必要时,需通过桩基荷载试验来确定螺旋桩的抗拔极限承载力。

5.2 最小埋置深度

最小埋置深度是影响螺旋锚性能发挥的一个重要因素。5.1 节中的理论公式都是建立在深基础破坏模式下的。若叶片式钢管螺旋锚的埋置深度比较浅,叶片上部土体不能提供足够的抗拔所需的压力,则螺旋锚将发生如图 5-8 所示的浅基础破坏。

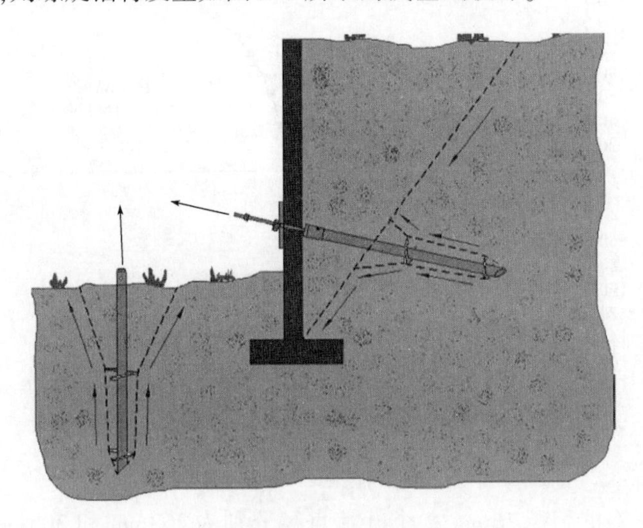

图 5-8 螺旋锚埋置深度不足

对叶片式钢管螺旋锚来说,浅基础破坏模式往往发生在螺旋叶片距地面较近,或螺旋叶片、螺旋锚的位置距离土体滑动破坏面较近的情况下。浅基础模式的破坏,既包含螺旋桩叶片周边土体的剪切破坏,也包含螺旋叶片顶部锥形范围内土体的拔出,这一点可以从桩周土体的向上拱起现象来得以表征。在自重的作用下,活动范围内土体会沿着破坏面往下滑动,螺旋锚会从活动土体破坏面处拔出。为确保良好的工作性能,螺旋锚必须有足够的埋置深度,最好位于破坏楔形活动土体的后方,以免产生浅基础形式的破坏。

埋置深度的最小要求,就是最顶层螺旋叶片上边土柱的重量,能为螺旋锚抗拔提供足够的压力。图5-9给出了一个45°影响区域,并采用圆锥的体积公式,在图中给出了估算这个区域内土体重量的方法。在这个公式中,假设最顶部叶片的顶部为圆锥顶点,而45°影响区域范围线位于假设这条线的外侧,所以以叶片顶部作为圆锥顶点的计算值偏小,这样也是偏安全的。

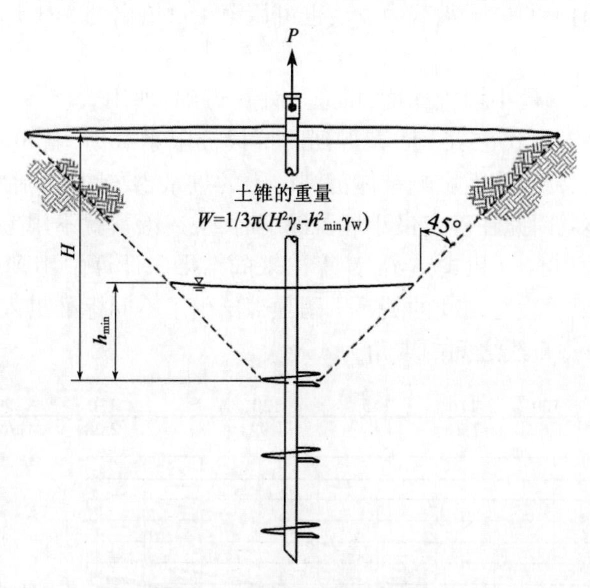

图5-9　螺旋锚45°影响范围

相比45°影响范围计算法,还有一个更精确的算法,就是把最顶部螺旋叶片到土体顶面之间的土体,沿厚度划分成多个圆盘,再对圆盘沿土体厚度方向进行积分。这些圆盘的重量,是圆盘表面积、厚度和土体重度的函数。位于最顶部螺旋上方、距螺旋叶片距离 z 处土体圆盘的直径等于 $D_T+2z\tan\theta$,D_T 是最顶部圆盘的直径(m),θ 是影响锥倾斜的角度(°)。整个影响锥的重量,可用以下公式计算:

$$W=\frac{\pi}{4}\gamma'\int_0^H(D_T+2z\tan\theta)^2\mathrm{d}z \tag{5-4}$$

式中:H——最浅层叶片的深度(m);

z——土中某点距最浅层螺旋叶片的距离(m);

γ'——土体有效重度(kN/m^3)。

实际工程中,在确定螺旋桩埋置深度时,引入相对埋入比 N_t,并将其定义为最浅部螺旋叶片的深度 H 除以此处螺旋叶片的直径 D_T,将式(5-4)中的 H 用 N_t、D_T代替并进行积分,得到式(5-5):

$$W=\frac{\pi}{4}\gamma' D_T{}^3\left(N_T+2N_T{}^2\tan\theta+\frac{4}{3}N_T{}^3\ \tan^2\theta\right) \tag{5-5}$$

这个公式可用来计算影响锥体的重量,公式中采用的是土体有效重度,所以既可计算地下水位线以下的锥体重量,也可计算地下水位线以上的锥体重量。对部分位于地下水的影响锥体,重量计算时对从螺旋叶片顶部到地下水位线之间的部分取浮重度,地下水位线到地表的部分取天然重度。但这个方法比较复杂,因此实际中多采用45°影响锥体的计算方法。

式(5-1)和式(5-2)给出了螺旋桩抗拔极限承载力计算公式,在忽略桩身摩阻力影响,只考虑最浅螺旋叶片的情况下,可将上述两个方程进行简化,得到如下公式:

$$P_{\mathrm{u}}=q_{\mathrm{ult}}\left(\frac{\pi}{4}D_{\mathrm{T}}^{2}\right) \tag{5-6}$$

式中螺旋叶片周围土的极限承载力 q_{ult},也可用第4章给出的SPT标准贯入锤击数经验公式来进行计算。

螺旋锚抗拔所需要的最小埋置深度,可通过计算得到,即用式(5-5)计算得到影响锥体范围内的土重,并令其等于用式(5-6)计算得到的抗拔极限承载力,就可计算得到最小埋置深度。第2道和更深的螺旋叶片上影响锥体范围内土的重量,要比作用在顶层螺旋叶片上影响锥体内土的重量大很多,因此在确定最小埋置深度时,上述因素就不用考虑了。

图5-10给出了用式(5-5)和式(5-6)计算出来的结果。计算中用到了粗颗粒土中标准贯入锤击数和桩抗拉极限承载力之间的关系。图顶部给出了不同标准贯入锤击数下土体的干密度,并假设影响锥体与垂直线之间的夹角为45°。

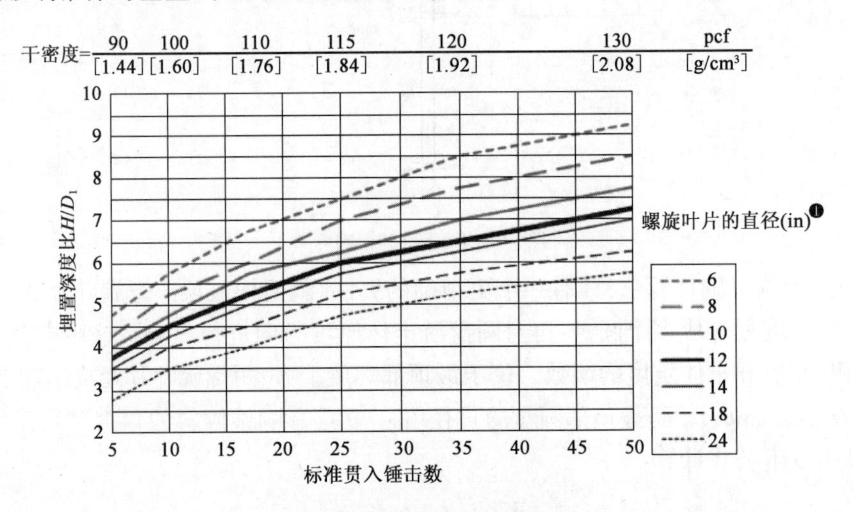

图5-10　螺旋锚最小埋置深度

从图中可以看出,埋置深度比变化范围为4~7,对松散土层取4、对密实土层取7。说明密实土中螺旋锚需要的埋置深度要更深,但是人们通常认为密实土中影响锥体的重量比松散土中影响锥体的重量更重,密实土中螺旋锚所需的埋置深度理应更浅,认知和实际的试验结果貌似是矛盾的。然而,实际工程中在密实土中的螺旋锚,能够承受更大的拉力,原因在于理论计算的螺旋锚抗拔承载力增加速率要远大于影响锥体重量的增加速率。因此,对图5-10的一个合理解释就是,密实土中需要增加埋置深度,使叶片位于具有更高标准贯入锤击数的地层,以确保螺旋锚具有较高的抗拉承载力。

❶ 1in=2.54cm。

Ghaly 和 Hanna(1992、1991)在填砂试验箱中,进行了一系列缩尺螺旋桩模型试验,并布设了大量传感器。通过物理现象观察和传感器量测,得到以下结论,螺旋桩受拉时叶片上部影响锥体和竖直方向的夹角不是45°,而更接近于2/3倍的土体内摩擦角。Meyerhof 和 Admas(1968)也指出影响锥体与竖直方向夹角的变化范围为1/4~1/2倍的土体内摩擦角。在以上研究中,土体影响锥体所提供的抵抗力包含了影响锥体边缘的摩擦力。若忽略影响锥体边缘的摩擦力,取 θ 角等于45°的方法看起来更简单更实用,因为材料科学中,45°的影响锥通常是一个比较常见的取用原则。

同时,通过缩尺模型试验,Ghaly 和 Hanna(1992、1991)指出螺旋桩叶片上方影响锥体的尺寸是相对埋置比和周围土体重度的函数。表5-1中给出了试验中得到的埋置比。

螺旋锚最小的埋置比(Ghaly 和 Hanna,1992)　　表5-1

土体条件	相对埋置比(H/D_T)
细颗粒土	5
粗颗粒土(松散)	7
粗颗粒土(中密)	9
粗颗粒土(密实)	11

需要注意的是,大小应变之间的转换,对应于松散、中密和密实砂土,分别发生在相对埋置比为7、9和11处。同时,缩尺螺旋锚室内实验的结果也表明,相对埋置比随土体重度的增大而增加,对小直径螺旋桩的影响锥体,可按照45°角的方法进行计算。

Rao 等(1993)认为,$H/D_T<2$ 时为浅基础破坏模式,$H/D_T>4$ 时为深基础破坏模式,$2<H/D_T<4$ 为中间转换模式。Mitsch 和 Clemence(1985)指出,$H/D_T<5$ 为浅基础破坏模式,$H/D_T>5$ 为深基础破坏模式。对比图5-10,发现按照45°影响锥方法计算出来的结果与这些结论吻合较好,计算最小埋置比的变化范围对松散土体为2.5~5,对于中密土体为4.5~7.5。

Ghaly 和 Clemence(1998)的研究表明,以倾斜角度安装的螺旋锚的拉拔能力大于垂直锚,原因在于倾斜安装后螺旋锚对土体的影响区域增大。为安全起见,目前多忽略因倾斜而增加的这部分强度,用与竖向锚相同的方法估算倾斜锚和水平锚的拉拔能力,如在挡土墙设计中忽略了这个影响。

Perko(1999)指出,与粗粒土相比,细粒土中螺旋锚浅基础破坏和深基础破坏之间的过渡,多发生埋置比较小的时候。图5-10的结果是建立在粗粒土SPT标准贯入锤击数基础上的。细粒土中的SPT值小,导致承载力略小,埋深相应减小,图5-10的结果对于细粒土来说是相对保守的。因此,可用图5-10来确定细粒土和粗粒土中的相对埋置比。

5.3　地下水的影响

地下水是影响螺旋锚抗拔力的重要因素之一,地下水位上升,浮力增加,对螺旋锚锚固力的需求增大,螺旋锚一旦失效,将会对其锚固的结构产生重大影响,甚至导致破坏。45°影响锥的方法同样可应用于地下水发生变化的情况,并对相对埋置比进行修正。根据5.2节所述,影响锥的重量与拔出螺旋锚所需的上拔力相等,只要在5.2节的计算过程中,对地下水位以下采用浮重度进行计算,其他的计算方法就是一样的。浸水条件下计算得到的螺旋锚最小埋置深度如图5-11所示,为抵抗浮力的影响,相对埋置比需增加约20%。

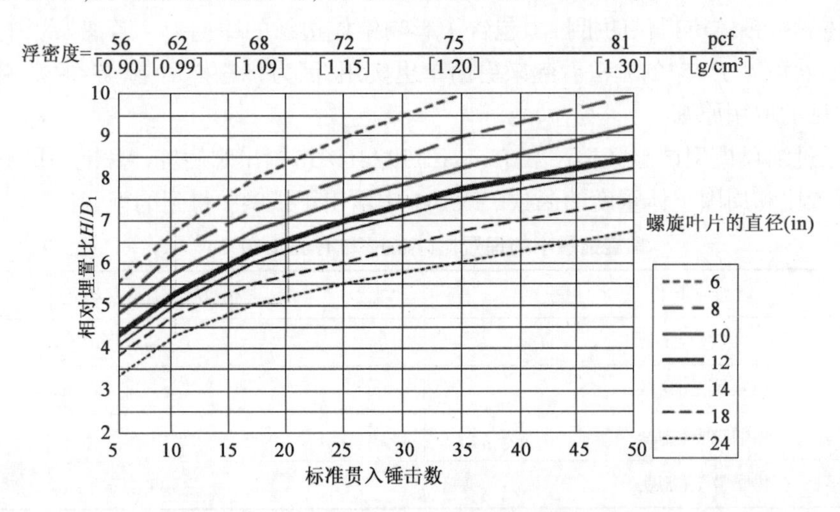

图5-11　浸水条件下螺旋锚最小埋置深度

地下水除能降低螺旋锚影响区域内土体的重度外,还降低了螺旋叶片周边土体的有效应力,导致螺旋桩抗拉、抗压极限承载力的降低。由标准贯入锤击数公式计算得到的承载力近似代表了勘察阶段土中的总应力,若地下水位发生了很大变化,仍继续采用标准贯入锤击数进行计算就不合理了。

地下水对螺旋锚承载力影响的一个例子,如图5-12所示。其中螺旋锚 V_4 的埋置深度比 V_1 深约1.5m,除此之外,两个螺旋锚的条件基本相同,都是由边长44mm的方桩和直径分别为203mm和254mm的螺旋叶片组成。两个锚的最终安装扭矩也相似,在锚 V_1 安装期间,地下水深度约为4m,而在现场荷载试验前地下水深度约为1.5m。粉砂中的标准贯入锤击数未知,但荷载试验显示该土状态为中密。结合图5-11可得,中密土体中理论计算的最小相对埋置比为6~8,这两个螺旋锚的埋置深度均超出了这个范围,因此都具有较高的承载力。但图5-12显示 V_1 锚的承载力远低于 V_4 锚的承载力,单用45°影响锥体法无法解释螺旋锚 V_1 低承载力的原因。这就需要从其他方面考虑,如是否是由于地下水上升降低了土体有效应力,或是由于最浅层螺旋叶片上方的土体是黏土层所致。

因此,在地下水与螺旋锚深度相比预计会发生显著波动的地区,确定螺旋锚抗拉极限承载力时要采用有效应力进行计算,特别是勘察阶段中土体处于干燥状态,在这个条件下获得的SPT标准贯入锤击数也需要特别考虑。在粗粒土中,可采用对式(4-19)取有效土重度,对式(4-24)采用静水压力,来计算叶片周围土体的极限承载力。在细颗粒土中,则需要通过试验数据来获得有效应力包线,除非SPT标准贯入锤击数是在地下水水位较高的情况下测得,否则就不能采用SPT数值进行间接计算。图5-12也表明,相比理论计算值和实测值,使用有效应力计算 V_1 锚的极限承载力是比较准确的,也是比较合理的。

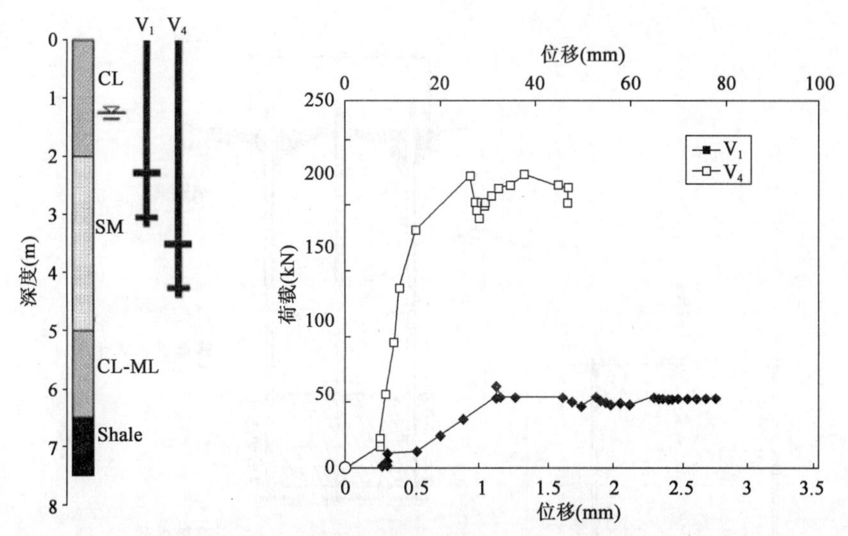

图5-12　地下水对螺旋锚荷载试验的影响(Victor 和 Cerato,2008)

5.4　群桩效应

为避免产生群桩效应,螺旋桩和螺旋锚在设计时应满足最小桩间距的要求。当螺旋锚或桩安装距离很近,群桩承载力就会小于单桩承载力之和,产生群桩效应。工程经验表明,当最小桩间距为4倍螺旋叶片直径时可避免群桩效应。

桩间距测量是在螺旋叶片的中点,可将螺旋桩以一个很小的倾角延伸上来,在桩端用一个小桩帽连接。桩间距小于4倍螺旋叶片直径并不能说明桩基效率一定会降低,但此时应进行群桩效应分析。

为研究间距较小时,螺旋桩或螺旋锚的群桩承载力,在螺旋叶片周边画一个理论包络面,如图5-13和图5-14所示。群桩极限承载力 P_{ug} 就是包住所有螺旋叶片的包络面上的剪力之和,用下式表示:

$$P_{ug}=q_{ult}m_1m_2+2Ts(n-1)(m_1+m_2) \tag{5-7}$$

式中:m_1、m_2——平面图中群桩包络面的长度和宽度(m);

s——沿着桩身布置的螺旋叶片之间的间距(m);

n——每个桩上螺旋叶片的数量。

其余符号含义同前。

螺旋桩群桩效应系数 η,定义如下:

$$\eta=\frac{P_{ug}}{\sum_i P_u} \tag{5-8}$$

式中:i——群桩中桩的数量(根);

P_u——单根螺旋桩的极限承载力(kN)。

若群桩效应系数大于1,此时群桩承载力大于单桩承载力之和,不考虑群桩效应。若群桩效应系数小于1,此时群桩承载力小于单桩承载力之和,说明群桩效应限制了承载力的发挥,应该适当增加桩间距,或对螺旋桩承载力进行折减。

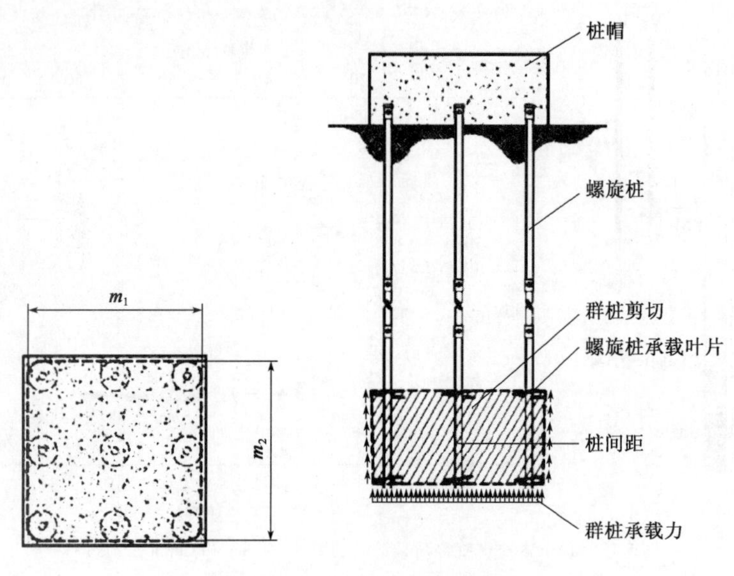

图 5-13　竖直桩的群桩效应

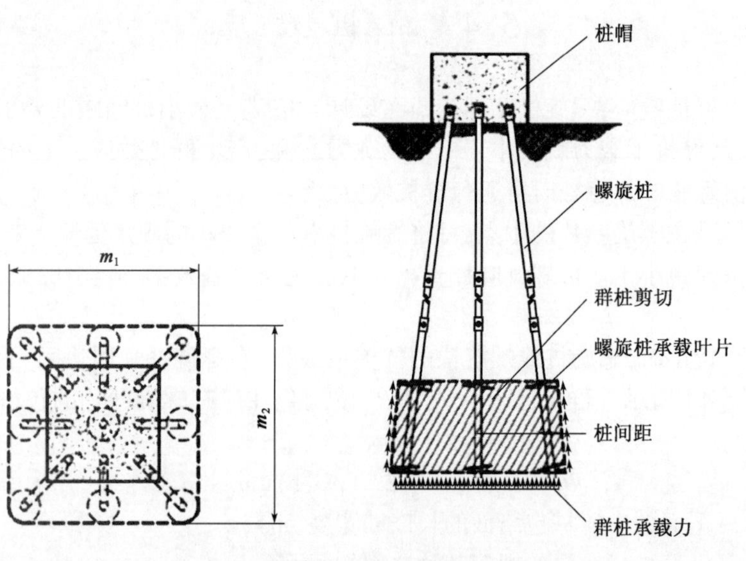

图 5-14　倾斜桩的群桩效应

值得注意的是，桩间距大于1倍的螺旋叶片直径时，单叶片螺旋桩形成的群桩，它的承载力往往大于单桩承载力之和。因此，对单叶片螺旋桩或螺旋锚，群桩效应系数大于1，不需要考虑群桩效应。

5.5　结构强度

螺旋桩或螺旋锚通常由高强度碳钢制造，碳钢屈服强度在345～483MPa之间。螺旋桩、锚进场后，首先要查验评估报告、制造商的工厂证书，以确定钢的屈服强度和其他机械性能。

螺旋桩、锚设计中的一个重点，就是要保证螺旋桩、锚自身结构强度能满足受压或上拔荷载的要求。螺旋桩、锚的结构强度包含桩身强度和螺旋叶片强度两部分。桩身强度验算包括桩身屈服计算和螺旋桩桩身相关连接构件的计算。连接构件计算又包括焊缝的破裂、桩身和套筒的剪切、销钉的剪切以及螺栓孔的强度计算等。相关计算可按照钢结构设计原理中的方法进行。

螺旋叶片强度可通过板冲压试验或数值模拟计算得到,结果可用于检验螺旋叶片与桩身之间的焊缝剪切和弯曲的组合情况。为代替计算,桩身、连接构件和螺旋叶片强度可在室内通过试验测得。图5-15所示为一个安装在小直径螺旋桩上叶片的抗冲剪能力测试试验,螺旋桩被放置在一个螺旋夹具上,在桩身施加载荷,进行焊缝断裂和螺旋冲剪试验。ICC评估服务公司(2007)指出,实验室内测试的螺旋锚允许强度一般为其现场测试极限强度的0.5倍或屈服强度的0.6倍,以两者中较小者为准。

图5-15　螺旋叶片屈曲试验

此外,螺旋锚或螺旋桩结构强度应考虑地下长期腐蚀的影响。在设计中,可采用牺牲厚度的方法,减小螺旋桩各组成部分的厚度,来应对设计寿命期间的腐蚀损失。工程特性如总面积、惯性矩、断面系数等,可按照腐蚀后的断面进行计算。牺牲厚度取决于螺旋桩的保护涂层和所处工程地质条件,如土体电阻率、pH值、含水率、溶解氧和各种污染物等,后面章节中将会讨论腐蚀问题。

螺旋桩结构设计中需要考虑的另一个重要因素是抗扭强度。为了在地面上获得指定的承载能力,在安装过程中需要对桩身施加一定的扭矩。扭矩和极限承载力之间的关系将在第6章中讨论。通常情况下,在扭转计算中不需要考虑腐蚀,因为只有在安装过程中桩身才会发生扭转。

5.6　小　　结

本章在文献调研的基础上,重点对叶片式钢管螺旋桩抗拔承载力相关理论进行了介绍,分析了其两种典型的承载模式,并给出了各模式下承载力的计算公式,并结合现有试验结果进行了验证。接下来就叶片式钢管螺旋桩承载力理论相关的最小埋置深度、地下水位的影响、群桩效应和螺旋桩结构强度等内容进行了介绍和分析;为叶片式钢管螺旋桩抗拔极限承载力理论及计算提供了方法和指导。

第6章　叶片式钢管螺旋桩的安装扭矩

叶片式钢管螺旋桩通过在桩头施加扭矩，并结合施加垂直向下的压力，使桩头被“抓住”并将桩身和叶片旋转进入土中。大多数情况下，扭矩是通过驱动头中的液压马达提供驱动力，将螺旋桩拧入土中（图6-1）。驱动头安装在轮胎式起重机、滑车或改良挖掘机上，并在安装过程中固定在桩头上，驱动头除为螺旋桩提供旋转扭矩外，还对桩头施加了垂直向下的压力，把螺旋桩端压入土中。

图6-1　螺旋桩安装

6.1　螺旋桩的安装扭矩

对螺旋桩来说，扭矩与螺旋桩的承载力有直接对应关系，扭矩的大小间接表征了螺旋桩的承载力。在螺旋桩安装过程中，要不断地进行扭矩量测，通过实测反映出来的扭矩来控制螺旋桩的安装过程和安装质量。

螺旋桩安装中安装扭矩的量测，最常见的是通过传感器监测液压压力和电机效率来进行。液压压力表或电子压力传感器安装在液压系统内，测量正向作用压力、反向作用压力或正反向差力压（正向—反向）。量测得到的压力值可通过扭矩电机综合液压效率校准转换系数转换为扭矩，如下式所示：

$$T = PK_{\mathrm{p}} \tag{6-1}$$

式中：T——安装扭矩（kN·m）；

P——每平方米面积上作用的液压差(kPa)；

K_p——等于组合液压电机和扭矩电机的校准系数。

6.2　螺旋桩安装扭矩和桩基承极限载力之间的关系

在过去几十年,工程界中广泛认为,安装过程中测量的扭矩和桩基承载力之间有一定关系,扭矩量测可对现场螺旋桩承载力、螺旋桩安装质量进行初步判定。但最初,螺旋桩安装扭矩和承载力之间的关系是传统的商业秘密,很少对外公开。随着叶片式钢管螺旋桩在工程中的不断推广和应用,安装扭矩和承载力之间的关系,越来越受到人们的重视,对实际工程起到了很好的指导作用。但由于扭矩法经验性较强,应用中也存在一定的风险。

叶片式钢管螺旋桩的安装与土体强度密切相关,Livneh 和 El Naggar(2008)指出螺旋桩安装时需克服土体的抗剪强度,安装过程与螺旋桩承载力密切相关。Hoyt and Clemence (1989)最早尝试采用扭矩因子进行叶片式钢管螺旋桩承载力计算,发现用扭矩因子法得到的结果,与用极限状态法中叶片承载模式和圆柱剪切模式下,计算得到的承载力结果吻合较好。不同学者的研究中也提出了许多经验公式,其准确度和应用范围有所不同。

6.2.1　Hoyt and Clemence(1989)

Hoyt 和 Clemence(1989)研究提出了一个简单实用的关系式,将叶片式钢管螺旋桩抗拉极限承载力 P_u 与最终安装扭矩 T 联系起来,其中最终安装扭矩 T 被定义为最后 1m 安装深度内测量的扭矩。

$$P_u = K_T T \tag{6-2}$$

相关系数 K_T 最初只是针对拉伸荷载提出的。这个系数被认为是一个全面的、独立的参数,与螺旋叶片的数量、直径、间距和桩周土体条件无关。

Hoyt 和 Clemense(1989)分析了 24 个不同地方的 91 根叶片式钢管螺旋桩的抗拉荷载试验,螺旋桩桩径范围 38 ~ 89mm,每个螺旋桩至少配备两个螺旋叶片,最多的配有 14 个,叶片直径从 152 ~ 508mm 不等。

对于每一根螺旋桩,均采用三种方法对极限承载力进行了评估,第一种是分析荷载试验沉降曲线得到极限承载力;第二种是基于极限状态分析法,结合圆柱剪切模式、叶片承载模式下的理论计算公式计算得到极限承载力;第三种方法是采用安装扭矩法(CTC 法),通过螺旋桩安装过程中记录的最终安装扭矩,通过经验公式计算得到极限承载力。第三个方法中,对桩径小于 89mm 的螺旋桩,K_T 取 $33m^{-1}$;桩径等于 89mm 的螺旋桩,K_T 取 $23m^{-1}$;桩径 219mm 的螺旋桩,K_T 取 $9.8m^{-1}$。相比平均扭矩,所有桩的扭矩都超过最大叶片直径螺旋桩最终扭矩的 3 倍。

螺旋桩载荷试验采用应变控制法,最后一步施加荷载的速率为 102mm/min,将荷载沉降曲线出现陡降时的荷载记为破坏荷载,通过试验得到的螺旋桩抗拔极限承载力上限接近 775kN,平均值接近 444kN。

有了以上数据,将圆柱剪切模式、叶片承载模式、安装扭矩法计算得到的极限承载力与桩基荷载试验值的结果进行比对,如图6-2所示。可见CTC法的方差最小,且这三种方法都过高估计了螺旋桩抗拉极限承载力。

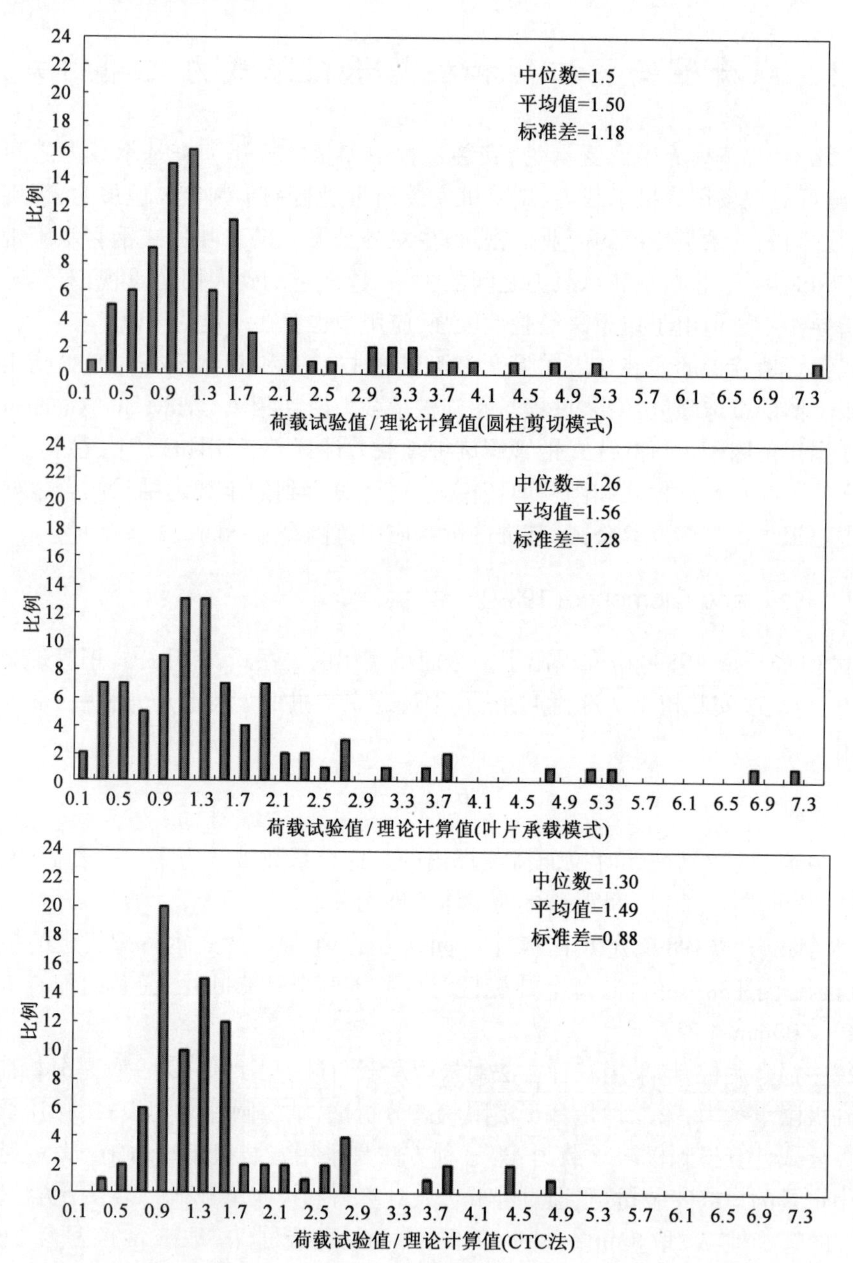

图6-2 螺旋桩荷载试验值和理论计算值比值直方图(不同计算方法得到)

Hoyt 和 Clemence 强调,CTC 方法的优点是不依赖于工程判断、变化的场地条件和土体性质,方法比较单一,仅取决于安装扭矩,可消除结果变化的差异性。但是 CTC 方法局限性在于,它只能在螺旋桩安装后使用,而不能在前期设计中发挥作用。此外,值得注意的是,无论采用哪种方法,一旦过高地估计了桩基承载力,在实际工程应用中就必须取较大的安全系数。

6.2.2　Ghaly and Hanna(1991)

Ghaly 和 Hanna(1991)比较了多个叶片式钢管螺旋桩静载试验结果和理论计算结果,分析了影响安装扭矩大小的主要因素。

他们的研究中,将5种不同配置的螺旋桩模型,安装到实验室内一个准备好的砂箱中,进行了多组模型桩的抗拉静载试验。螺旋叶片的数量从1~3,螺旋桩直径为10mm,桩长约1.0m,全部埋入土中,沿桩身埋设传感器,测量安装扭矩,同时测量桩侧土体中的水平应力。

通过试验发现,影响安装扭矩的因素很多,诸如螺旋的结构(即单螺旋、多螺旋、锥形)、螺旋桩直径、最顶部叶片直径、螺旋叶片间距、螺旋角、螺旋叶片厚度、前缘螺旋桩的形状(即钝的、锥形的、被刀削的)、桩头形状(即扁平、锥形、圆锥形)、螺旋制造工艺(如螺栓、焊接、铸造)和螺旋材料的表面粗糙度等。这些参数都会对安装转矩产生不同程度的影响。

他们的研究发现,测得的扭矩因子(F_t)与抗拉极限承载力因子(N_{qu})相关,并基于上述影响因素,给出扭矩因子、抗拉极限承载力因子的表达式如下:

$$F_t=\frac{T}{\gamma AHp}\quad N_{qu}=\frac{Q_u}{\gamma AH}\tag{6-3}$$

式中:T——安装扭矩(kN·m);

γ——砂土单位重度(kN/m^3);

A——螺旋叶片表面积(m^2);

H——安装深度(m);

p——锚距(m)。

将试验数据代入式(6-3),计算得到F_t和N_{qu},将结果绘制在半对数坐标系中,得到图6-3a),通过试验数据拟合得到F_t和N_{qu}关系如下:

$$\left[\frac{Q_u}{\gamma AH}\right]=2\left[\frac{T}{\gamma AHp}\right]^{1.1}\tag{6-4}$$

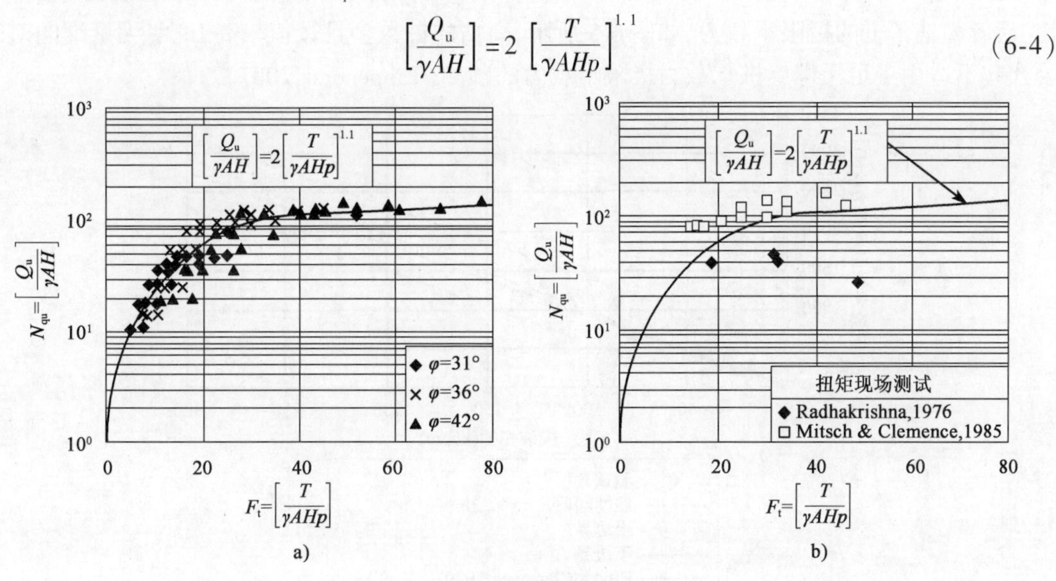

图6-3　无量纲扭矩因子公式

a)F_t和N_{qu}理论公式(Ghaly & Hanna,1991);b)理论公式的试验验证

将 Mitsch 和 Clemence(1985)试验数据绘制在 Ghaly 和 Hanna 给出的 F_t 和 N_{qu}坐标系中,Mitsch 和 Clemence(1985)的数据与式(6-4)中给出的方程高度吻合,同样也与 Radhakrishna(1976)中的试验数据相吻合。

6.2.3 Zhang(1999)

Zhang(1999)对安装在砂土和黏土中叶片式钢管螺旋桩的承载力进行了调查,试图建立埋深和承载力之间的关系。试验桩桩径为 219mm,螺旋叶片直径为 356mm,桩间距为 3 倍螺旋叶片直径。试验结果表明,黏土中桩的 K_t 值为 6.8 ~ 10.7m^{-1}、砂土中桩的 K_t 值为 4.4 ~ 10.5m^{-1}。将这些结果与 Hoyt 和 Clemence(1989)提出的 CTC 法进行了比较。结果表明,对所有埋入砂土中且埋入较深的桩,二者具有较好的一致性;而对于较浅的桩,试验得出的抗拉极限承载力要大于理论计算预测值。原因在于,Hoyt 和 Clemence(1989)分析和建立方程时用到都是埋深较深的螺旋桩的试验数据,故对埋深较浅的螺旋桩的预测较差。Zhang(1999)还详细介绍了基于螺旋叶片直径和土体材料估算螺旋桩安装时所需扭矩的经验关系,该公式中还引入了动力触探试验测得到的锥尖阻力作为变量。

6.2.4 Tappenden(2007)

Tappenden(2007)进行了 29 个叶片式钢管螺旋桩的抗压和抗拉静载试验,并分析了每根螺旋桩的安装扭矩,试验数据被用来扩展 CTC 法,绘制安装扭矩与极限承载力关系曲线,如图 6-4a)所示,并与 Ghaly 和 Hanna(1991)、Hoyt 和 Clemence(1989)的研究结果进行了比较。对试验点的回归曲线呈直线,说明安装扭矩和极限承载力之间符合良好的线性关系。

对图 6-4b)数据进行回归分析,得到桩径 114mm 时桩 K_t 为 16.9m^{-1},桩身直径为 140 ~ 406mm 时桩的 K_t为 9.19m^{-1}。将这些结果,与 Ghaly 和 Hanna 无量纲 CTC 公式计算结果相比,后者高估了桩的极限承载力,如图 6-5 所示,高估的桩数多且数值较高,说明无量纲的 CTC 公式并不适用于足尺螺旋桩承载力极限承载力的预测(Tappenden,2007)。

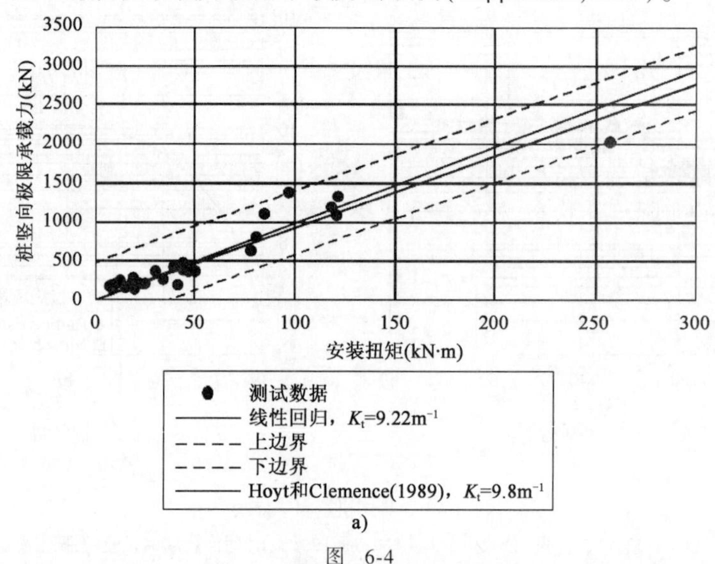

图 6-4

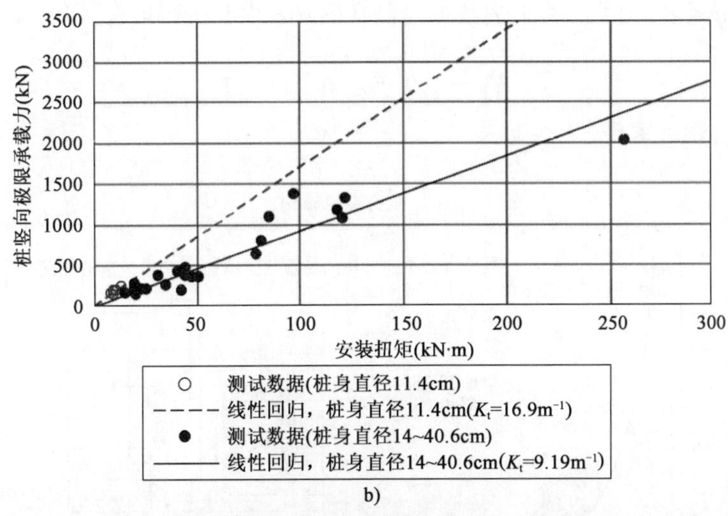

图6-4　螺旋桩竖向承载力和安装扭矩关系(Tappenden,2007)

a)29根螺旋桩的竖向承载力和安装扭矩的关系；b)不同桩身直径下螺旋桩竖向承载力和安装扭矩的关系

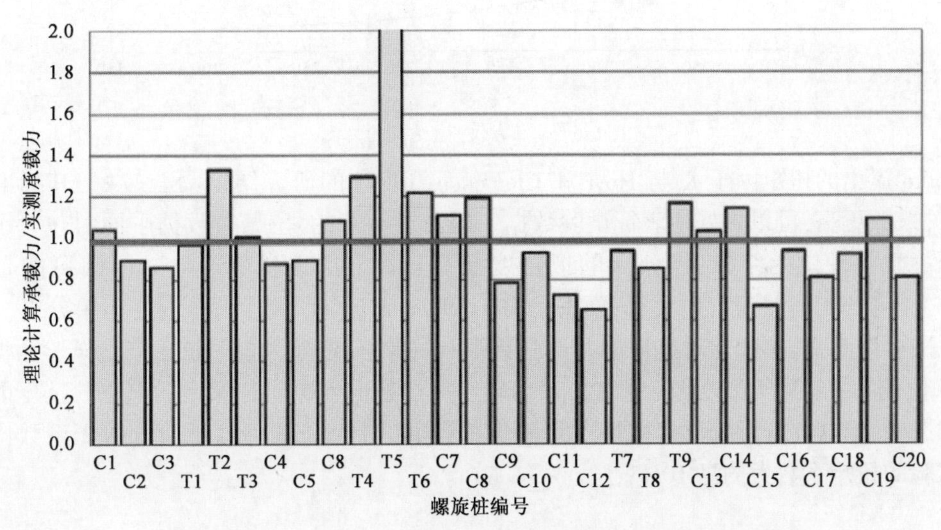

图6-5　无量纲CTC公式预测的极限承载与实测极限承载力的比值

Tappenden试验是基于足尺的叶片式钢管螺旋桩，包含抗压和抗拉两种状态，涉及内容全面，符合螺旋桩的实际工作状态，相关研究成果可被纳入螺旋桩设计、施工和质量控制中。这种方法进行预测得到的结果是比较准确的，解决了预测承载力与实测承载力相比差距较大的问题。然而，值得注意的是，上述方法并不应适用于超固结砂土，且对入土深度较浅的螺旋桩承载力预测也不适用。

6.2.5　Perko(2009)

Perko(2009)对超过300个叶片式钢管螺旋桩的抗压和抗拉载荷试验结果，进行了指数回归分析，发现K_t和有效桩径d_{eff}之间存在函数关系。同时，他在螺旋桩荷载试验前安装螺旋桩的过程中，对239根螺旋桩的最终安装扭矩进行了测量，并通过扭矩估算得出K_t因子，同样

发现,K_t与有效桩径 d_{eff}相关。将上述数据绘制在图 6-6 中并进行拟合,得到经验公式如下:

$$K_t = \frac{\lambda_K}{d_{eff}^{0.92}} \tag{6-5}$$

式中:λ_K——曲线拟合系数。

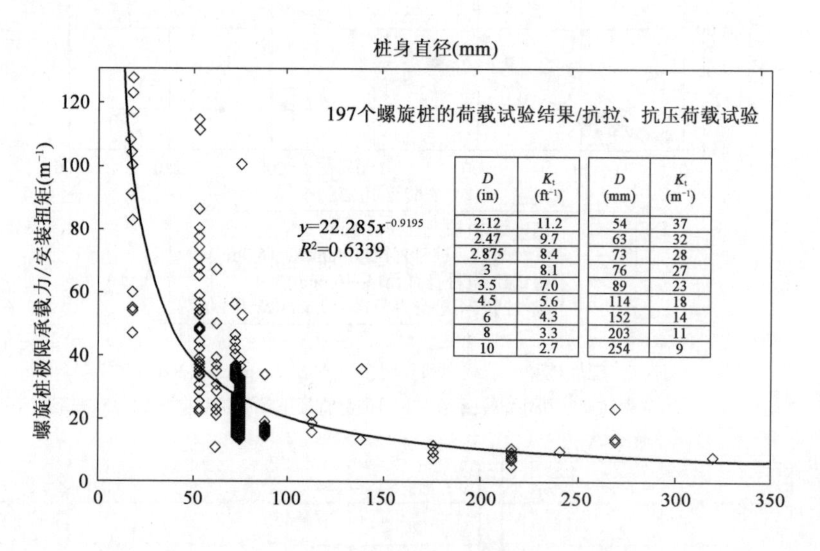

图 6-6　K_t和有效桩径之间的关系

Perko 提出的扭矩因子 K_t与 Hoyt 和 Clemence(1989)的研究结果吻合较好,其标准差更小,相关系数更高,可以更好地表征试验数据。但需要注意的是,尽管数据中同时包含了抗拉和抗压静载两种试验结果,但公式的拟合度还是较高。出现这个现象的原因可能是方程式(6-4)中考虑的是桩身有效直径,而不是 Hoyt 和 Clemence 研究中所进行的简单分组。

从图可以看出,单独针对抗压静载试验数据和抗拉静载试验数据,抗拉静载试验数据确定出的 K_t值偏大,抗压静载试验确定出的 K_t值较小。这是由于螺旋桩深埋下土中的抗压能力受埋深的影响,但这部分影响没有被计入测量的安装扭矩中。抗压静载试验的扭矩系数比抗拔静载试验的扭矩系数大约高 10%。

6.3　小　　结

众多的研究表明,叶片式钢管桩的安装扭矩和它的极限承载力有对应关系,安装扭矩可以在一定程度上反映承载力,同时安装扭矩也现场桩身安装质量、桩基承载力评估的一个重要指标,基于此,本章重点介绍了几位学者对叶片式钢管螺旋桩安装扭矩和桩基极限承载力之间的关系进行,为后续螺旋桩设计中安装扭矩的估算和施工中最后安装扭矩的控制提供了依据。

第7章　叶片式钢管螺旋桩静载试验研究

前面章节主要介绍了叶片式钢管螺旋桩承载力相关理论及计算公式,其中多次用螺旋桩静载试验结果对理论公式进行了验证。本章中,将重点针对叶片式钢管螺旋桩,进行不同影响因素下的螺旋桩静载试验,分析桩径、叶片数量、叶片直径、注浆、降雨等因素对螺旋桩承载力的影响,并采用合理公式将承载力的计算结果和实测值进行比较。

7.1　试验场地

试验场区位于北京市顺义区高丽营水坡村。

7.1.1　地质与气候条件

1)自然地理与地质背景

北京位于华北大平原的北端,距离渤海西岸150km,北京的西、北和东北三面环山,东南是缓缓向渤海倾斜的大平原。北京平原的海拔高度为20~60m,山地一般海拔为1000~1500m,与河北交界的东灵山海拔2303m,为北京市最高峰。北京的地势是西北高、东南低。西部是太行山余脉的西山,北部是燕山山脉的军都山,两山在南口关沟相交,形成一个向东南展开的半圆形大山湾,其所围绕的即为北京平原区。

2)区域构造背景

北京地区的地质构造格局是新生代地壳构造运动形成的,其特点是以断裂及其控制的断块活动为主要特征,新生代活动的断裂主要有北北东~北东向和北西~东西向两组,大部分为正断裂,并在不同程度上控制着新生代不同时期发育的断陷盆地。断裂分布多集中成带。全新世仍然活动的断裂多数位于东北部。

根据北京勘察设计研究院"岩土工程信息系统"中存储的资料分析,拟建场区位于上述北京断陷盆地内,场区内及附近没有活动隐伏断裂通过。

3)气候条件

拟建场区位于北京市顺义区,属典型暖温带、半湿润~半干旱大陆性气候,夏季比较炎热,冬季比较寒冷干燥。年平均气温为11~12℃,7月份平均气温25~26℃,1月份平均气温约-4~-5℃。北京地区属季风气候区,冬季盛行偏北风,夏季盛行偏南风,春、秋为南北风向转换季节;风速季节变化明显,春季平均风速最大,年最大风速可达22m/s。

北京地区多年平均降水量一般在550~650mm之间,降水季节性变化很大,年降水量80%以上集中在汛期(6~9月),7、8月两个月尤为集中。降水量年变化悬殊,北京地区历史上年最大降水量高达1406mm(1959年),最小降水量为168.5mm(1891年),相差8倍多。由于年降水量高度集中，即使旱年，局部地势低洼地区也可能积水成涝。多年平均水面蒸发量为1843.8mm。

7.1.2 工程地质条件

1）现状地形、地物概况

拟建场地地形基本平坦，整体为空地。

2）地层土质概述

根据对现场勘探、原位测试及室内土工试验成果的综合分析，按地层沉积年代、成因类型，将最大勘探深度范围内（最深15m）的地层划分为人工堆积层和第四纪沉积层两大类，并按地层岩性及其物理力学数据指标，进一步划分为4个大层及亚层，现分述如下：

表层为人工堆积黏质粉土填土①层；以下为第四纪沉积的黏土②层，黏质粉土$②_1$层；粉砂③层，砂质粉土$③_1$层，黏土$③_2$层；黏土④层，粉质黏土$④_1$层。

3）特殊性岩土

本工程场区内分布的特殊性岩土为人工填土，厚度约为1.0m，主要岩性为黏质粉土填土①层，该层土成分杂乱，工程性质较差。

7.1.3 地下水条件

1）勘探期间实测地下水位

本次岩土工程勘察期间于钻孔中实测到地下水位埋深为1.5m。

2）历史高水位调查

工程场区已超出现状的北京市区浅层地下水监测网范围，根据既有地下水资料，场区历史最高水位可接近自然地面。

7.2 叶片式钢管螺旋桩的施工及现场注浆

7.2.1 螺旋桩的施工

采用履带式打桩机进行拧桩工作，打桩前选择较平整稳妥的地方安置打桩机，实际打桩操作依据测量放线的桩位进行。打桩机就位后，首先将钻机头前后左右进行调整，初步调整好后用水平尺或线锤吊验垂直度，确认无误后进行下一步施工。

待打桩机调整完毕后，开始拧进螺旋桩。在检查螺旋桩符合要求后，将螺旋桩安装在打桩机上，然后用磁性水平尺校正桩机的水平度与垂直度，符合要求后开始钻桩。本次试验中螺旋桩长为7m，分2节依次拧入土中，2节分别为3m长段和4m长段，先将4m长段拧入土中，拧入一定深度，桩顶预留出一段距离，进行第2节的拼接。2节螺旋桩之间用螺栓连接，完成栓接工作后，继续进行拧桩，如图7-1所示。

拧桩时，先进行桩位对中，钻到1/3深度时观察桩身是否有偏差。根据偏差对桩机及桩身进行调整，进行调整后钻至1/2处再观察，无误后钻至设计深度，如图7-2所示。

在拧桩过程中可能存在的问题如下：

打桩时,打桩设备倾斜导致桩身也发生倾斜。

钻桩超过预定深度,需要将桩进行反拧,导致螺旋桩对土体造成二次扰动。

打桩时顶部扭矩不够,需要借助压扭组合进行钻桩,在拧入过程中还有上拔的情况,对桩周土体的影响较大。

上述因素对叶片式钢管螺旋桩的承载力有直接影响。

图7-1 螺旋桩拧入过程

图7-2 螺旋桩桩基本钻到设计深度

7.2.2 螺旋桩的现场注浆

1)注浆型螺旋桩的施工

将注浆管提前焊接至螺旋桩桩身钢桩内,每根钢管桩内对称布置两根注浆管,如图7-3所示。注浆管在拼接螺旋桩时同步拼接。喷浆孔的设置如图7-4所示,设置在叶片下方约15cm处,以保证螺旋叶片附近承载力的提高。

图7-3 带注浆管桩内构造

图7-4 喷浆孔布置

2)注浆设备及浆液选择

注浆采用注浆泵及配套搅拌机,搅拌机尺寸为直径90mm,高60mm。注浆设备如图7-5所示。浆液采用普通硅酸盐水泥,标号32.5,设计水灰比为1∶1。

3)注浆过程

制浆前,检查注浆机吸浆管是否畅通,密封性是否良好。确定设备没有问题后,将水泥倒入搅拌机内,平均每次搅拌5袋水泥(50kg/袋),然后根据要求的水灰比向搅拌机内加水。开动搅拌机进行水泥浆液搅拌,使浆液浓度均匀(图7-6)。浆液充分搅拌均匀后,关闭搅拌机,开启注浆泵进行注浆。

图7-5 注浆设备

图7-6 正在搅拌浆液

注浆采用压密注浆,注浆压力约为0.5MPa。在注浆过程中,观察吸浆管的情况,防止注浆管发生堵塞。当注浆管有浆液冒出时,停止注浆,观察注浆情况。如没有特殊情况,判断注浆完成。双叶片螺旋桩中土体的注浆量要大于单叶片螺旋桩中土体的注浆量,且加固效果更好。

注浆中存在的问题如下:

在进行第一根桩注浆时,两根注浆管之间发生串浆,为解决这一问题,将其中一根注浆管加设堵头,有效解决问题。

之后的注浆中,将每根桩中的其中一根注浆管加设堵头,若未加设堵头的注浆管发生堵塞,便改用另一个注浆管,将堵头加设在堵塞注浆管上。

为保证注浆桩极限承载力测试工作的正常进行,对两侧辅助桩同样进行了注浆加固,以免测试过程中出现锚桩被拔出的现象。由于试验桩和锚桩之间的距离较近,导致注浆孔下部地层串浆,使原有土体受到扰动,影响了实际的注浆效果。

7.3 叶片式钢管螺旋桩静载试验介绍

桩基荷载试验是通过加载的方式在现场测得桩的水平、抗压和抗拔极限承载力,是评价桩基性能,验证其是否达到设计承载力的重要手段。荷载试验中,对桩头施加的荷载,包含压缩、拉伸和横向载荷。通过记录施加的荷载、荷载持续时间和桩头位移,得到静载位移响应曲线。通过测试数据和试验曲线,分析桩基承受外部荷载时的变形情况、判定桩的允许承载力、极限承载力和整体刚度响应。桩基荷载试验在桩基工程中占有重要的地位。

7.3.1 试验依据

《建筑基桩检测技术规范》(JGJ 106—2014)。

《Standard Test Methods for Deep Foundations Under Static Axial Compressive Load》(D1143/D1143M-07)。

《顺义区高丽营镇水坡村螺旋桩试验项目岩土工程勘察报告》(以下简称《地勘报告》)。

7.3.2 试验准备工作

1)调查研究与方案制定

了解叶片式钢管螺旋桩试桩的基本情况(如长度、叶片直径、钢材等级、施工时间、施工方式等),了解试桩处工程地质、水文情况,采用合理的理论公式预估桩预估极限承载力值。

在充分征求设计人员及甲方对试桩试验要求和进度要求后,制定出比较详细的试桩方案(含锚桩布置、加载平台设计、加载方案等)。

2)试验准备

试验现场必须搭起能防雨、遮阳的临时帐篷或设施以保护仪器设备。试验用的应变仪、高压油泵等仪器设备应按照就近、方便、安全的原则安放,应变仪等精密仪器必须安放在工作桌(台)上。试验现场所接电源必须符合临时架设电源线路的要求,禁止乱拉乱扯电源、电线、防止漏电,触电等事故发生。

试验前应将试验所用的千斤顶,油泵调试好,将所用的荷载传感器、应变仪等试验仪器在标准压力机下经过严格标定,并填写标定记录表。在试验设备、仪器仪表的运输过程中应确保其不受损伤,以保证现场试验数据的准确无误。现场吊装安置加载设备时,应采取必要的安全措施,保证设备的安放位置正确和人员、设备的安全。反力架的安装和焊接要牢固可靠,对于不符合要求的反力装置不能进行正式试验加载工作。

3)试验仪器仪表的安装调试

(1)百分表或位移传感器的安装调试。

试桩中一般采用百分表或位移传感器进行位移测量。应在桩的2个正交直径方向对称安置4个百分表或位移传感器(图7-7),小直径桩可安置2个或3个百分表或位移传感器。所有百分表或位移传感器均用表磁性基座固定于基准梁上,基准梁独立安装在基准桩上。固定和支承百分表的夹具和基准梁在构造上应确保不受气温的影响而变形,同时应避免振动、雨水、阳光照射等。

百分表、位移传感器的安装调试应符合静载试验要求。首先将百分表或位移传感器装在磁性表架上,用劲箍夹住表或传感器的轴顶,使百分表或位移传感器的测杆顶住试件测点。将磁性表基座安装在支承于相对不动基础上的基准梁上,调整磁性表架、百分表或位移传感器与磁性表架的相对位置,使百分表或位移传感器轴线平行于被测位移的方向,不得倾斜。当百分表或传感器测杆与所测量位移方向完全一致时,即可确定磁性基座和百分表的位置。测点表面需经一定处理(如在构件测点处粘贴玻璃片),以避免结构变形后,由于测点垂直于百分表或位移传感器测杆方向的位移,而产生误差。

图7-7　百分表布置现场图

百分表或位移传感器使用前后要仔细检查测杆上下活动是否灵活。百分表或位移传感器的量程一般为 10 ~ 50mm，在量测过程中要及时观察判断即将发生的位移是否会很大，并进行相应调整，以免造成测杆与测点脱离接触或测杆被顶死。加载前测试记录初读数。

(2)高压油泵及液压千斤顶的安装调试。

千斤顶加载系统主要包括千斤顶、高压油泵及油路三个部分，试桩前宜对加载系统进行检查，检查目的在于检查千斤顶、油泵工作是否正常、油路有无漏油。

千斤顶应平放于试桩中心，与试验位置点对正放置，将千斤顶位于下压和上顶传力设备的合力中心轴线上。用高压油管将千斤顶与液压控制阀连通好，液压控制阀通过高压油管与高压油泵连通。对电动油泵应先接好外接电源线，检查线路正确无误后再通电试机，将止通阀扳向"止"位置，打开电动机开关，检查油泵是否能正常运转。当油泵运转正常，且储油箱内有充足的备用油后，将止通阀扳向"通"位置，打开电动机开关，使油管内充满液压油，并在预留油管接口处见到有油漏出后，拧紧该油管接口。正式实施加载工作，加载量可由油压表读数控制，或用荷重传感器进行控制。当试验过程中出现突然停电，应检查止通阀是否锁紧，以使荷载维持稳定，然后将高压油泵打向卸压挡，使高压油管卸压。最后将电动高压油泵更换成备用的手动高压油泵，继续试验。

卸载过程总的控制，当荷载加到预定值并决定开始卸荷时，应扳动止通阀手向"止"方向慢慢移动，使千斤顶内高压油向油泵的储油箱内流动，当荷载至要求值时，将油泵止通阀手柄向"通"方向扳动 。需将千斤顶卸荷至零时，完全打开止通阀手柄。这时可以切断电源，折除油泵的外接电源线路，并将电源线盘好。当千斤顶活塞完全进入工作油缸内后，拆除高压油管，并将油管盘好存放，将千斤顶、油泵擦拭干净，以备下次再用。

施加与桩顶的荷载，一般采用放置于千斤顶上的压力环或应变式压力传感器直接测定，也可采用安装在千斤顶油压系统上的压力表测定油压，并根据千斤顶标定曲线换算得到。

当采用两个或两个以上千斤顶施加荷载时，宜选择相同型号、相同类型的千斤顶，将千斤顶并联同步工作，并使千斤顶的合力通过试桩中心线。

4)试桩制作要求

试桩要按照工程桩的质量要求和安装方法，旋转安装到荷载试验所需要的点位处。试桩顶部一般应予以加强，在试桩顶配置桩帽，桩帽与螺旋桩要连接平整，并进行精细调平，防止由于桩帽顶部倾斜出现测量误差。

5)温度对沉降影响的消除方法

温度对沉降测量的影响，主要是温度变化会使基准梁产生变形，为消除这种影响可采用下面几种方法：

(1)基准梁宜采用刚度较大的型钢制作，且必须简支在基准桩上。

(2)用百分表或位移传感器，在基准梁跨中附近的某一相对不动体上，对基准梁进行变形监测，以便对桩顶沉降测量值进行修正。

(3)利用围护物将试桩场地围护起来，防止基准梁受阳光直射及减小温差。

7.3.3 叶片式钢管螺旋桩抗压静载试验过程

1)试验加载装置的选择

试桩所承受的荷载一般由油压千斤顶加载系统施加。加载反力装置可根据现场实际情况以及试桩的预估极限加载量大小来决定，一般可采用锚桩横梁反力装置、堆重平台反力装置及锚桩加堆重反力装置3种形式。

(1)锚桩横梁反力装置。

锚桩数、锚桩尺寸及横梁的承载力设计均应满足1.2~1.4倍的试桩预估极限加载量。锚桩的抗拔承载力由有关规范计算确定，锚桩数量可为2根、4根、6根。当采用工程桩作锚桩时，锚桩数量应不少于4根，并应在试验过程中对锚桩上拔量进行监测。锚桩与反力横梁间用锚拉钢筋联结或者采用桩帽焊接的方式进行，钢筋焊接搭接长度，单面焊时不小于10d，双面焊时不小于5d(d为钢筋直径)。锚桩横梁反力装置如图7-8所示。

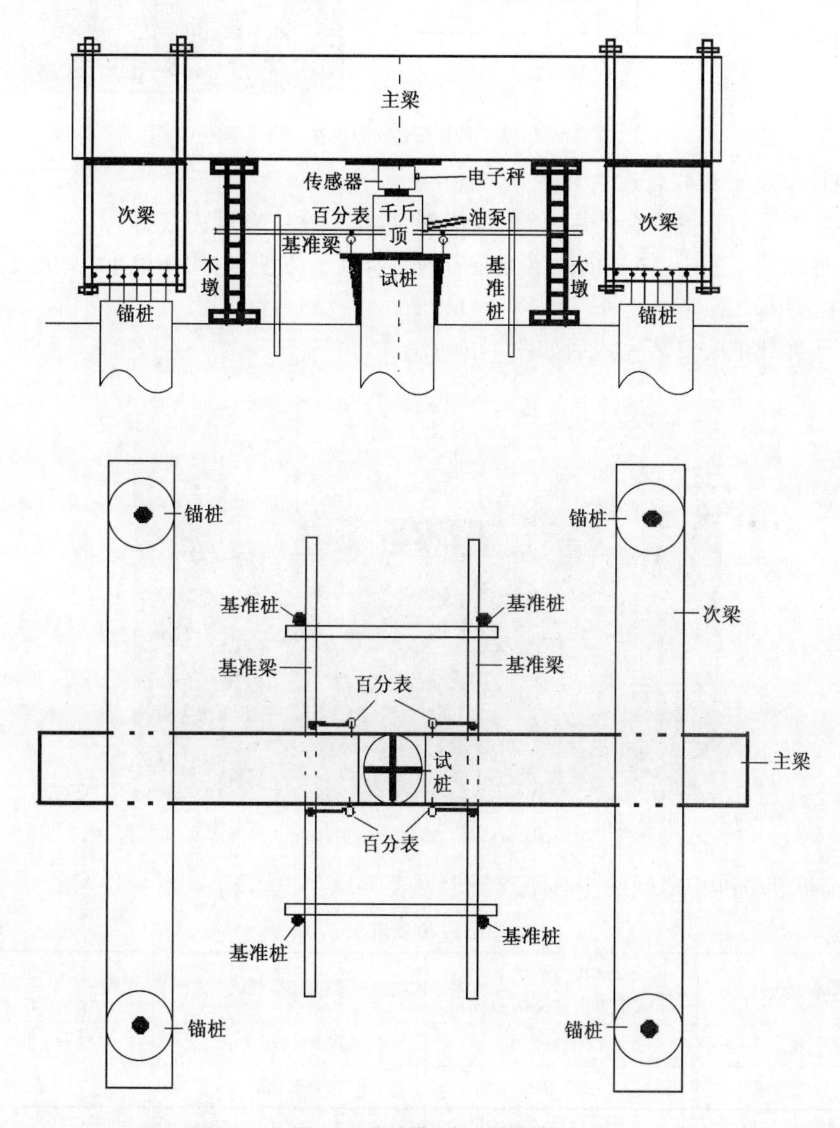

图7-8　锚桩横梁反力装置图

(2)堆重平台反力装置。

图7-9所示为堆重平台反力装置，配置荷载量不得少于试桩预估极限加载量的1.2~1.5

倍，需要一个体积较大的堆重平台，并且对地基承载力的要求也较高。试验过程复杂，耗时长，需要的人力、物力均较多。

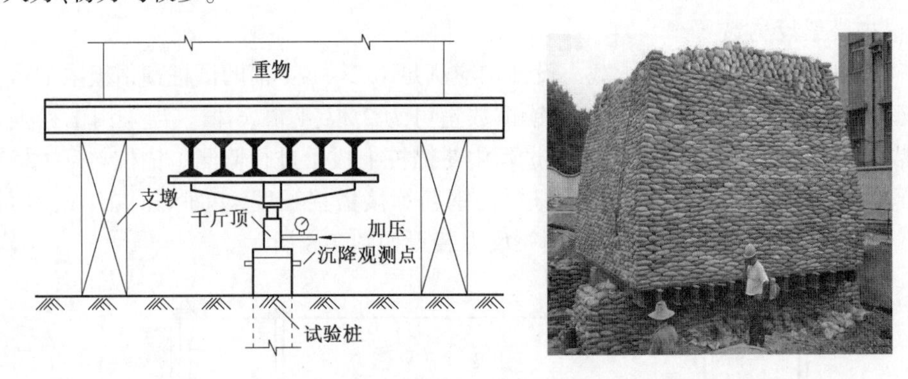

图 7-9　堆重平台反力装置

(3)锚桩、堆重平台联合反力装置。

将上述两种反力装置联合使用，就形成锚桩、堆重平台联合反力装置。

上述三种加载装置中，锚桩横梁反力装置因具有施工方便、占用场地小、人员投入少、快速等优点，优先采用。

单桩抗压静载试验安装完成后如图 7-10 所示。

图 7-10　单桩抗压静载试验现场布置图

试桩、锚桩和基准桩之间的中心距离要求见表 7-1。

中心距离要求表　　　　表 7-1

反力系统	试桩与锚桩（或堆重平台支墩边缘）	试桩与基准桩	基准桩与锚桩（堆重平台支墩边缘）
锚桩横梁反力装置	≥4d 且≥2.0m	≥4d 且≥2.0m	≥4d 且≥2.0m
堆重平台反力装置	≥2.0m	≥2.0m	≥2.0m

注：d 为试桩或锚桩设计直径，取其中较大者（如试桩或锚桩为扩底桩时，试桩与锚桩的中心距离不应小于 2 倍扩大端直径）。

2)试验过程

在前述试验准备工作完成后方可进行正式试验。试验的加卸程序和桩顶沉降测读时间间隔严格遵守规范中的有关规定和相应试验规程。试验过程中，应注意记录现场天气变化情况及其对基准梁的影响，并将其在测量数据中消除。对试验过程中出现的各种意外或异常情况，应及时向试验现场负责人反映，协商处理解决。

（1）间歇时间。

从试桩入土到开始试验的间歇时间，砂土为14d；粉土和黏性土，视土体强度恢复而定，一般不少于28d；对淤泥或淤泥质土，不少于28d。

（2）试验加载常用方法。

①慢速维持荷载法。

逐渐加载，当每级荷载下的桩顶沉降达到相对稳定后，再加下一级荷载，直到满足试验加载终止条件，然后逐级卸载至零。

②多循环加、卸载法。

每级荷载下，桩顶沉降量达到相对稳定后，卸荷至零；然后进行下一循环，直至满足试验加载终止条件。

③快速维持荷载法。

每级荷载维持1h后，再施加下一荷载，直到满足试验加载终止条件，然后分级卸载至零。

3）试验加载、卸载和沉降观测

为获得较真实的桩基承载力值，本书采用了慢速荷载维持法，即逐级加载，每级荷载试桩沉降达到相对稳定后，再加下一级荷载，直到试桩破坏或达到最大加载量，然后分级卸载到零。

（1）加载分级。

每级加载量为试桩预估最大试验荷载的1/10～1/12，逐渐加载，第一级则可取2倍加载量进行加载。

（2）桩顶沉降量测读时间间隔。

每级荷载施加后按第5min、15min、30min、45min、60min测读桩顶沉降量，以后每隔30min测读一次。

（3）沉降相对稳定标准。

每1h内的桩顶沉降量不超过0.1mm，并连续出现两次（从分级荷载施加后第30min开始，按1.5h连续三次每30min的沉降观测值计算）；当桩顶沉降速率达到相对稳定标准时，再施加下一级荷载。

（4）终止加载条件。

当出现下列情况之一时，即可终止加载：

某级荷载作用下，桩顶沉降量为前一级荷载作用下沉降量的5倍，当桩顶沉降能相对稳定且总沉降量小于40mm时，宜加载至桩顶总沉降量超过40mm。

某级荷载作用下，桩顶沉降量大于前一级荷载作用下沉降量的2倍，且24h尚未达到相对稳定。

达到设计要求最大加载量，且沉降达到稳定，或已达桩身材料的极限强度，以及试桩桩顶出现明显的破损现象。

试桩桩顶总沉降量超过 10cm 时，若桩长大于 40m，则控制的总沉降量可按桩长每增加 10m 相应增加 1cm。

当荷载—沉降曲线为缓变型，可加载至桩顶总沉降量达 60 ~ 80mm；在特殊情况下，可根据具体要求加载至桩顶累计沉降量超过 80mm。

(5)卸载时桩顶沉降观测规定。

卸载应分级进行，每级卸载值应为每级加载值的 2 倍，逐级等量卸载。

每卸一级荷载后，隔 15min 测读一次；读两次后，隔半小时再读一次，即可卸下一级荷载。卸载至零后，隔 3 ~ 4h 再读一次。

快速法卸载时，每级荷载维持 15min，观测时间为 5min、15min；卸载至零后继续测读 2h，时间分别为 5min、15min、30min、60min、90min、120min。

加卸载时应使荷载传递均匀、连续、无冲击，每级荷载在维持过程中的变化幅度不得超过分级荷载的 ±10%。

4)试验资料的整理

在现场进行试验的同时，应对试验资料进行初步的整理，绘制荷载—沉降(Q—s)曲线图，以便及时发现试验中所出现的问题。

将单桩垂直静载试验概况整理成表格，并应对成桩和试验过程中出现的异常情况做补充说明。做好单桩垂直静载试验的数据记录(表 7-2、表 7-3)，试验数据应准确、清晰，不得随意涂改。绘制试验曲线，以确定单桩的极限承载力，一般需绘制 Q—s、s—lg$t$、s—lg$Q$ 曲线。

单桩竖向抗压(抗拔)静载试验记录表

试桩号： 表 7-2

荷载(kN)	观测时间(日/月时分)	间隔时间(min)	读数					沉降(mm)		备注
			表 1	表 2	表 3	表 4	平均	本次	累计	

试验： 记录： 复核：

单桩竖向抗压(抗拔)静载试验结果汇总表

表 7-3

试桩号：

序号	荷载(kN)	历时(min)		沉降(mm)		备注
		本级	累计	本级	累计	

试验： 记录： 复核：

5)单桩垂直抗压承载力的判定

根据试验曲线表现出的不同形式，采用下列方法进行螺旋桩抗压极限承载力的判定：

取 s—lg$t$ 曲线尾部出现明显向下曲折的前一级荷载值为极限承载力。

取 Q—s 曲线发生明显陡降的起始点(第二拐点)所对应的荷载值为极限承载力。

取 s—lg$Q$ 曲线出现陡降直线段的起始点所对应的荷载值为极限承载力。

根据沉降控制确定极限承载力，或根据其他方法确定极限承载力。

7.3.4 叶片式钢管螺旋桩抗拔静载试验过程

叶片式钢管螺旋桩属下列情况之一时，需进行桩的竖向抗拔静载试验，即经常承受上拔荷载的桩基础和以承受风荷载为主的铁塔、高耸构筑物的桩基础。

试验前应对场地工程地质情况及试桩的设计内容有较详细的了解，并认真制定试验方案，做好试验前的准备工作。单桩竖向抗拔静载试验的加载方法主要有慢速维持荷载法和快速循环加卸载法。本书主要采用慢速维持荷载法。

1）试验加载装置的选择

现场试验中，试桩所需上拔荷载一般由油压千斤顶加载系统施加，千斤顶加载所需反力采用横梁承压反力装置，见图7-11。千斤顶放置在试桩中心轴线的垂直延长线上，并使其合力与试桩中心垂直线重合。

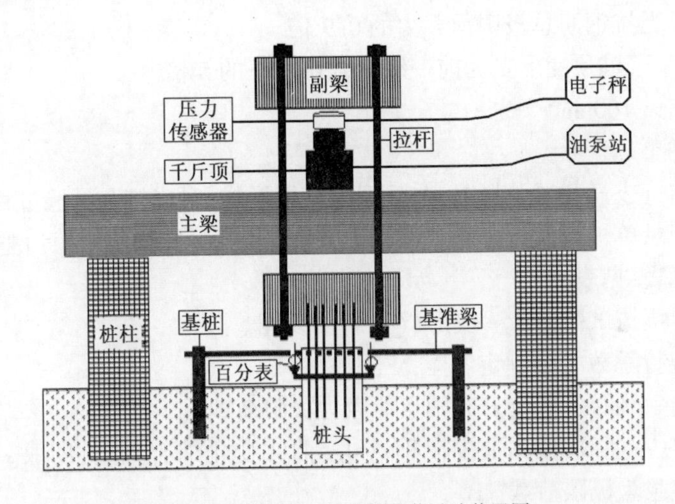

图7-11 单桩竖向抗拔静载荷试验装置图

试验中上拔荷载量值应采用应变式压力传感器或应力环进行控制。桩的上拔量由百分表或位移传感器进行测量。与抗压静载试验一样，在试桩桩面两个正交直径方向上对称安置4个百分表。固定和支承百分表的夹具和基准梁，在构造上应确保不受外界因素影响，具体和抗压承载力测试时相同。试桩、承重台和基准桩之间的中心距见表7-1。

2）试验过程

（1）间歇时间。

在确定桩身强度达到要求的前提下，对于砂土类不应少于10d；对于粉土或黏性土，不应少于15d；对于淤泥或淤泥质土不少于25d。

（2）试验加载、卸载和沉降观测。

多采用慢速维持荷载法和多循环加卸载法。慢速维持荷载法即逐渐加载，每级荷载达到相对稳定后加下一级荷载，直至试桩破坏，然后逐渐卸载到零。当考虑到实际工程桩的荷载特征时，也可采用多循环加卸载法，即每级荷载达到相对稳定后卸载到零，之后再进行下一级荷载的施加。

本书采用慢速维持荷载法,相关要求如下:

①加载分级。

每级加载为预估极限荷载的1/10~1/15。

②变形测读时间。

变形观测为每级加载后间隔5min、10min、15min各测读一次,以后每隔15min测读一次,累计1h后每隔30min测读一次。将每次测读值记入试验记录表(表7-2),并记录桩身外露部分裂缝开展情况。

③沉降相对稳定标准。

每小时内的变形值不超过0.1mm,并连续出现两次(由1.5h内连续三次观测值计算),认为已达到相对稳定,可施加下一级荷载。

④终止加载条件。

当出现下列情况之一时,即可终止加载:

桩顶荷载为桩受拉钢筋总极限承载力的0.9倍。

某级荷载作用下,桩顶变形量为前一级荷载作用下的5倍。

累计上拔量超过100mm。

3)试验资料的整理

记录单桩竖向抗拔静载试验概况,并整理成表格形式,对成桩和试验过程出现的异常现象补充说明。详细记录单桩竖向抗拔静载试验记录表,见表7-2;试验结束后整理单桩竖向抗拔静载试验变形汇总表,见表7-3;

绘制单桩竖向抗拔试验荷载—变形(Q—s)曲线图。

4)单桩垂直抗拉承载力的判定

对于陡变形Q—s曲线,取陡升起始点荷载为极限荷载。

对于缓变形Q—s曲线,根据上拔量和s—lg$t$曲线变化综合判定,即取s—lg$t$曲线尾部显著弯曲的前一级荷载为极限荷载。

7.4 现场地勘参数和螺旋桩静载试验设计

7.4.1 地勘参数

试验前,对试验场地进行了勘察,得到土层柱状图如图7-12所示,不同深度处土样的物理及力学参数如表7-4所示。

土样物理及力学参数

表7-4

取土深度(m)	土样分类	天然含水率(%)	密度(g/cm³)	压缩模量(MPa)	黏聚力(kPa)
1	黏质粉土	24.10	2.03	5.19	31.64
3	黏土	32.27	1.96	3.42	10.70
4	砂质粉土	21.72	2.03	18.43	15.50

续上表

取土深度(m)	土 样 分 类	天然含水率(%)	密度(g/cm³)	压缩模量(MPa)	黏聚力(kPa)
8	黏土	48.11	1.82	3.65	22.65
9	粉质黏土	22.10	2.11	6.57	30.23
10	黏土	30.36	1.96	6.19	26.44
11	黏土	34.39	1.9	5.13	15.55
12	黏土	30.65	1.82	4.66	11.62
13	黏土			8.26	
14	黏土	35.70	1.90	6.12	18.67

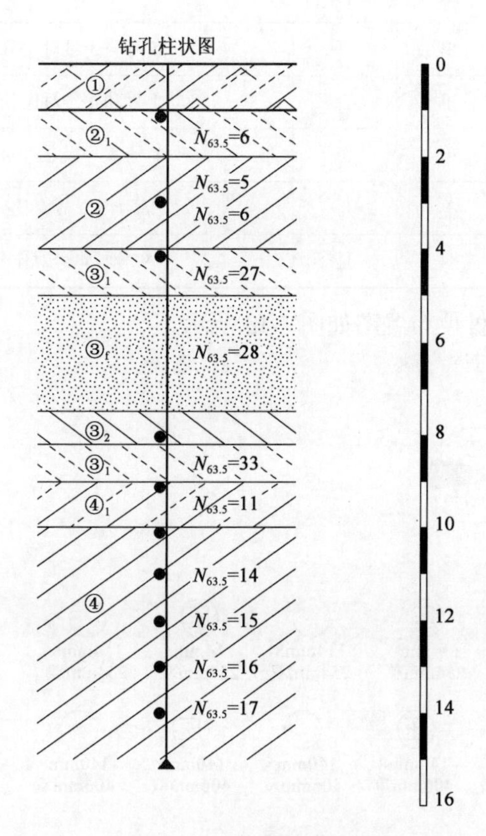

图7-12　场地土层柱状图

根据表7-4和图7-12可知,5~7m之间的土层最适宜作为持力层,且能保证螺旋桩长度适宜,所以综合考虑确定试验用螺旋桩总长为6~7m。

7.4.2　桩基静载试验设计

本次试验中,对9根参数不同的叶片式钢管螺旋桩进行了承压及抗拔承载力测试。试验中,通过改变螺旋桩的桩径、叶片直径以及叶片个数,再结合水坡村的试验数据来对比分析影响螺旋桩承载力的各个因素。

叶片式钢管螺旋桩静载试验设计参数对比如表 7-5 所示。

螺旋桩静载试验设计参数对比表

表 7-5

编号	桩径(mm)	叶片直径(mm)	叶片个数	是否注浆	说明
1	114	254	单	否	1 号与 2 号桩对比分析叶片个数的影响
2			双	否	
3	140	406	单	否	3 号与 4 号桩对比分析叶片个数的影响
4			双	否	
5	140	508	单	否	5 号与 3 号对比分析叶片直径的影响
6	114	406	单	否	1 号和 6 号对比分析叶片直径的影响
7	178	610	单	否	1 号、3 号及 5 号对比分析直径的影响
8	140	406	单	是	8 号与 3 号对比分析注浆效果影响
9			双	是	9 号与 4 号对比分析注浆效果影响

水坡村及闫家营场地桩位布置图如图 7-13 所示。

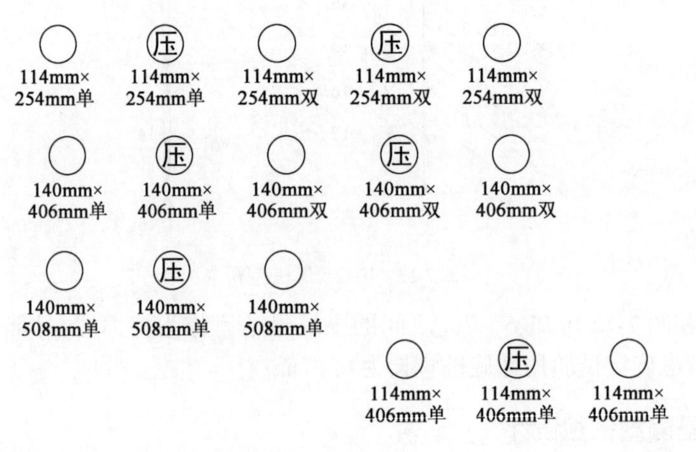

a)

图 7-13

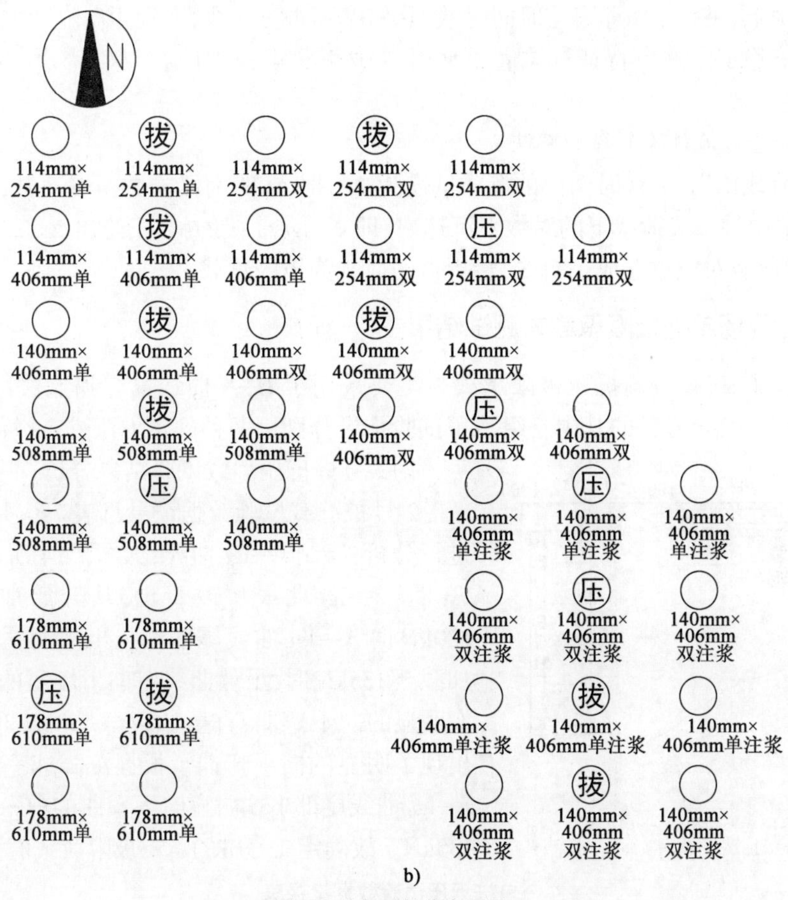

图 7-13　场地桩位布置图

a）水坡村桩位布置图；b）闫家营场地桩位布置图

7.5　叶片式钢管螺旋桩静载试验结果

7.5.1　桩极限承载力的确定方法

1）Q—s 曲线第二拐点法

当 Q—s 曲线陡降段明显时，取相应于陡降段起点的荷载值为极限承载力；对于缓变型 Q—s 曲线，采用下面所述的方式。

2）s—$\lg Q$ 法

将横坐标定为 $\lg Q$，纵坐标定为 s，绘出曲线，这种做法突出了沉降量，使拐点明显化，由此来判断拐点，确定极限承载力。同样，s—$\lg Q$ 曲线出现陡降直线段的起始点所对应的荷载为极限荷载。

3）沉降速率法

桩破坏时的沉降特性，不仅表现为沉降量急剧增大，沉降速率也会突然增加，根据这一规律，总结出确定桩极限承载力的沉降速率法。即根据试验资料，绘制 s—$\lg t$ 曲线，破坏之前的那级荷载作用下,桩顶下沉量 s 与时间对数 $\lg t$ 斜率不再为直线,而发生明显弯曲,表明桩基随时间沉降不能稳定。这个特征标志着桩已进入破坏状态,将其前一级荷载作为桩的极限承载力。

4)切线交会法(对数沉降速率法)

把各级荷载作用下 Δt 时间内的沉降量设为 Δs,把 Δt 时间段的数值取对数,$\Delta s/\Delta \lg t$ 实际上就是 s—$\lg t$ 中的每级荷载下的对数下沉速率,即 s—$\lg t$ 曲线的斜率,绘出 $\Delta s/\Delta \lg t$—Q 的关系曲线,其各级荷载对应点连成一折线,转折点的荷载为极限承载力。

7.5.2 现场单桩极限承载力测试结果

本次试验中,确定桩的抗压极限承载力主要采用了 Q—s 曲线第二拐点法以及沉降速率法。取 2 号桩以及 4 号桩的其中一组承压试验结果分别用两种确定方法进行举例分析。

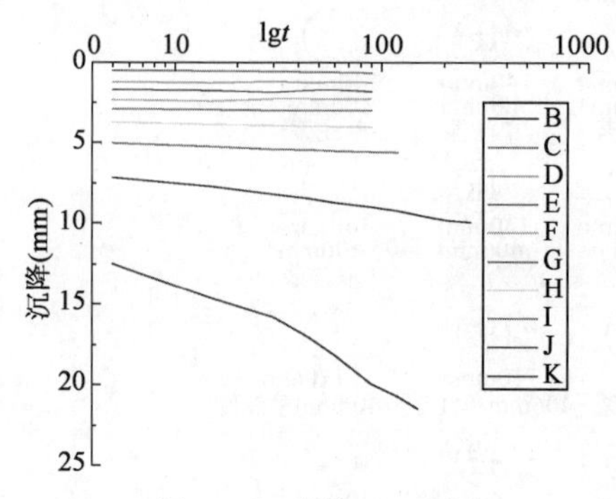

图 7-14 2 号桩 s—$\lg t$ 曲线
B ~ K-对应施加的从 1 ~ 10 的 10 级荷载

1)2 号桩抗压静载试验结果分析

2 号桩静载试验数据记录见表 7-6,用沉降速率法进行分析,绘制 s—$\lg t$ 曲线,如图 7-14 所示。

从 s—$\lg t$ 曲线可以看出,从开始加载到加载至 120kN 时,s—$\lg t$ 曲线尾部都未出现明显的向下弯曲;加载至 135kN 时,虽然曲线有向下倾斜的趋势,但仍未有明显的向下弯曲;直至加载至 150kN 时,s—$\lg t$ 曲线出现了明显的向下弯曲。根据沉降速率法的规定,取 s—$\lg t$ 曲线尾部出现明显向下弯曲的前一级荷载值,即 135kN。故确定 2 号桩的承压极限荷载值为 135kN。

单桩承压试验数据记录表 表 7-6

工程名称	螺旋桩承压试验			试验桩号:2 号
		桩长:6.3m		桩径:114mm
序号	荷载(kN)	历时(min)		沉降(mm)
		本级	累计	本级
1	15	90	90	0.15
2	30	90	180	0.48
3	45	90	270	0.59
4	60	90	360	0.60
5	75	90	450	0.46
6	90	90	540	0.72
7	105	90	630	1.01
8	120	120	750	1.58
9	135	270	1020	4.31
10	150	150	1170	11.54
最大沉降量:21.44mm				

注:下沉为正。

2)4 号桩抗压静载试验结果分析

4 号桩抗压静载试验数据记录如表 7-7 所示,用 Q—s 曲线第二拐点法分析,所得 Q—s 曲线如图 7-15 所示。

从 Q—s 曲线可以看出,从开始加载到加载到 210kN,曲线基本为拟直线段,沉降位移均匀增长,210kN 为比例界限;210 ~ 360kN 段为曲线,沉降位移呈抛物线增长,曲线上曲率最大的点所对应的荷载约为 320kN,此荷载为屈服荷载;从 360kN 加载至 420kN 的过程中,曲线陡降,即取 360kN 为此螺旋桩极限承载力。

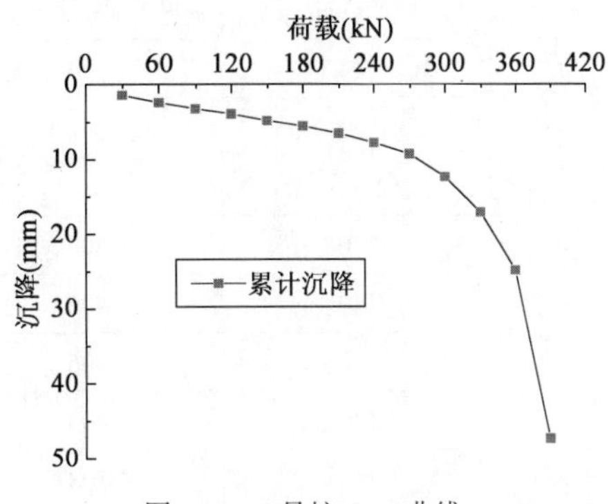

图 7-15　4 号桩 Q—s 曲线

单桩承压试验数据记录表　　表 7-7

工程名称	螺旋桩承压试验			试验桩号	4 号
实验日期		桩长	6.3m	桩径	140mm
序号	荷载(kN)	历时(min)		沉降(mm)	
		本级	累计	本级	累计
1	30	120	120	1.42	1.42
2	60	90	210	0.99	2.41
3	90	150	360	0.81	3.23
4	120	90	450	0.72	3.94
5	150	90	540	0.89	4.84
6	180	90	630	0.72	5.56
7	210	90	720	0.98	6.54
8	240	120	840	1.25	7.80
9	270	120	960	1.51	9.31
10	300	150	1110	3.06	12.37
11	330	210	1320	4.73	17.10
12	360	330	1650	7.75	24.85
13	390	480	2130	22.49	47.34
最大沉降量:47.34mm					

注:下沉为正。

其余各桩型抗压极限承载力和抗拔极限承载力均根据以上两种方法进行确定,得到抗压极限承载力汇总如表 7-8 所示、抗拔极限承载力汇总如表 7-9 所示。

抗压极限承载力汇总　　表 7-8

桩号	桩径(mm)	叶片直径(mm)	叶片个数	是否注浆	极限承载力(kN)
1	114	254	1	否	120
2	114	254	2	否	135
					135
3	140	406	1	否	210
4	140	406	2	否	280
	140	406	2	否	360
	140	406	2	否	315
5	140	508	1	否	225
6	114	406	1	否	165
7	178	610	1	否	210
8	140	406	1	是	210
9	140	406	2	是	360

抗拔极限承载力汇总　　表 7-9

桩号	桩径(mm)	叶片直径(mm)	叶片个数	是否注浆	极限承载力(kN)
1	114	254	1	否	120
2	114	254	2	否	210
3	140	406	1	否	420
4	140	406	2	否	480
5	140	508	1	否	280
6	114	406	1	否	340
7	178	610	1	否	240
8	140	406	1	是	280
9	140	406	2	是	315

7.6　叶片式钢管螺旋桩抗压极限承载力试验结果分析

7.6.1　叶片数量对承载力的影响

本次试验进行了两组以叶片数量为影响因素的螺旋桩抗压静载试验，对 1 号桩和 2 号桩（桩径 114mm，叶片直径 254mm）进行对比。Q—s 曲线对见图 7-16，不同桩的 s—lg$t$ 曲线见图 7-17，两根桩的抗压极限荷载对比见表 7-10。

从图 7-17 可以看出，单叶片螺旋桩与双叶片螺旋桩随时间变化的沉降趋势近似。同一级荷载下，双叶片螺旋桩的沉降量小于单叶片螺旋桩。若到达同样沉降量，单叶片螺旋桩所施加荷载要小于双叶片螺旋桩。双叶片螺旋桩的最终累计沉降量小于单叶片螺旋桩。

结合 Q—s 曲线及 s—lg$t$ 曲线进行分析。由单叶片螺旋桩曲线可见，从开始加载到加载至

80kN,每级荷载作用下的沉降很均匀,而且沉降量不大,此时,桩侧岩土及桩端岩土持力层均处于弹性工作阶段;从90kN开始加载后,每级沉降量逐级增加,此时,从桩顶处的桩侧岩土开始屈服,但屈服过程较为平缓;在130~140kN加载过程中,产生了单级最大沉降量,判断桩侧岩土基本屈服。由双叶片螺旋桩曲线可见,在荷载小于90kN时,沉降量基本呈线性缓慢增大,每级单级沉降值差别不大,且沉降量较小,桩侧及桩端持力层均处于弹性工作阶段;当荷载从90kN增大到120kN过程中,单级沉降量逐渐增大,此时桩侧岩土开始屈服,屈服过程相较于单叶片螺旋桩较快;在135kN加载过程中出现较大单级沉降;直至加载至150kN时,产生最大沉降量,此时桩侧岩土基本屈服。根据 $Q—s$ 曲线第二拐点法判断,单叶片螺旋桩抗压极限承载力为130kN,双叶片螺旋桩抗压极限承载力为135kN。

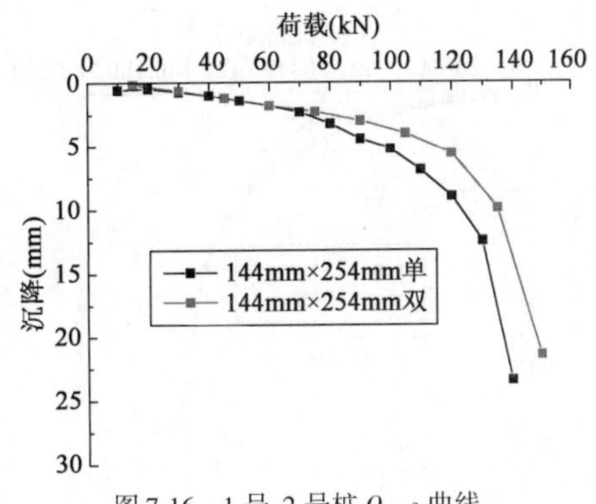

图7-16 1号、2号桩 $Q—s$ 曲线

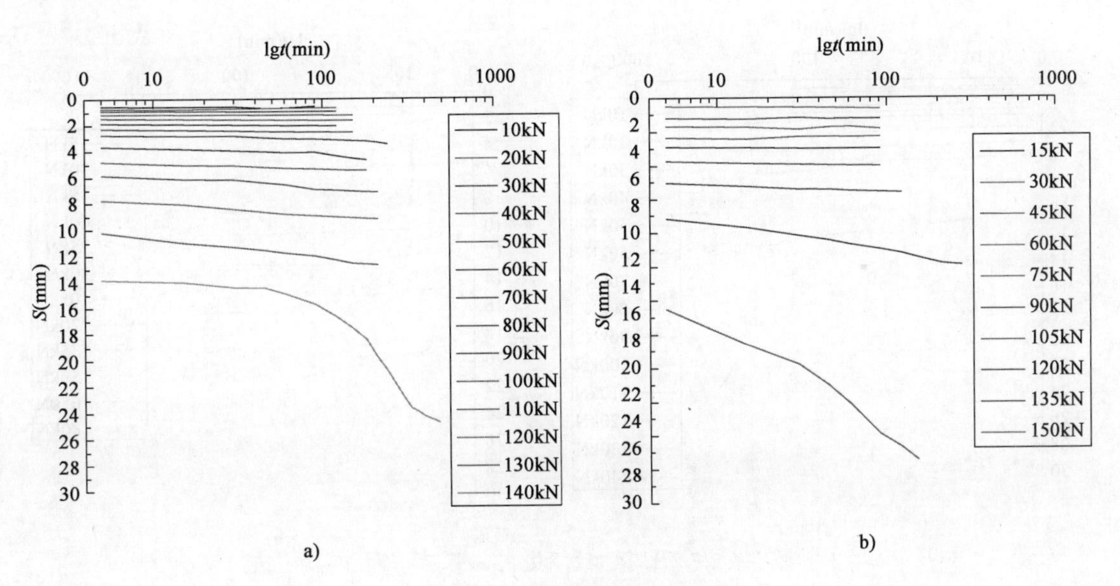

图7-17 1号、2号桩 $s—\lg t$ 曲线

a)1号桩(单叶片);b)2号桩(双叶片)

不同叶片数量下,螺旋桩的抗压极限承载力 表7-10

桩直径(mm)	叶片直径(mm)	叶片个数	极限承载力(kN)	提高百分比(%)
114	254	单	130	3.8
		双	135	

由表7-10可以看出,相同桩径下,双叶片螺旋桩的抗压极限承载力大于单叶片螺旋承的抗压极限承载力,且在一定范围内,叶片直径越大,抗压极限承载力提高得越多。原因在于双叶片螺旋桩,两叶片的分布形式较单叶片螺旋桩增加了桩基的端部承载力。

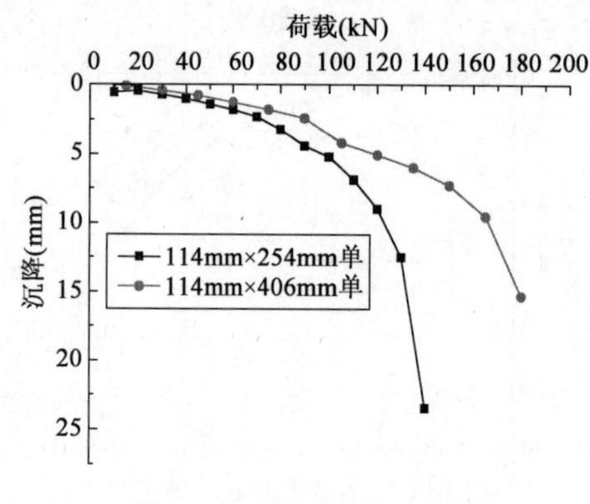

图 7-18　1 号、6 号桩 $Q—s$ 曲线

7.6.2　叶片直径对承载力的影响

本次试验进行了两组以叶片直径为影响因素的螺旋桩抗压静载试验，对 1 号桩（桩径 114mm，叶片直径 254mm）和 6 号桩（桩径 114mm，叶片直径 406mm）进行对比。两根试验桩均为单叶片。$Q—s$ 曲线及 $s—\lg t$ 曲线分别如图 7-18 和图 7-19 所示，两根桩的抗压极限承载力结果对比如表 7-11 所示。

由图 7-18 可以看出，在每一个同级荷载作用下，大直径叶片螺旋桩的累计沉降值均小于小直径叶片螺旋桩。当两种螺旋桩沉降位移相同时，大直径叶片螺旋桩所施加的荷载大于小直径叶片螺旋桩。故大直径叶片螺旋桩的最终沉降量小于小直径叶片螺旋桩。在前期加载中，两根桩的沉降趋势相似；到加载后期，沉降曲线出现明显区别。

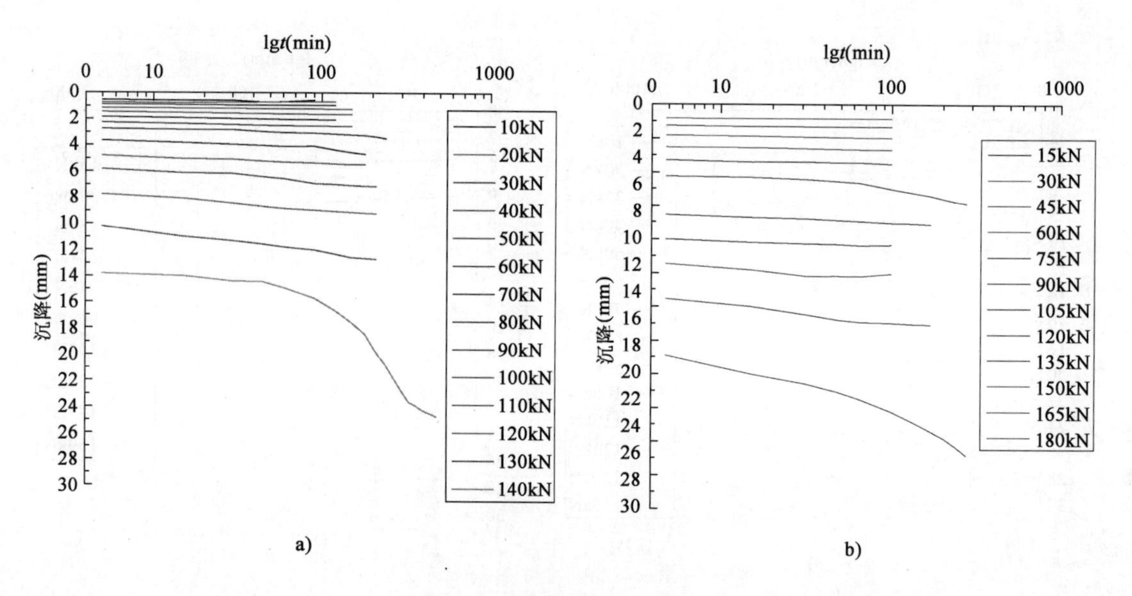

图 7-19　1 号、6 号桩 $s—\lg t$ 曲线

a）1 号桩（桩径 114mm，叶片直径 254mm）；b）6 号桩（桩径 114mm，叶片直径 406mm）

结合图 7-18 和图 7-19 进行分析。1 号桩的分析详见 7.6.1 节。由图 7-18 和图 7-19b）可以看出，从开始加载到加载至 90kN，荷载—累计沉降图中沉降值基本呈线性缓慢增长，且单级沉降量较小，此时桩侧土体及桩端持力层土体均处于弹性节段；在 90kN 和 105kN 两级加载过程中，沉降出现了一次较大增长，初步判断桩侧部分岩土与管壁接触不良，此部分岩土出现屈服；从 120kN 继续加载至 150kN，沉降值又一次呈现线性增长，但相较于第一次线性增长斜率增加，即单级沉降值增大，判断此时未屈服桩侧岩土继续屈服；直到荷载加载至 180kN 时，产生了最大沉降量，判断桩侧土体基本屈服。根据 $Q—s$ 曲线第二拐点法判断，大直径叶片螺旋桩承压极限承载力为 165kN，小直径叶片螺旋桩承压极限承载力为 130kN。

不同叶片直径下的抗压极限承载力对照表　　表7-11

桩直径(mm)	叶片直径(mm)	叶片个数	极限承载力(kN)	提高百分比(%)
114	254	单	130	26.9
	406	单	165	

由表7-11可以看出,大直径叶片螺旋桩的抗压极限承载力相对于小直径叶片螺旋桩有明显提高。即在一定范围内增加叶片直径可有效提高螺旋桩的抗压极限承载力,原因在于叶片直径的增加使得桩底的端承力增加。

7.6.3　桩径对承载力的影响

本次试验进行了一组以桩径为影响因素的螺旋桩承压试验,即对3号桩(桩径140mm,叶片直径406mm)和6号桩(桩径114mm,叶片直径406mm)进行对比分析。两根试验桩均为单叶片螺旋桩。Q—s曲线及s—lg$t$曲线分别如图7-20和图7-21所示。

由图7-20可以看出,在相同级荷载作用下,大桩径螺旋桩的累计沉降值基本小于小桩径螺旋桩。当两种螺旋桩沉降位移相同时,大桩径螺旋桩所施加的荷载大于小桩径螺旋桩。

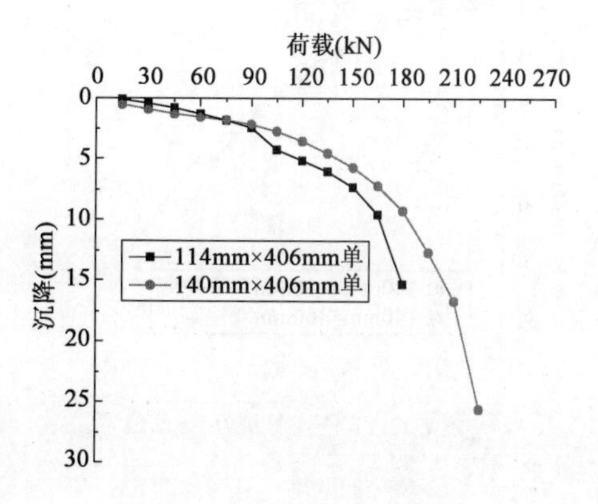

图7-20　1号、3号桩 Q—s 曲线

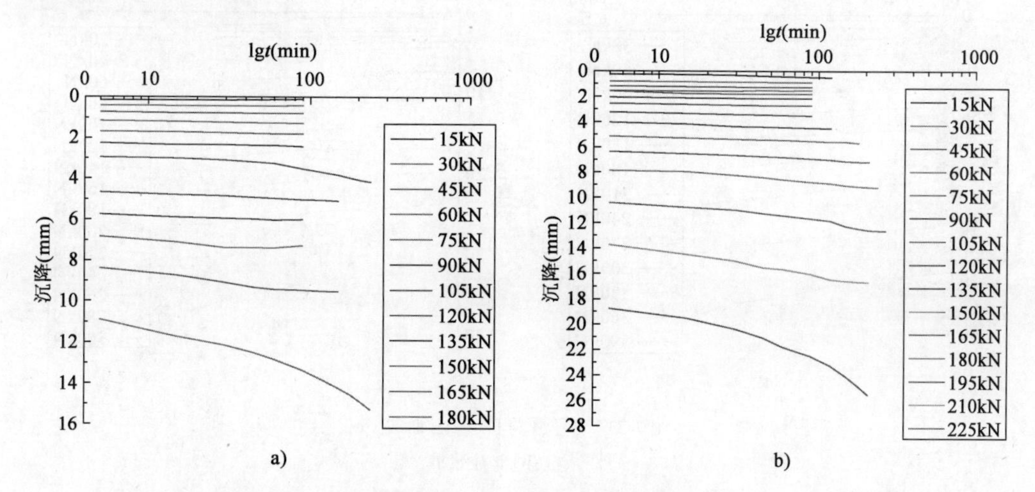

图7-21　1号、3号桩 s—lg$t$ 曲线

a)6号桩(桩径114mm,叶片直径406mm);b)4号桩(桩径140mm,叶片直径406mm)

结合图7-20和图7-21分析。对于6号桩的分析详见7.6.2节。由图7-20和图7-21b)可以看出,大直径螺旋桩(4号桩)累计沉降曲线线型比较完整,说明在试验过程中桩侧及桩端土体状态良好。从开始加载到加载至90kN,沉降值基本呈线性缓慢增长,单级沉降量不大,且每级沉降量基本相似,此时桩侧土体和桩端持力层土体均处于弹性阶段;从90kN继续加载至210kN,单级沉降值逐渐增大,此时桩侧土体处于弹塑性阶段;直到荷载从210kN加载至225kN时,产生了最大沉降量。根据Q—s曲线第二拐点法判断,大直径螺旋桩抗压极限承载

力为210kN，小直径螺旋桩抗压极限承载力为165kN，对比如表7-12所示。

不同桩径下的抗压极限承载力对照表　　表7-12

桩直径(mm)	叶片直径(mm)	叶片个数	极限承载力(kN)	提高百分比(%)
114	406	单	165	27.3
140	406	单	210	

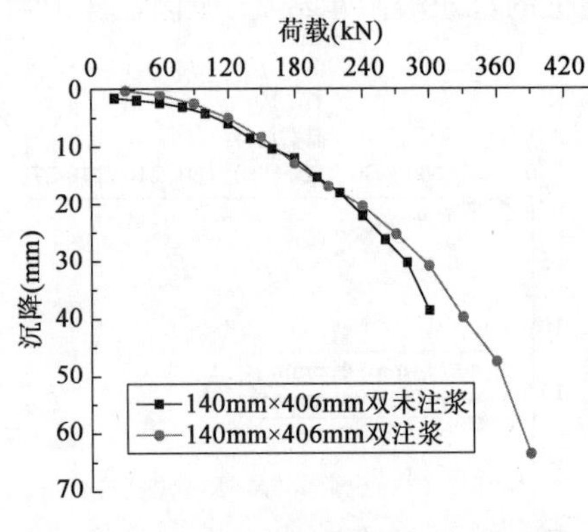

图7-22　1号、4号桩 $Q—s$ 曲线

由表7-12可知，大直径螺旋桩抗压极限承载力相对于小直径螺旋桩有明显提高。桩径的增加使桩侧与土体的接触面积增加，相应地增加了桩侧摩阻力，对提高桩的承载力有积极作用。

7.6.4　注浆对承载力的影响

本次试验进行了一组注浆对比承压试验，即重新打入一根4号桩(桩径140mm，叶片直径406mm，双叶片)，再对桩底土体进行注浆。对比最终两根螺旋桩的抗压极限承载力。$Q—s$ 曲线及 $s—\lg t$ 曲线分别见图7-22和图7-23。

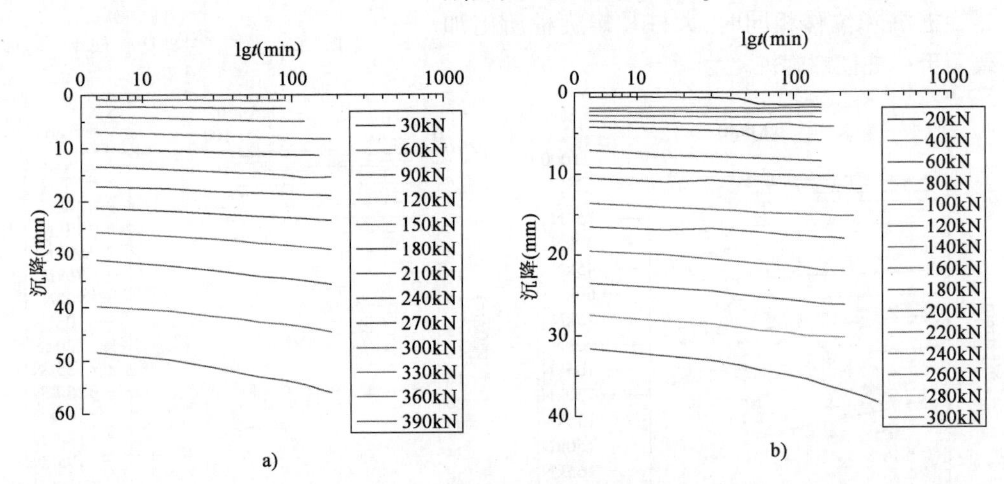

图7-23　1号、4号桩 $s—\lg t$ 曲线

a)注浆桩；b)非注浆桩

由图7-22可以看出，两根桩在注浆土体和未注浆土体中的沉降量趋势基本相似，加载前期未注浆桩的沉降量要大于注浆桩，但注浆螺旋桩的总沉降量大于未注浆螺旋桩。

结合图7-22和图7-23综合分析。由图7-23b)可以看出，未注浆桩从开始加载到加载至160kN过程中，每级沉降量并不稳定；从加载180kN开始，每级沉降量逐渐稳定，且单级沉降量逐渐增大。由图7-24a)可以看出，注浆桩的每级沉降量较稳定，且每级荷载沉降量增长缓慢，逐级增加的沉降量不大。原因在于，注浆桩桩侧土体经历的弹性阶段较短，所经历的弹塑性阶段较长，土体屈服程度不大。根据 $Q—s$ 曲线第二拐点法判断，注浆螺旋桩抗压极限承载力为360kN，未注浆螺旋桩抗压极限承载力为280kN，结果对比如表7-13所示。

注浆、不注浆下桩的承载力对照表　　表7-13

桩径(mm)	叶片直径(mm)	叶片个数	极限承载力(kN)	是否注浆	提高百分比(%)
140	406	双	280	未注浆	28.6
	406	双	360	注浆	

由表7-13可以看出,桩周土体注浆对于螺旋桩抗压极限承载力的提高有作用。注浆管把浆液均匀注入土层,赶走原土层中水分或空气,并使土层变形,浆液将原土层松散颗粒和裂隙胶结成新的结合体,提高原土层承载力和压缩模量,起到地基加固作用。

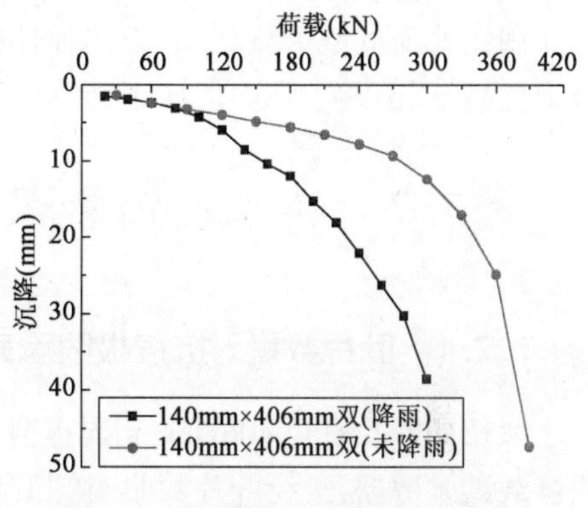

图7-24　4号桩降雨、未降雨 Q—s 曲线

7.6.5　降雨对承载力的影响

在试验过程中,发现降雨对螺旋桩抗压极限承载力的影响较大,为分析降雨的影响,在4号螺旋桩经受暴雨之后,对其重新进行了一次抗压静载试验,并与4号桩未受降雨影响的试验结果进行对比分析,Q—s 曲线及 s—lg$t$ 曲线分别见图7-24和图7-25。

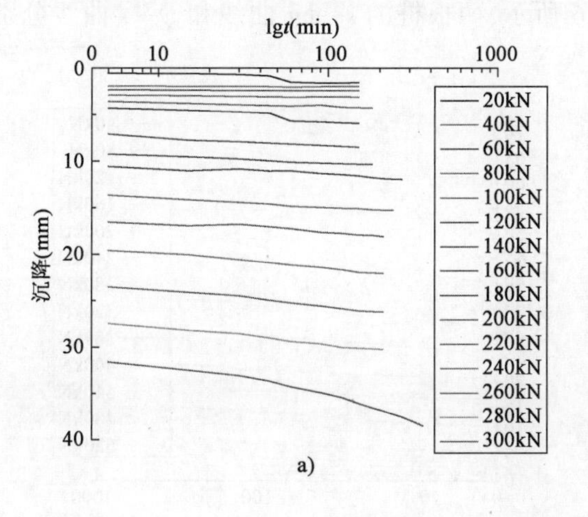

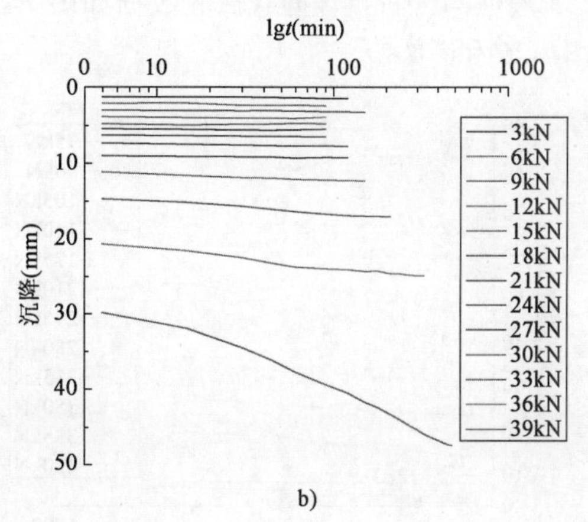

图7-25　4号桩降雨、未降雨 s—lg$t$ 曲线

a)试验过程中有雨水情况;b)试验过程中无雨水情况

由图7-24可以看出,两条曲线线型差别较大。结合图7-24及图7-25对比分析两根桩的情况。可以看出,在有降雨情况下进行试验的螺旋桩 Q—s 曲线直线段较长且线形较陡,说明螺旋叶片下方土体在雨水浸泡后弹性模量及抗压强度降低;在加载后期,单级沉降量变化不大,说明桩侧摩阻力所占桩顶荷载比例不大;但持力层土体性质良好。相比之下,在未降雨环境下进行试验的螺旋桩 Q—s 曲线各个阶段线型较为清晰。从开始加载到加载至210kN沉降量基本呈直线增长,且线形较为平缓,说明此时土体的弹性模量和抗压强度较大;210～360kN加载阶段呈曲率增长,桩侧岩土开始屈服;从360kN加载至390kN过程中,产生了最大位移,初步判断桩侧岩土基本屈服。降雨下4号桩极限抗压承载力的对比如表7-14所示。

降雨下承载力的对照表　　表 7-14

桩直径(mm)	叶片直径(mm)	叶片个数	极限承载力(kN)	试验次数	提高百分比(%)
140	406	双	280	第一次	28.6
	406	双	360	第二次	

由表 7-14 可以看出,降雨对土体的性质影响较大。在雨水的浸泡下,土体的弹性模量和抗压强度会有所降低。因为螺旋桩带有一个相较于桩径直径更大的螺旋叶片,对于土体的压缩作用比普通桩型更显著,对土体弹性模量和抗压强度的要求更高。此外,降雨使螺旋桩的承载力提高,原因在于降雨加速了螺旋桩周边土体的固结,使桩的端承力和侧阻力均增大。

7.7 叶片式钢管螺旋桩抗拔承载力试验结果分析

7.7.1 叶片数量对抗拔极限承载力的影响

取相同叶片直径 406mm、相同桩身直径 104mm、相同桩长 7m,不同叶片数量下的桩基抗拔静载试验数据,进行叶片数量对螺旋桩抗拔极限承载力的影响分析,具体对应于试验中的 3 号桩(单叶片)和 4 号桩(双叶片)。

3 号桩、4 号桩抗拔静载试验数据如图 7-26 所示,两根桩的 s—lg$t$ 曲线和 Q—s 曲线分别见图 7-26 和图 7-27。

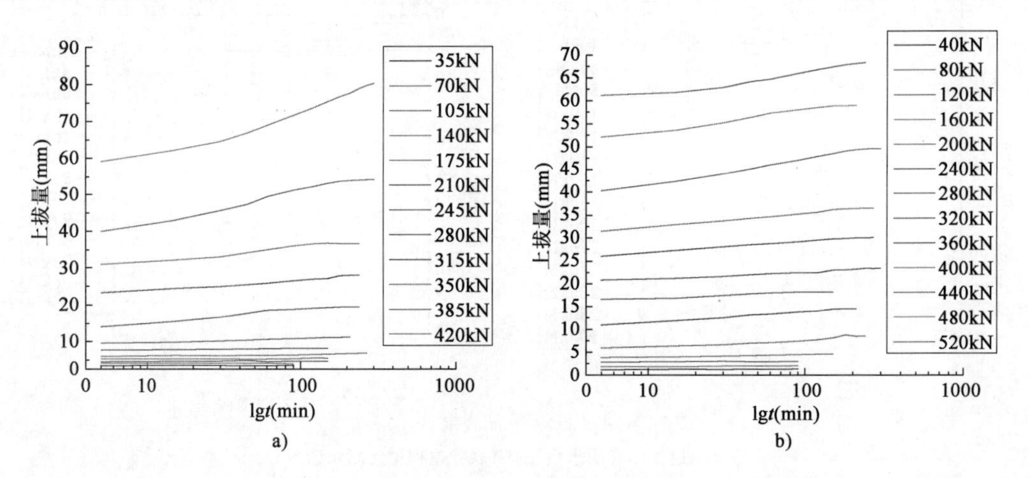

图 7-26　3 号、4 号抗拔桩 s—lg$t$ 曲线

a) 单叶片;b) 双叶片

由图 7-27 中两根螺旋桩的上拔曲线可知,在相同荷载下,单叶片螺旋桩的上拔量比双叶片螺旋桩的大。但在达到极限承载力时,双叶片螺旋桩的总上拔位移量比单叶片螺旋桩的要大,极限承载力也大。

结合图 7-27 对两根螺旋桩的变形速率曲线进行分析。

3 号桩(桩径 140、叶片直径 406、单叶片)自开始加载到加载至 210kN,上拔位移基本呈现象缓慢增长,单级上拔量不大,桩侧岩土及桩端持力层处于弹性阶段;245kN 加载至 385kN 过程中,单级上拔位移开始增加,且增加量相较之前增长较多,判断此时桩侧土体的屈服过程较快;在385kN到420kN加载过程中,产生了最大上拔位移。

4号桩(桩径140,叶片直径406,双叶片)除了在200~240kN以及440~480kN加载过程中产生了较大上拔位移,其余阶段近似线性增长,在560~600kN加载阶段出现最大上拔位移。

结合上述试验数据,桩径114mm、叶片直径254mm、不同叶片个数下桩基抗拔极限承载力的试验数据也在表7-15中给出。

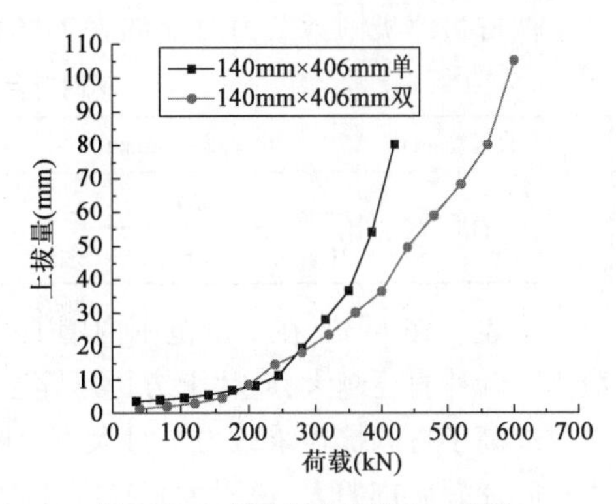

图7-27　3号、4号抗拔桩 Q—s 曲线

不同叶片数量下的抗拔极限承载力　表7-15

桩直径(mm)	叶片直径(mm)	叶片个数	极限承载力(kN)	提高百分比(%)
114	254	单	120	75
		双	210	
140	406	单	385	45.6
		双	560	

由表7-15可以看出,对桩径114mm、叶片直径254mm的螺旋桩,增加了一个叶片,其抗拔极限承载力增长了75%;对桩径140mm、叶片直径406mm的螺旋桩,增加了一个叶片,其抗拔极限承载力增长了45.6%。可见,增加叶片个数对提高抗拔极限承载力有明显的作用,尤其是对桩径较小、承载力相对较低的螺旋桩而言,增加效果更加明显。结合抗压螺旋桩研究中叶片个数影响的相关数据,对比后发现,改变叶片个数对抗拔桩极限承载力的提高作用较其对抗压承载力的提高作用显著。

7.7.2　叶片直径对抗拔极限承载力的影响

研究叶片直径对螺旋桩抗拔承载力的影响,采用对比试验的桩型与抗压承载力试验研究中所选的桩型相同,即1号桩(桩径114mm,叶片直径254mm)和6号桩(桩径114mm,叶片直径406mm)进行对比。两根试验桩均为单叶片。荷载—累计沉降曲线对比,见图7-28。

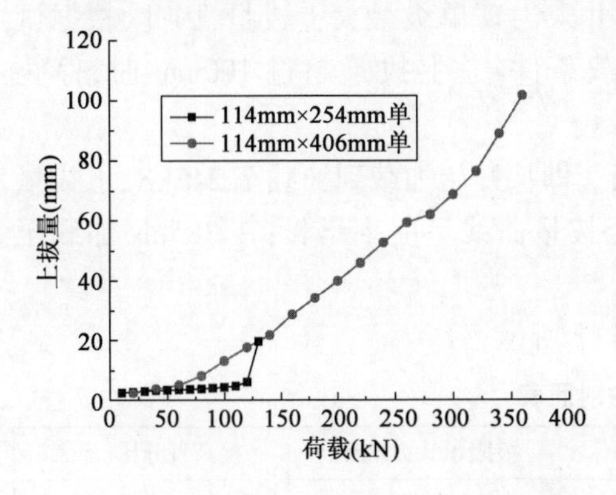

图7-28　不同叶片直径下,螺旋桩受拉荷载和累计上拔量关系曲线

由图7-28可以看出,在整个加载过程中,小直径叶片式钢管螺旋桩的上拔位移量基本变化不大,且每级荷载下上拔位移量均较小,只在最后一级加载中出现了一个较大的上拔位移,说明叶片上方土体在压缩过程中,达到一定程度后产生了滑裂面,地基出现了整体破坏。而大直径叶片式钢管螺旋桩,整个曲线属于持续增长趋势,只是不同阶段的曲线斜率不同,斜率逐渐增大说明土体压缩性能减弱,叶片上方土体逐渐进入屈服阶段。

两桩最终极限承载力对比如表7-16所示。

不同叶片直径下的承载力对照表　　表7-16

桩直径(mm)	叶片直径(mm)	叶片个数	极限承载力(kN)	提高百分比(%)
114	254	单	120	183
	406	单	340	

由表7-16可知,在一定范围内增加叶片直径对可提高叶片式钢管螺旋桩的抗拔桩极限承载力。叶片直径越大,叶片上方可压缩土体的范围越大、质量越大,则抵抗上拔力的能力越强,有效提高了桩的抗拔承载力。且大直径叶片螺旋桩达到抗拔极限承载力时的上拔位移量比小直径叶片螺旋桩的大,说明大直径叶片螺旋桩所能承受的变形范围也越大,这与承载能力增强是相互对应的。但叶片直径过大会增大叶片与桩身钢管连接处的弯矩,导致焊缝开裂而使螺旋桩出现构造破坏;拧桩入土时所需要的机械设备的扭矩也要相应增大。所以,可根据实际工程对承载力和变形的需求,在一定范围内适当增大螺旋桩叶片直径。

7.7.3　桩径对抗拔极限承载力的影响

在进行桩径对叶片式钢管螺旋桩抗拔极限承载力影响分析中,所采用的桩型与抗压极限承载力试验所选取的桩型相同,即对3号桩(桩径140mm,叶片直径406mm)和6号桩(桩径114mm,叶片直径406mm)进行对比分析。两根试验桩均为单叶片螺旋桩。荷载—累计上拔量曲线对比,见图7-29。

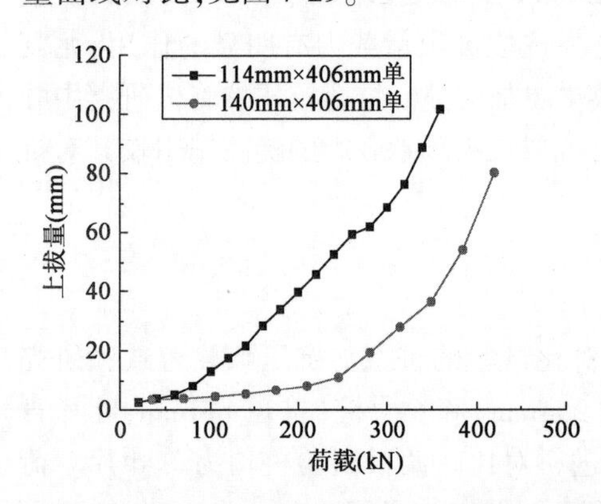

图7-29　不同桩身直径下,螺旋桩受拉荷载—累计上拔量曲线

由图7-29可以看出,在同一级荷载下,小桩径螺旋桩的上拔量始终大于大桩径螺旋桩。在达到抗拔极限承载力时,小桩径螺旋桩的总上拔量也大于大桩径螺旋桩。对小桩径螺旋桩来说,前两级加载过程中,上拔量呈线性增长,但每级荷载下增长不多;但从第三级加载开始至直到260kN,荷载—累计上拔量曲线仍呈线性增长,但每级荷载的增量明显;加载后期上拔量持续增加,增速越来越快。但总体来看,曲线并未出现单级最大上拔量,因此,根据试验终止加载条件,总上拔量超过100mm时,停止加载。

对大桩径螺旋桩来说,各个阶段的曲线较为清晰。即从开始加载到加载至245kN,上拔量曲线呈小斜率线性增长;245~385kN加载过程中,上拔量曲线呈曲率增长;在385kN加载至420kN过程中,产生最大上拔量。

大、小桩径螺旋桩的抗拔极限承载力对比如表7-17所示。

不同桩径下的承载力对照表　　表7-17

桩径(mm)	叶片直径(mm)	叶片个数	极限承载力(kN)	提高百分比(%)
114	406	单	340	13
140	406	单	385	

可见，增大桩径可以提高螺旋桩的抗拔极限承载力，桩径从 114mm 增加到 140mm，增加了 26mm，但螺旋桩的抗拉极限承载力提高了 13%。在上拔过程中，抗拔力主要由叶片上方土体的重量及桩侧摩阻力提供，桩径越大，桩身侧表面积越大，则会适当增加桩侧摩阻力，从而提高抗拔承载力。此外，对比上一节中螺旋桩抗压静载试验结果发现，增大桩径对抗拉极限承载力的提高作用没有对抗压螺旋桩的提高作用显著。

7.7.4　注浆对承载力的影响

本次试验中，进行了两组注浆对比的螺旋桩拉伸试验，即重新打入一根 3 号桩（桩径 140mm、叶片直径 406mm、单叶片）和一根 4 号桩（桩径 140mm、叶片直径 406mm、双叶片），再对桩底土体进行注浆，对比注浆前后两组螺旋桩的抗拔极限承载力。受拉荷载—累计上拔量曲线对比，见图 7-30。

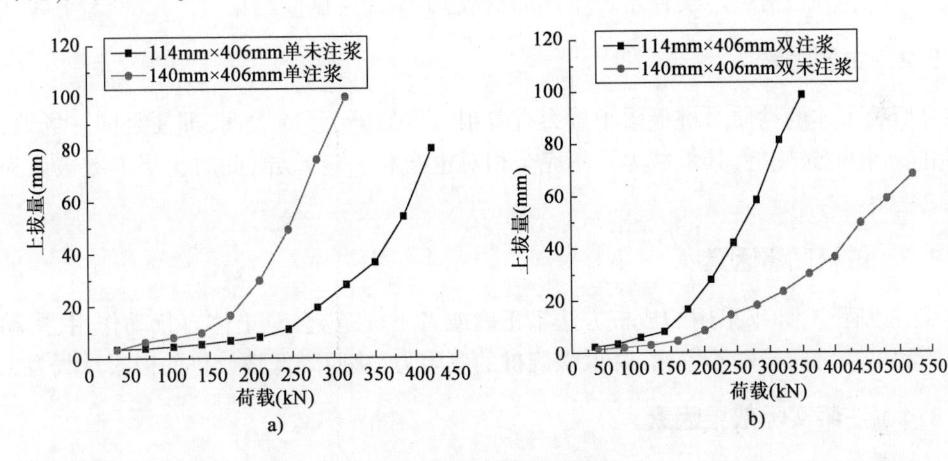

图 7-30　荷载—累计上拔曲线

a）3 号桩注浆、未注浆下的受拉荷载—累计上拔量曲线；b）4 号桩注浆、未注浆下的受拉荷载—累计上拔量曲线

由图 7-30 可以看出，在两组对比试验的整个过程中，注浆螺旋桩上拔位移都大于未注浆桩螺旋桩。而且，注浆螺旋桩桩周土体弹性阶段持续时间较短，较快进入到弹塑性阶段，虽然两根注浆桩的试验曲线中，并未出现单级最大上拔量，但根据试验终止加载条件，总上拔量超过 100mm，停止加载。注浆和不注浆条件下，螺旋桩抗拔承载力对比汇总如表 7-18 所示。

注浆不注浆下的承载力对照表　　表 7-18

桩直径(mm)	叶片直径(mm)	叶 片 个 数	极限承载力(kN)	是 否 注 浆	提高百分比(%)
140	406	单	420	未注浆	-33
	406	单	280	注浆	
140	406	双	500	未注浆	-37
	406	双	315	注浆	

由表 7-18 可以看出，在本次试验中，在螺旋桩桩端注浆只起到了加强端阻力的作用，而桩周土体的侧阻力并没有提高，因此桩基极限抗拉承载力并未提高，反而出现了降低，说明桩端的注浆只会增加螺旋桩的抗压极限承载力，若要增加其抗拉极限承载力，就势必更换注浆孔的位置，将其布设在桩周，会对抗拔承载力发挥较大的作用。

7.8 叶片式钢管螺旋桩承载力的其他影响因素

上文分析了不同影响因素对螺旋桩极限承载力的影响。在实际中,除了上述影响因素外,还有许多不可控因素会对螺旋桩极限承载力产生影响。

7.8.1 天气因素

本次试验是在7 ~9月进行的,这一季节雨水多,偶有大风。当遇到持续降雨或强降雨时,雨水下渗,对土体的压缩模量和抗剪强度会有所影响,从而影响土体承载能力,导致桩的极限承载力降低。当降雨后停滞一段时间,则降雨的影响致使土体的固结度增加,又使得桩基的承载力提高。因此,在螺旋桩承载力研究中,土体的固结是应该考虑的一个重要因素。此外,当遇大风天气时,会吹动试验梁,使桩产生侧向荷载,影响最终试验结果。

7.8.2 土质因素

桩身所处土体的性质对桩极限承载力有着很大的影响,经验表明,即便是同一场地,相同桩长、相同桩径的螺旋桩,其承载力并不完全相对也会有一定差异,此时土层参数被认为是主要因素之一。

7.8.3 成桩质量因素

在成桩过程中,如果采用的成桩方法不正确或者不规范,会对土体有扰动作用,扰动作用使得土体和桩身之间接触不紧密,降低螺旋桩的侧阻力,从而降低螺旋桩的极限承载力。

7.8.4 注浆实际效果因素

注浆实际效果主要包括实际注浆量、土层状况以及注浆方法等方面。当土层参数一定的条件下,注浆量的多少直接决定了单桩极限承载力的增加幅度;注浆到不同土质的土层中,得到的效果是不同的,受土体条件、渗透性、饱和度等因素的影响;注浆方法需要根据实地情况进行选择,选择不同的水灰比、水泥类型以及注浆压力等。注浆后,不同的注浆效果将会直接影响承载力的增长幅度。由于试验中试验桩和锚桩相距较近,当对试验桩和锚桩同时进行注浆时,很容易产生试验桩和锚桩下部土体贯通的现象,使桩侧土体受到较大扰动,实际测试的试验结果误差较大。在以后的试验中,建议只对试验桩进行注浆,锚桩采用大直径桩或桩长较长的桩来保证提供足够的锚固力,以减小试验误差。此外,本试验螺旋桩叶片注浆区域内为粉质黏土,注浆效果一般,注浆量较小,若是在粗颗粒土如砂土地层中,注浆效果会大幅提升。

7.9 试验结果与理论计算结果对比

7.9.1 螺旋桩抗压极限承载力计算

1)螺旋桩破坏模式

螺旋桩是一种变截面桩,在极限荷载作用下,地基破坏遵循深基础的破坏规律。依据极限平衡理论，桩的塑性区由桩底向上扩展，地基中形成一个梨形滑裂面，基础极限载荷与滑裂面土体的剪力平衡。

叶片式钢管螺旋桩受荷后，叶片下地基被压密，出现压密区，继而压密区向外挤出，产生滑裂面，形成梨形滑裂面破坏区，叶片的端阻力达到极限。继续加载，叶片间土柱被剪切破坏，下级叶片开始承载，直至形成多级的旋转滑裂体，桩顶荷载达到极限荷载。其破坏模式可分为单叶片和多叶片破坏模式，具体破坏模式如图7-31、图7-32所示。

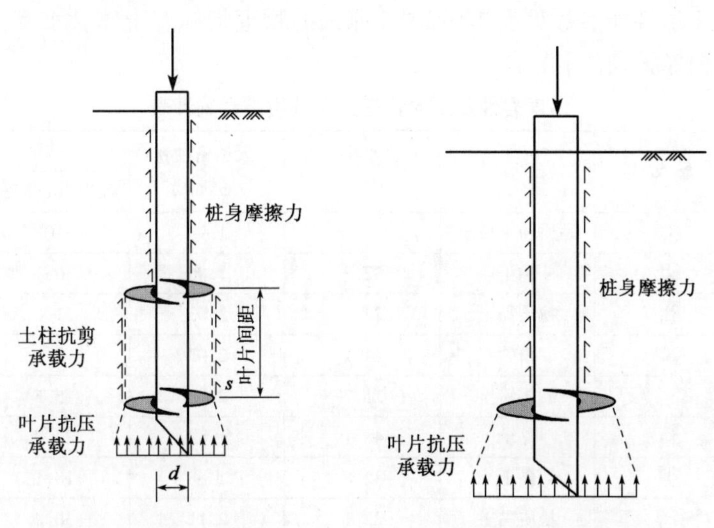

图7-31　多叶片破坏模式　　图7-32　单叶片破坏模式

2）螺旋桩抗压极限承载力计算公式

本书中，螺旋桩的承载力计算主要沿袭传统桩基的承载力计算方法，桩基总承载力等于端阻力、侧阻力乘上相应系数的代数和，叶片的承载作用通过系数调整来实现，承载系数来自试验和工程应用的总结。

考虑到单桩的极限承载力由叶片下土的塑性滑裂面阻力、叶片滑裂面间土柱的剪切阻力和桩侧剪切滑动摩阻力组成。通过前面章节中关于抗压螺旋桩承载力理论部分的介绍，结合本次现场试验数据，以美国规范为基础，对北京顺义地区黏性土地层中的叶片式钢管螺旋桩抗压极限承载力，采用式(7-1)进行计算。

$$Q_{ult}=Q_{helix}+Q_{bearing}+Q_{shaft}=0.95\pi DL_c q_{u1}+0.9A_h q_{u2}N_c+0.95\pi dH_{eff}\alpha q_{u3} \tag{7-1}$$

式中：Q_{ult}——抗压极限承载力(kN)；

Q_{helix}——叶片间土体的极限剪切力(kN)；

$Q_{bearing}$——单叶片极限承载力(kN)；

Q_{shaft}——桩侧阻力(kN)；

q_{u1}、q_{u2}和q_{u3}——不同位置处的不排水抗剪强度(kPa)；

N_c——承载能力因数；

A_h——螺旋叶片投影面积(m^2)；

d——桩身轴径(m)；

D——螺旋直径(m)；

L_c——顶部和底部的螺旋之间的距离(m);

H_{eff}——桩有效长度(等于上螺旋埋置深度 H 减去螺旋直径 D)(m);

α——桩土间摩擦因子。

3)抗压极限承载力公式中相关参数的确定

(1)不排水抗剪强度的确定。

根据地勘资料和土工试验数据确定不排水抗剪强度。

地勘提供的土层性能参数见表7-19,主要测试的物理指标有土体含水率、天然密度,力学指标有黏聚力和内摩擦角。

地层岩性及土的物理力学性质综合统计表　　表7-19

成因年代	土层编号	岩性	含水率 w (%)	天然密度 ρ (g/cm^3)	天然快剪	
					黏聚力 c(kPa)	内摩擦角 φ(°)
人工堆积层	①	黏质粉土填土		1.93	10	10
第四纪沉积层	②	黏土	32.3	1.96	10.7	22.8
第四纪沉积层	$②_1$	粉质黏土	24.1	2.03	31.6	19.8
第四纪沉积层	③	粉砂	24.1	2.03	0	28
第四纪沉积层	$③_1$	砂质粉土	21.7	2.03	15.5	20.8
第四纪沉积层	$③_2$	黏土	48.1	1.82	22.7	14.6
第四纪沉积层	④	黏土	32.8	1.9	18.1	17.3
第四纪沉积层	$④_1$	粉质黏土	22.1	2.11	30.2	28.1

因地勘资料中没有提供三轴试验数据、标准贯入锤击数,不能直接确定土体固结不排水强度。因此,根据现有的试验数据,以法向应力 σ 为横坐标,剪应力 τ 为纵坐标,建立坐标系。根据天然快剪试验得到的黏聚力与内摩擦角数值,绘制抗剪强度包线。围压 σ_3 为各土层处,土的重度 γ、土层深度 d、静止土压力系数 K_0 的乘积,确定出 σ_3。已知摩尔应力圆上一点 σ_3,已知摩尔应力圆的包线,绘制摩尔应力圆与抗剪强度包线示意见图7-33。

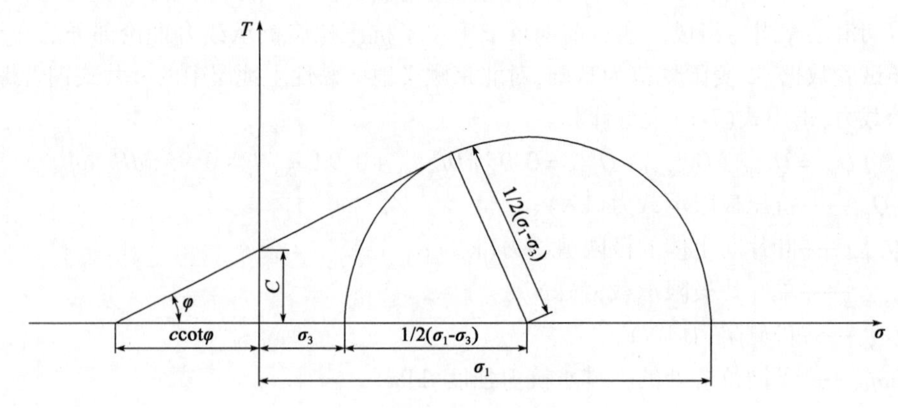

图7-33　不排水抗剪强度计算示意图

因土体达到极限平衡时,满足下列关系式:

$$\sin\varphi = \frac{\sigma_1 - \sigma_3}{\sigma_1 + \sigma_3 + 2c\cot\varphi} \tag{7-2}$$

根据式(7-2),并结合 σ_3 的计算公式,可求得$\frac{\sigma_1-\sigma_3}{2}$值,可近似取为土体的固结不排水抗剪强度。

对螺旋桩穿越处的地层,采用上述方法进行计算,得到各层土的固结不排水抗剪强度如表 7-20所示。

各土层固结不排水强度近似计算　　表 7-20

土层深度 d (m)	天然重度 γ (kN/m^3)	黏聚力 c (kPa)	内摩擦角 φ (°)	围压 σ_3 (kPa)	固结不排水抗剪强度 q_u(kPa)
1	19.3	10	10	19.3	15.97
2	20.3	31.6	19.8	39.6	65.22
4	19.6	10.7	22.8	78.8	65.97
5	20.3	15.5	20.8	99.1	76.99
6	20.3	0	28	119.4	105.57

螺旋叶片所处位置埋深为6m,叶片间距为0.5m,故此处土体的固结不排水抗剪强度 q_{u1}、q_{u2}取值为105kPa。因螺旋桩桩身处于不同土层,对桩身上土的固结不排水抗剪强度取各层的加权值,计算 q_{u3}为66kPa。

不同的剪切方式和排水条件都会影响土体的抗剪强度系数。直剪试验中,天然快剪得到的黏聚力和内摩擦角与三轴试验中固结不排水剪(CU)试验得到的黏聚力与内摩擦角有一定差异。CU 试验得到的黏聚力普遍大于直接剪切试验的黏聚力,这与三轴试验过程中施加了围压有关;此外,直接剪切试验排水条件难控制、小假设主应力 σ_3为零、竖向压力分布不均匀、有效剪切面积逐渐减小且剪切面也不一定是试样的最弱面,这些因素都可能使得直接剪切试验的黏聚力、内摩擦角偏离实际情况且均小于 CU 试验结果。但两者之间的差异值不是很大,王胜杰(2014)指出将直接剪切试验与 CU 试验对比,CU 试验测得黏聚力和内摩擦角均略大于直接剪切试验,但差别不是很大。因此,上述方法在无三轴试验数据的情况下,可以近似采用。

此外,黏性土的固结不排水强度还与含水率有关,在同一围压下,黏性土抗剪强度随含水率的增大而降低,在同一含水率范围内,黏性土抗剪强度随围压的增加而增大。含水率一定的情况下,黏性土的不排水抗剪强度在一定范围内变化,故可以通过查阅相关论文,得到与试验场地土层含水率相近的固结不排水强度,与通过上述方法计算得到的不排水固结强度进行对比,以验证上述计算方法的正确性。

刘广明(2008)通过三轴试验测得含水率 $w=26\%$ 的黏性土在不同围压下的不排水抗剪强度。本试验场地中有一黏性土层含水率为 $w=24.1\%$,含水率大致相近,按照上文中介绍的方法,计算出该黏土在不同围压下的固结不排水抗剪强度,与论文中的数据进行对比,见表 7-21。

固结不排水抗剪强度计算值与论文查阅值的对比　　表 7-21

$(\sigma_1-\sigma_3)/2$ (kPa)	试验测得值	计　算　值	试验场地计算值
	$w=26\%$	$w=26\%$	$w=24.1\%$
$\sigma_3=100$kPa	110	100.5	96.1
$\sigma_3=200$kPa	138.5	154	147.3
$\sigma_3=300$kPa	181	188	198.5

由表 7-21 可知，在含水率一定的情况下，通过三轴试验得到的固结不排水强度与通过上述方法计算得到的不排水固结强度大致接近。因此，通过直剪试验得到的黏聚力与内摩擦角计算土体不排水固结强度在一定范围之内是合理的。

(2)承载能力因数的确定。

美国规范中对承载能力因数有一个合理推荐值，见表 7-22。

承载能力因数 N_c 表　　表 7-22

螺旋桩直径	<0.50m	0.51m	0.56m	0.61m	0.76m	0.91m	0.97m	>1.0m
N_c	9.0	8.33	7.67	7.33	7.0	6.67	6.33	6.0

本次试验螺旋叶片的直径分别为 254mm、406mm、508mm、610mm，通过查阅表 7-22，通过线性内插确定出承载能力因数，对上述四种不同螺旋叶片直径的螺旋桩，承载能力因数分别为 9.0、9.0、8.46、7.33。

(3)桩、土间摩擦系数的确定。

桩侧摩阻力是桩、土之间相互作用而产生的力，只有当桩、土之间产生相对位移时，摩阻力才能得到发挥。因此，在计算叶片式钢管螺旋桩的承载力时，确定合理的摩擦系数十分重要。许宏发、吴华杰(2002)对桩土间的摩擦因子进行了研究，给出不同土体中，不同材料的桩和土之间的摩擦系数，如表 7-23 所示。

桩、土间摩擦系数　　表 7-23

接触面材料	黏土		亚黏土		粉土质亚黏土		中密砂		密实砂	
	钢	混凝土	钢	混凝土	钢	混凝土	钢	混凝土	钢	混凝土
摩擦系数 α	0.282	0.312	0.299	0.304	0.492	0.503	0.365	0.821	0.494	0.917

根据地勘报告可以得到试验场地叶片式钢管螺旋桩桩身穿越地层多为粉质黏土层，故摩擦系数取值为 0.5。

4)试验结果与计算结果对比

把上述参数代入式(7-1)中，计算得到各桩型的理论计算承载力值，将其与静载试验得到的螺旋桩承载力进行对比，结果如表 7-24、表 7-25 所示。

水坡村叶片式钢管螺旋桩抗压极限承载力比较表　　表 7-24

试验场地	水坡村螺旋桩承压试验					
计算参数	114mm × 254mm 单叶片	114mm × 254mm 双叶片	140mm × 406mm 单叶片	140mm × 406mm 双叶片	140mm × 508mm 单叶片	114mm × 406mm 单叶片
D(m)	0.258	0.258	0.406	0.406	0.508	0.406
L_c(m)	0.5	0.5	0.5	0.5	0.5	0.5
q_{u1}(kPa)	105	105	105	105	105	105
q_{u2}(kPa)	105	105	105	105	105	105
q_{u3}(kPa)	66	66	66	66	66	66
A_h(m^2)	0.0523	0.0523	0.1294	0.1294	0.2026	0.1294
d(m)	0.114	0.114	0.14	0.14	0.14	0.114

续上表

计算参数	114mm×254mm 单叶片	114mm×254mm 双叶片	140mm×406mm 单叶片	140mm×406mm 双叶片	140mm×508mm 单叶片	114mm×406mm 单叶片
H_{eff}(m)	5.54	5.04	5.39	4.89	5.29	5.39
α	0.5	0.5	0.5	0.5	0.5	0.5
N_c	9	9	9	9	8.46	9
n	1	2	1	2	1	1
计算承载力 Q_{ult}(kN)	106.6	141.4	184.3	241.0	234.8	170.5
试验承载力(kN)	130	150	210	260	220	165
差异值	17.8%	5.7%	12.2%	7.3%	-6.8%	-3.4%

阎家营叶片式钢管螺旋桩抗压极限承载力比较表　　表7-25

试验场地	阎家营螺旋桩承压试验			
计算参数	114mm×254mm 双叶片	140mm×406mm 双叶片	140mm×508mm 单叶片	178mm×610mm 单叶片
D(m)	0.258	0.406	0.508	0.61
L_c(m)	0.5	0.5	0.5	0.5
q_{u1}(kPa)	105	105	105	105
q_{u2}(kPa)	105	105	105	105
q_{u3}(kPa)	66	66	66	66
A_h(m^2)	0.0523	0.1294	0.2026	0.2921
d(m)	0.114	0.14	0.14	0.178
H_{eff}(m)	5.04	4.89	5.29	5.19
α	0.5	0.5	0.5	0.5
N_c	9	9	8.46	7.33
n	2	2	1	1
计算承载力 Q_{ult}(kN)	141.40	241.03	234.86	293.27
试验承载力(kN)	135	280	225	210
差异值	-4.74%	13.92%	-4.38%	-39.65%

可见，理论计算值和现场实测值差别较小，说明美国规范中的公式经过一定的修正之后可以应用在叶片式钢管螺旋桩承载力的计算分析中。

将上述表格中的叶片式钢管螺旋桩按1~10号的顺序进行编排，将理论公式计算得到的抗压极限承载力和通过静载试验计算得到的抗压极限承载力进行对比，结果如图7-34所示。

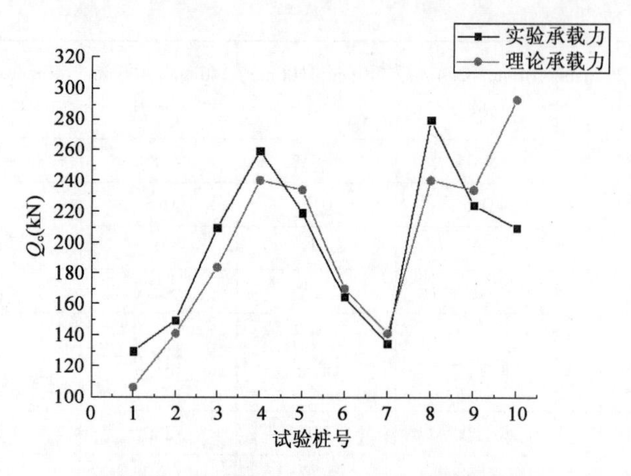

图 7-34　试验承载力与理论公式计算承载力对比

可见,通过理论公式计算得到的螺旋桩抗压极限承载力与现场荷载试验值大致吻合,除个别桩出现较大差异外,其他差异值都在误差允许范围内。误差产生的原因如下:一是因为施工中叶片对地基的扰动以及软土地基强度恢复较慢,造成软土地基的强度降低;二是由于有些螺旋桩试验过程中经历了降雨,雨水改变了地下土层的含水率,各土层的固结不排水抗剪强度发生改变,从而导致计算值与试验判定值之间存在误差。而对桩径 178mm、叶片直径 610mm 的单叶片螺旋桩,计算值与试验值之间的误差竟高达 40%,产生较大误差的原因是该螺旋桩叶片直径与桩径较大,需要的安装扭矩大,在螺旋桩拧入过程中,由于现有的设备安装扭矩不足,故借助了压扭组合的方式进行拧桩,即在打桩过程中存在多次的桩身上拔和反拧过程,以致对桩周土体造成多次扰动,并且扰动程度较大,导致螺旋桩的抗压极限承载力降低。

5)结论

螺旋桩的极限承载力由叶片下土的塑性滑裂面阻力、叶片滑裂面间土柱剪切阻力和桩侧剪切移动摩阻力组成。通过对 10 个工程桩试验抗压极限承压力计算分析表明:螺旋桩竖向抗压极限承载力理论公式计算值与实测值误差一般在 20% 以内,说明文中选用的螺旋桩基础承压破坏模式比较接近于实际情况,基于美国规范修正的极限承载力计算公式,可用于估算螺旋桩基础位于黏土层时的抗压极限承载力。

7.9.2　抗拔螺旋桩极限承载力计算

1)原理和计算公式的选取

在叶片式钢管螺旋桩上拔过程中,破坏面从桩端向上产生一滑裂面,上拔承载力由螺旋叶片上的承载力,螺旋叶片间土柱与周围土体的滑移阻力(对于单叶片钢管螺旋桩,这部分阻力值不存在)以及桩土界面滑移阻力三部分组成。各力的组成示意如图 7-35 所示。

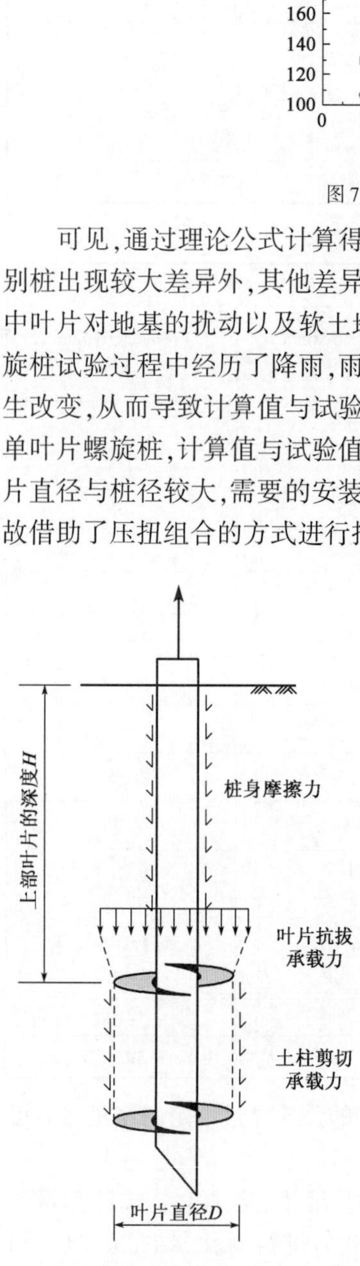

图 7-35　破坏模式图

由抗拔桩的破坏机理，同样选定美国规范中的公式进行计算：

$$Q_{\mathrm{ult}} = Q_{\mathrm{helix}} + Q_{\mathrm{bearing}} + Q_{\mathrm{shaft}} = \pi D L_{\mathrm{c}} q_{\mathrm{u1}} + A_{\mathrm{h}} q_{\mathrm{u2}} N_{\mathrm{u}} + \pi d H_{\mathrm{eff}} \alpha q_{\mathrm{u3}} \tag{7-3}$$

式中：Q_{ult}——螺旋桩抗拔极限承载力(kN)；

Q_{helix}——叶片间土体的极限剪切力(kN)；

Q_{bearing}——单叶片极限承载力(kN)；

Q_{shaft}——桩侧阻力(kN)；

q_{u1}、q_{u2}和 q_{u3}——不同位置处的固结不排水抗剪强度(kPa)；

N_{u}——承载能力因子，$N_{\mathrm{u}} = 1.2\ (H/D) \leqslant 9$；

A_{h}——螺旋叶片投影面积(m^2)；

d——桩身轴径(m)；

D——螺旋直径(m)；

L_{c}——顶部和底部的螺旋之间的距离(m)；

H_{eff}——桩有效长度(等于上螺旋埋置深度 H 减去螺旋直径 D)(m)；

α——桩土间摩擦因子。

2)参数的选取及抗拔极限承载力的计算

(1)不排水抗剪强度的确定。

由于勘察报告中没有三轴实验数据、标准贯入锤击数相关数据，因此按照 7.9.1 节中的方法对不同位置处的固结不排水抗剪强度进行计算，具体计算方法简述如下：

根据地勘报告中给出的、直剪试验测得的土样黏聚力 c 和内摩擦角 φ(表 7-26)，根据抗剪强度公式在 σ—τ 坐标系内画出抗剪强度包线，固结不排水抗剪强度可近似取为$(\sigma_1 - \sigma_3)/2$。其中，σ_3 为土样的围压，由 $\sigma_3 = K_0 \gamma h$ 确定，其中，γ 为土体的加权重度，h 为土体的埋深，K_0 为静止侧压力系数。

各土层基本物理、力学参数　　表 7-26

取土深度(m)	分　类	物理及力学性质				
		ω(%)	γ(kN/m^3)	$E_{\mathrm{S1-2}}$(MPa)	天然快剪	
					黏聚力 c(kPa)	内摩擦角 φ(°)
1.00	黏质粉土	24.1	20.3	5.2	31.6	19.8
3.00	黏土	32.3	19.6	3.4	10.7	22.8
4.00	砂质粉土	21.7	20.3	18.4	15.5	20.8
8.00	黏土	48.1	18.2	3.7	22.6	14.6
9.00	粉质黏土	22.1	21.1	6.6	30.2	28.1
10.00	黏土	30.4	19.6	6.2	26.4	16.9
11.00	黏土	34.4	19.2	5.1	15.6	20.8
12.00	黏土	30.7	18.2	4.7	11.6	15.4
14.00	黏土	35.7	19.0	6.1	18.7	16.1

根据表中给出的数据，用前面介绍的方法，就可以求得各层土的固结不排水抗剪强度。螺旋桩叶片以上范围内(6m 以内)土层的不排水抗剪强度计算值，如图 7-36 所示。

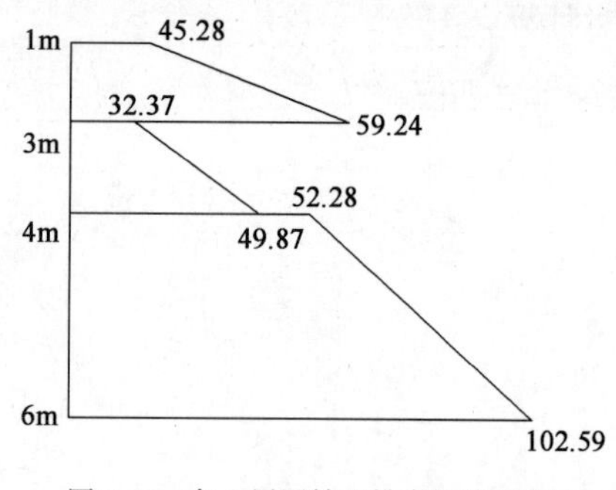

图 7-36　各土层固结不排水抗剪强度值（单位：kPa）

由图 7-36 可得，叶片式钢管螺旋桩螺旋叶片以上土层不排水抗剪强度的加权平均值为 72.06kPa；螺旋叶片所在位置土层的不排水抗剪强度值为 102.59kPa。

（2）桩、土摩擦系数 α 的确定。

采用 7.9.1 中的方法，参考试验桩表面的粗糙程度，暂取值摩擦系数为 0.5。

（3）公式修正系数的确定。

设 Q_{helix}、Q_{bearing} 和 Q_{shaft} 前面的系数为 a、b、c，即：

$$Q_{\text{ult}} = aQ_{\text{helix}} + bQ_{\text{bearing}} + cQ_{\text{shaft}} \tag{7-4}$$

对于单叶片螺旋桩，不存在 Q_{helix}，所以：

$$Q_{\text{ult}} = bQ_{\text{bearing}} + cQ_{\text{shaft}} \tag{7-5}$$

对确定桩型和所处地层地质条件不变的情况下，Q_{bearing} 和 Q_{shaft} 可由计算得到，Q_{ult} 取试验值，二者联立建立二元一次方程组，以确定系数 b、c 的值。

不同桩型的 Q_{bearing}、Q_{shaft} 和 Q_{ult} 见表 7-27。

承载力各项数值　　表 7-27

桩身直径(mm)	叶片直径(mm)	叶片个数(个)	Q_{shaft}(kN)	Q_{bearing}(kN)	Q_{ult}(kN)
114	254	1	46.76	68.36	120
114	406	1	119.47	68.36	340
140	406	1	119.47	83.95	385

在上述 3 组数据中，任取 2 组可得相对应的一组 b、c 值。

两组数据组成一矩阵，如下式：

$$\begin{bmatrix} 46.76 & 68.36 \\ 119.47 & 68.36 \end{bmatrix}\begin{bmatrix} b \\ c \end{bmatrix} = \begin{bmatrix} 120 \\ 340 \end{bmatrix} \tag{7-6a}$$

$$\begin{bmatrix} 46.76 & 68.36 \\ 119.47 & 83.95 \end{bmatrix}\begin{bmatrix} b \\ c \end{bmatrix} = \begin{bmatrix} 120 \\ 385 \end{bmatrix} \tag{7-6b}$$

$$\begin{bmatrix} 119.47 & 68.36 \\ 119.47 & 83.95 \end{bmatrix}\begin{bmatrix} b \\ c \end{bmatrix} = \begin{bmatrix} 340 \\ 385 \end{bmatrix} \tag{7-6c}$$

根据上面计算得出的 b、c 值，整理在表 7-28 中。

b、c 数值　　表 7-28

公式	(7-6a)	(7-6b)	(7-6c)
b	3.02	1.23	1.12
c	-0.31	2.98	3.01

去掉系数为负数的数据，可取 $b=1.2$、$c=3$，但此时试验数据与计算数值存在 20% ~30% 的误差，因此经过调整确定修正系数的取值为 $b=1.3$、$c=1.6$。

将 $b=1.3$、$c=1.6$ 代入双叶片螺旋桩承载力计算式(7-5)中,确定 Q_{helix} 前的系数 a。各项数值见表7-29。

各项数值表　　表7-29

桩径(mm)	叶片直径(mm)	叶片个数(个)	Q_{helix}(kN)	$Q_{bearing}$(kN)	Q_{shaft}(kN)	Q_{ult}(kN)
114	254	2	40.92	46.76	63.94	210
140	406	2	65.39	119.47	77.29	500

同前面的方法,联立求解得 $a=2.2$ 和 $a=3.6$。试验数据与计算数值存在20%～30%的误差,所以经过调整最后确定修正系数的取值为 $a=1.3$。

将抗拔螺旋桩的经验修正系数1.3、1.3和1.6代入式(7-4)中,可得:

$$Q_{ult}=1.3Q_{helix}+1.3Q_{bearing}+1.6Q_{shaft} \tag{7-7}$$

将公式计算数据与试验结果整理见表7-30。

计算值与试验值对比表　　表7-30

桩径(mm)	叶片直径(mm)	叶片个数	Q_{ult}计算值(kN)	Q_{ult}试验值(kN)	误差(%)
114	254	单	170.16	120	42
114	406	单	264.68	340	-22
140	406	单	289.62	385	-25
140	508	单	377.47	280	35
114	254	双	216.29	210	3
114	406	双	364.00	500	-27

由表7-30可以看出,经过修正的公式,其计算值与试验值的误差大部分处在20%～30%,处于合理范围内,且大部分为负值,说明计算值小于试验值,理论公式计算偏于保守,是合理的。但存在两个超过30%的值,这是因为在这两根桩试验时,有降雨过程,降雨导致了土体的含水率增加,不排水抗剪强度降低,而计算中采用的是未降雨条件下测得的土工试验数据,勘察阶段和试验阶段所处的外界因素不一样,导致土体参数发生变化,因此导致计算结果偏大。

3)结论

叶片式钢管螺旋桩承载力计算中,选择了较为简单的美国规范法进行计算,所选择的基础公式是合理的,其破坏模式与试验大致吻合;和试验值对比后,抗拔螺旋桩计算公式的修正值取1.3、1.3和1.6,且趋于保守;不排水抗剪强度由直剪试验计算得出,其结果往往偏大,但在缺乏相应的土体参数时,文中提出的近似计算方法也是合理的;含水率对土体不排水抗剪强度影响较大,若理论计算中采用的是未降雨条件下的地勘资料,而实际试验中又有降雨,降雨可导致抗拔螺旋桩承载力大幅降低,致使理论计算结果和试验结果出现偏差。

7.10　小　　结

本章基于叶片式钢管螺旋桩静力荷载试验,对螺旋桩的抗拔、抗压极限承载力进行了现场测试,对比分析了叶片数量、叶片直径、桩径、注浆及降雨等因素对螺旋桩抗压、抗拔极限承载力的影响。并根据试验结果,对美国规范中叶片式钢管螺旋桩承载力计算公式进行了修正,并对相关参数进行了确定,验证了理论公式计算方法在螺旋桩承载力预测中的适用性。但计算中所用的地层有特定性,公式中的修正系数也具有地域性,因此在不同的地区进行计算时,修正系数和相关参数要根据各地区具体的土体条件进行综合确定。

第8章 叶片式钢管螺旋桩静载试验数值模拟

8.1 初始应力场的生成

8.1.1 常用方法

在FLAC3D中,初始应力场的生成方法较多,但常用以下三种方法,即弹性求解法、改变参数的弹塑性求解法以及分阶段弹塑性求解法。

1)弹性求解法

初始地应力的弹性求解法是指将材料的本构模型设置为弹性模型,并将体积模量与剪切模量设置为最大值,然后求解生成初始应力场。

此法常用于对浅埋工程和地表工程进行数值模拟时初始应力场的生成,这类工程的初始应力场主要是由岩土体在自重作用下产生。由于为弹性求解,在体系达到平衡时,岩、土体中并未有产生屈服的区域。

2)更改强度参数的弹塑性求解法

更改强度参数的弹塑性求解法是指求解过程中始终采用塑性模型,但为防止计算过程中出现屈服流动,将黏聚力和抗拉强度设为大值,计算至平衡后,再将黏聚力和抗拉强度改为分析所采用的值计算至最终平衡状态。

弹塑性求解法与前述弹性求解方法的不同之处在于,计算达到最终平衡时,岩、土体中可能有产生屈服的区域。

3)分阶段弹塑性求解法

分阶段弹塑性求解方法是直接采用Solve elastic命令来进行弹塑性模型的初始地应力场求解。在FLAC3D软件中,此法只适合计算模型采用摩尔—库仑模型的情况。

8.1.2 计算选取的方法

对比上述三种计算方法,本书在计算初始应力场时采用更改强度参数的弹塑性求解法。首先生成初始应力场,为防止在计算过程中出现屈服流动,将黏聚力和抗拉强度设为大值,计算至平衡。再将黏聚力和抗拉强度改为分析所采用的值,即实际土层参数计算至最终平衡状态。计算达到最终平衡时,岩土体内可能有产生屈服的区域。

而弹性求解法生成的初始地应力场,在体系达到平衡时,岩土体中并没有产生屈服的区域。在实际情况中,即使在初始应力场作用下,岩土体内部存在有屈服区域是完全可能的,所以更改强度参数的弹塑性求解法在生成初始应力场时比弹性求解方法要合理。初始应力场云图如图 8-1 所示。

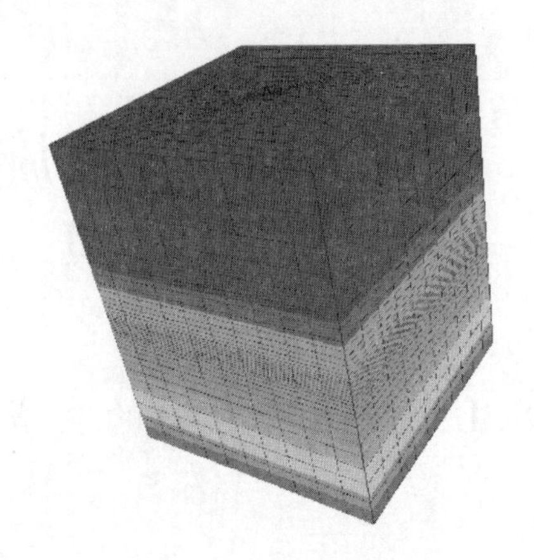

图 8-1　初始应力场云图

8.2　桩土模型的选取

8.2.1　常用本构模型介绍

岩土本构关系是指通过一些试验测试少量的岩体、土体弹塑性应力—应变关系曲线,然后再通过岩土塑性理论及某些必要的补充假设,将这些试验结果推广到复杂应力、组合状态上去,以求取应力—应变普遍关系。将应力—应变关系以数学式表达,即称为岩土体本构模型。岩土材料的多样性及其力学特性的差异性,使人们无法采用统一的本构模型来表达其在外力作用下的力学响应特性,因而开发出了多种岩土本构模型来满足不同的使用情况。

FLAC3D 中内置 12 种岩土本构模型以适应各种工程分析的需要。

1)空模型

空模型通常用来表示被移除活开挖的材料,且移除活开挖区域的应力自动设置为零。在数值模拟的后续阶段,空模型材料也可以转化为其他的材料模型。采用这种模型,可以进行诸如开挖、回填之类的模拟。

2)弹性模型

弹性本构模型具有卸载后变形可恢复的特性,其应力—应变规律是线性的,与应力路径无关,主要有各向同性、横观各向同性和正交各向同性弹性模型。其中,各向同性弹性模型提供了材料性质最简单的表述,适用于应力—应变特性呈线性关系的,无卸载和滞后现象的均值、各向同性、连续介质材料。横观各向同性弹性模型适用于模拟在各层的法线方向和切线方向的弹性模量有明显差异的层状弹性材料。而正交各向异性弹性模型则适用于具有良好各向异性弹性性质的弹性材料。

3)塑性模型

主要有德鲁克—普拉格模型、摩尔—库仑模型、应变硬化/软化模型、遍布节理模型、双线性应变硬化/软化遍布节理模型、修正的剑桥模型、双屈服模型和霍克—布朗模型 8 种。

各种模型的特点和适用情况如下:

摩尔—库仑模型是土体中较常用的本构模型,它适用于在剪应力下屈服,但剪应力只取决于最大、最小主应力,而第二主应力对屈服不产生影响的材料。遍布节理模型适用于模型因内部存在软弱层,致使材料强度具有显著各向异性特性的摩尔—库仑材料。应变硬化/软化适用于模拟外荷载超过屈服极限时抗剪强度会增大或减小的摩尔—库仑材料。双线性应变硬化/软化遍布节理模型是广义的遍布节理模型,它允许材料基质和机理的强度发生硬化或软化。双屈服模型是应变软化模型的延伸,它适用于模拟会产生不可恢复压缩变形和剪切屈服的岩土材料。上述几种模型实际上是摩尔—库仑模型的衍生模型,计算中,当除了黏聚力和摩擦角外的其他摩尔—库仑参数,都取很大的值时,它们会得到和摩尔—库仑模型一样的计算结果。

德鲁克—普拉格模型适用于模拟摩擦角较小的软黏土,但是并不广泛适用于其他岩土工程材料,将它内置于 FLAC3D 软件中主要是用来同其他未内置摩尔—库仑模型的数值计算软件做比较。

修正的剑桥模型适用于模拟体积会对变形和屈服能力产生影响的岩土材料。

霍克—布朗模型为一个经验关系式,它表示各向同性的完整岩石或岩体的非线性强度屈服面,其塑形流动法则是随着侧限应力水平变化的函数。

8.2.2　本构模型的选择依据

本构模型的选择是数值模拟的一个关键步骤,当为某个具体的工程分析选择本构模型时,必须考虑以下两点:工程材料的力学特性已知;本构模型要有较好的适用范围,即只有当选择的本构模型与工程材料力学特性契合度较高时,选择才是合理的。

德鲁克—普拉格模型和摩尔—库仑模型是计算效率较高的两种塑性模型,其他塑性模型的计算则需要更大的内存和更多的时间,但是这两个模型并不能直接计算出塑性应变;要获得塑性应变,则应采用应变软化、双线性遍布节理或双屈服模型,这几种模型更适用于破坏后的阶段对材料力学特性有重要影响的分析,如矿柱屈服、坍塌或回填的研究。

8.2.3　土体模型的选取

基于上述对本构模型的介绍和分析,计算中土层采用摩尔—库仑模型,该模型适用于松散或胶结的粒状材料,如土体、岩石和混凝土。本书模拟叶片式钢管螺旋桩现场试验,螺旋桩破坏时土体产生滑裂面,桩顶沉降增大,土体为剪切破坏。

摩尔—库仑模型的主要材料参数有弹性体积模量 K、黏聚力 c、剪胀角 ψ、内摩擦角 φ、弹性剪切模量 G 和抗拉强度 σ,计算中采用的模型计算参数见表 8-1。

土的模型计算参数　　表 8-1

土层编号	深度(m)	岩　性	天然密度(g/cm^3)	黏聚力(kPa)	内摩擦角(°)	压缩模量 E_{S1-2}(MPa)
①	0~1	黏质粉土填土	1.93	10	10	
②$_1$	1~2	黏质粉土	2.03	31.6	19.8	5.2
②	2~4	黏土	1.96	10.7	22.8	3.2

续上表

土层编号	深度(m)	岩性	天然密度(g/cm^3)	黏聚力(kPa)	内摩擦角(°)	压缩模量 E_{S1-2}(MPa)
③$_1$	4~5	黏质粉土	2.03	15.5	20.8	18.4
③	5~7.5	粉砂				
③$_2$	7.5~8.2	黏土	1.82	22.7	14.6	3.6
③$_1$	8.2~9	砂质粉土	2.03	15.5	20.8	18.4
④$_1$	9~10	粉质黏土	2.11	30.2	28.1	6.6
④	10~12	黏土	1.9	18.1	17.3	6.1

8.2.4 螺旋桩模型的选取

叶片式钢管螺旋桩的材料是钢材,应力—应变关系呈线性关系,在试验过程中桩体不会屈服,因此桩体采用的是各向同性弹性模型。模型计算参数见表8-2。

螺旋桩模型计算参数(Pa)　　表8-2

参数名称	体积模量 K	剪切模量 G
数值	1.75×10^{11}	0.8×10^{11}

8.3 模型建立

8.3.1 模型范围

为减少模型边界条件对计算结果产生的影响,建立了长5m、宽5m、高度12m的三维模型。土体及螺旋桩采用了实体单元进行模拟,实体单元均采用六面体单元,桩、土之间接触采用接触面Interface模拟。边界条件的选取除了顶面取为自由边界其他面均采取法向约束。

8.3.2 模型网格划分

多个网格的边必须形成连续性,否则网格不耦合,计算不会收敛。FLAC3D的GENERATE zone命令也会检查相邻边界节点是否在容差1×10^{-7}范围内,若是则熔合为一个节点,若不是则需要用GENERATE merge熔合这些节点。在生成土体网格时采用同一个基础单元网格,并且采用同样的几何变化率,保证网格的连续性。

使用圆柱体外绕放射状网格(Radial Cylinder)填充内部土体,建立四分之一模型,通过两次对称得到整个土体模型,如图8-2所示,这样就保证了桩、土之间网格连续。为保证叶片部位与土体之间的网格连续,在叶片部位加大网格z轴方向密度,并以叶片半径作为圆柱体外绕放射状网格的内径。

叶片式钢管螺旋桩的叶片为螺旋形,为方便建立模型并简化计算,将螺旋简化为等效圆盘(图8-3),厚度为10cm。

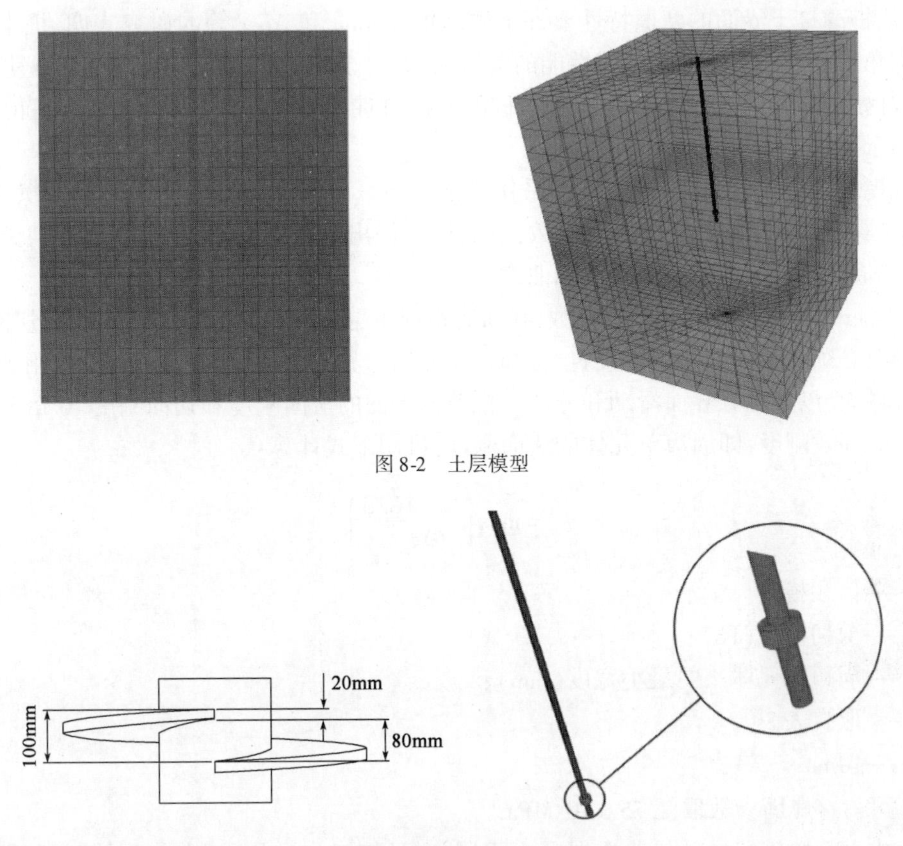

图 8-2　土层模型

图 8-3　螺旋桩及叶片模型

8.3.3　接触面参数确定

由于桩体与土体的材料性质存在显著差异，复杂应力条件下，桩—土界面产生不一致的变形，致使桩—土接触面上产生错动、滑移或者开裂等非连续变形。FLAC3D 软件提供了接触面单元，可以分析一定受力条件下两个接触的表面上产生错动滑移、分开与闭合，更加真实地模拟桩—土之间的相互作用。

使用分界面元件应遵守如下几点规则：如果一个小面接触大面，则分界面应附到小面区域；如果小轮网格单元体的密度不同，则分界面应附到单元体密度大的网格上；分界面元件的尺寸大小应总是等于或者是小于目标接触面的大小，如果不是这种情况，就要把分界面元件细分成更小的单元；分界面元件限制到将来会实际接触另一个网格的那些网格面。

根据使用分界面的方式来指定其材料的参数，使用分界面的情形不外乎有以下 3 种情况：

模拟两个子网格连接在一起的人工装置。

“硬”接触面，相对于周围材料接触面是刚性的，在荷载作用下可以产生滑移和分离的真实接触面。

“软”接触面，分界面对系统的影响足够柔和，可反映模型整体的变形特性。

对于模拟滑移和分离的情况，接触面摩擦参数（比如黏聚力、剪胀角、抗拉强度）相对于刚度（k_n 和 k_s）而言更重要。以模拟单桩静荷载试验为例，在实际工程中，常用的有预制桩和灌注桩,灌注桩的桩土界面的摩擦特性要好于预制桩,Potion 和 Acer 等的研究表明,桩土界面之间的摩擦角 δ 是影响摩擦桩的承载性能的关键因素,对于黏土取 $\delta/\varphi' = 0.6 - 0.7$($\varphi'$是桩周土体的有效内摩擦角)是比较合适的。灌注桩的摩擦特性要好于预制桩,所以灌注桩的 δ/φ'的比值应高于预制桩。

如有现场静荷载试验数据,也可以采用反演分析。就是先假定桩土界面的摩擦系数(主要是 c、φ)是桩周土摩擦参数的一个倍数,然后模拟得出静载试验数据,与现场静载试验数据做对比,取倍数接近的模拟荷载—沉降曲线。

用 property 关键字设定界面的参数,在所有情况下,必须设定法向刚度 k_n 和剪切刚度 k_s,对这些参数必须使用一致的单位设置。此时,需要用分界面来连接子网格,因此要用到高强度参数的分界面,以避免分界面滑动和分离。推荐分界面的法向刚度和切向刚度 10 倍于周边单元体最硬的等效刚度,即周边单元体的法向刚度,可用下式计算:

$$k_n = \max\left[\frac{K + 4G/3}{\Delta z_{\min}}\right] \tag{8-1}$$

式中:K——体积模量(Pa);

G——剪切模量(Pa);

$\Delta z_{\min}$——周边单元体法向最小宽度(mm);

K、G——取自表 8-2;

$\Delta z_{\min}$——10mm。

计算可得接触面参数取 2.75×10^6MPa。

叶片式钢管螺旋桩材料与普通混凝土不同,在计算时先采用该值进行计算,后续再进行调整。

8.4 模拟计算

数值分析中,收敛标准是一个十分重要的概念,它直接控制计算求解的时间以及精度。所谓收敛标准,是指数值计算求解过程终止的判定条件,用户可以自己定义。一般而言,大多数问题可以采用 FLAC3D 默认的收敛标准,即当体系最大不平衡力与典型内力的比率 R 小于定值 10% 时,计算终止。

在进行普通桩型单桩承载力试验模拟计算时,首先应用 FLAC3D 默认的收敛标准。因此,在进行叶片式钢管螺旋桩承载力计算时,使用计算得到的接触面参数(2.75×10^6MPa),施加第 1 级荷载,计算至默认收敛,此时得到桩顶沉降值远小于试验值。这是由于螺旋桩与混凝土桩材料、承载形式等差异,如两者和土之间的摩擦系数相差较大,计算接触面参数时采用的是钢材的体积模量和切变模量,导致计算值较小。说明这种方法不适用与螺旋桩。

通过多次试算,更改接触面刚度参数为 5MPa,使其第 1 级计算结果接近试验数据。第 1 级数据拟合成功后,使用调整后的接触面参数(5MPa)进行后续几级计算,分级加载并得到桩顶沉降。

但对叶片式钢管螺旋桩而言,这种方法得到的数据并不理想,当施加第 4 级荷载时,软件计算不收敛,当桩顶沉降计算值达到 23.41mm 时软件仍在继续计算,而现场试验沉降达到此值时桩已破坏,说明此方法计算也不合适。

为解决螺旋桩承载力试验模拟计算不收敛,在计算时改变收敛标准,以现场试验得到的桩顶沉降量为依据,来选取合适的接触面参数和步数,使计算值与试验值相符。由上述计算经验,选取接触面参数 5MPa,计算步数 58000,施加第 1 级荷载,得到桩顶沉降 0.54mm,与试验数据相符。加第 2 级荷载,固定接触面参数(5MPa)与计算步数(58000),计算得到桩顶沉降值为 1.13mm,与试验值 0.64mm 不相符,说明该参数与步数并不适合第 2 级荷载的计算,所以在后续计算中还需更改参数。

计算时采取固定接触面参数,更改计算步数的方法进行试算。依据现场试验数据,固定接触面参数(5MPa),更改计算步数,使每级计算沉降值与现场试验沉降值相符,计算后续几级,计算流程如图 8-4 所示。

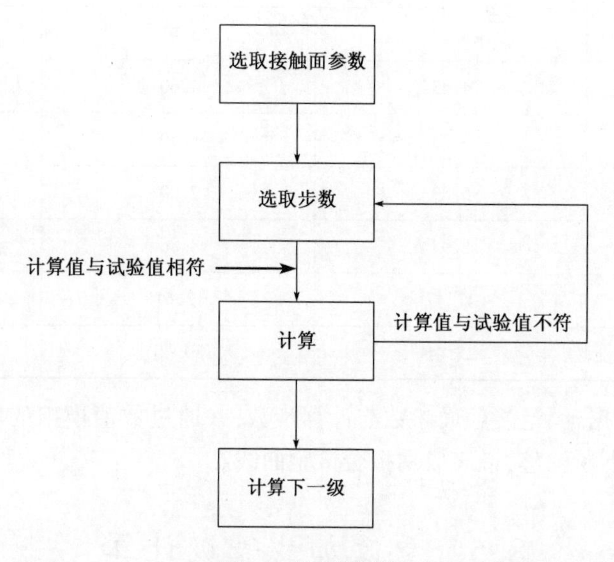

图 8-4　计算流程图

由该计算过程最终得到的荷载—沉降曲线如图 8-5 所示,计算结果及每级计算步数如表 8-3所示。

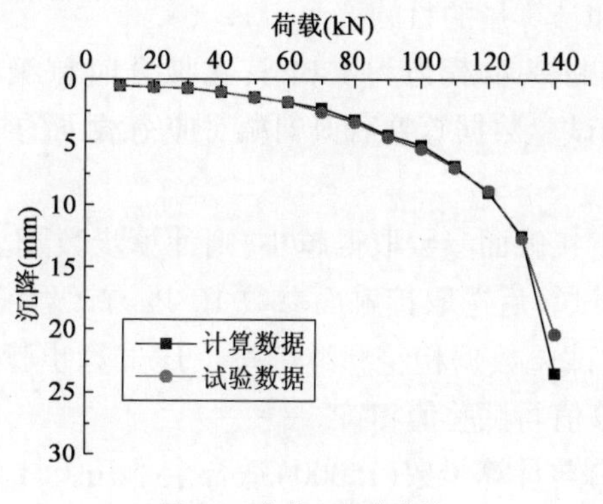

图 8-5　荷载—沉降曲线

计 算 结 果　　表 8-3

级　数	试验数据	计算数据	计算步数
1	0.56	0.54	58000
2	0.64	0.64	5000
3	0.72	0.70	15000
4	1.02	1.00	37000
5	1.41	1.45	40000
6	1.81	1.80	20000
7	2.31	2.59	40000
8	3.23	3.41	15000
9	4.43	4.60	15000
10	5.23	5.50	10000
11	6.89	7.00	14000
12	8.98	8.86	14000
13	12.47	12.61	20000
14	23.41	20.30	20000

依据现场试验数据,固定接触面参数与计算步数,并通过数值模拟的反分析,验证参数与步数的合理性,通过不断调整,最终成功拟合试验曲线。

8.5　更改加载等级计算

由表 8-3 可以看出,每级计算步数没有明显的规律,计算步数需要每级试算,计算量大;且加载 14 级与规范中的加载 10 级有一定偏差。为统一加载级数、方便模拟计算,采取 10 级加载的方法,以达到减少级数和计算量的目的。

根据现场试验数据得出桩基承载力为 130kN,在拟合时首级加载 26kN,以后每级加载 13kN,共加载 10 级。将现场试验数据等差后得到相对应荷载下的桩顶沉降值,并以此为依据进行模拟计算。

在首级计算过程中发现,接触面参数取得越小,则计算步数越少。为减少计算步数,对接触面参数再次进行试算。在试算后选取接触面参数 10^5Pa,首级计算步数 40000(步数与接触面参数不唯一),计算结果与试验数据相符。继续按上述试算步骤计算,发现第二级、第三级计算步数均取 15000 时,计算值与试验值相符。

假设接触面参数(10^5Pa)与计算步数(15000)适合余下几级计算,固定这两个参数进行后续计算,计算结果如图 8-6 所示。

由图8-6所示,前5级计算值在允许误差内,第6级开始误差超过20%,且从第4级开始计算值比试验值偏小。第4级计算得到沉降值为1.79mm,小于试验值2.05mm,说明第4级计算步数不合适(15000步偏小)。试算后第4级步数改为30000,余下几级计算步数仍为15000进行计算,计算结果见图8-7。

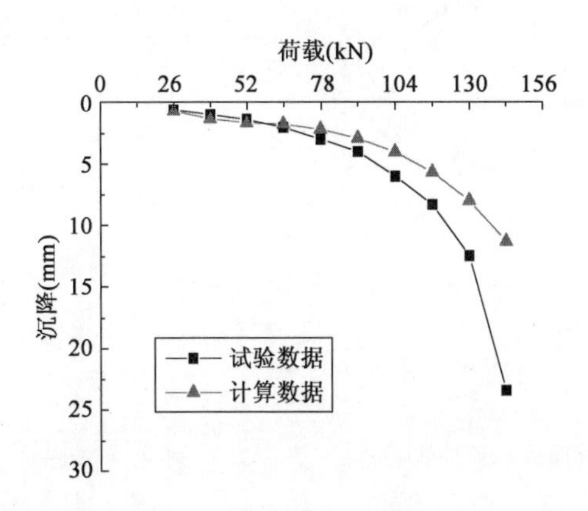

图8-6　荷载—沉降曲线

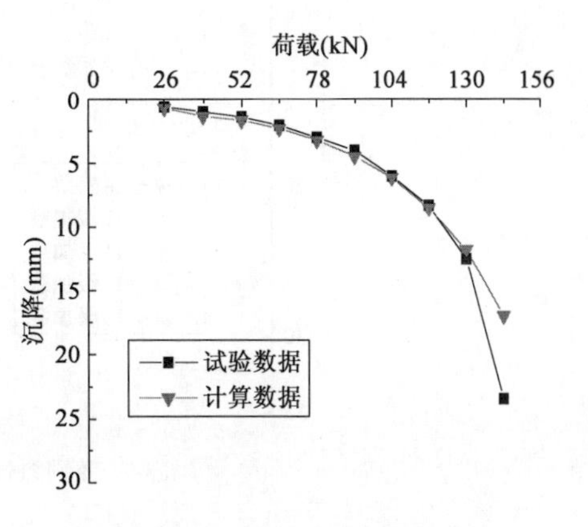

图8-7　荷载—沉降曲线

由图8-7可以看出,只更改第4级计算步数合适,前9级拟合精度较高。最后两级计算值小于试验值,第9级误差在允许范围内,只有第10级结果不理想。第10级试算后将计算步数改为30000,最终计算结果如图8-8所示,拟合精度较高。

本方法根据第2、3级步数相同提出假设,全部计算后更改出现问题的某一级,从结果来看,该假设为计算减少了计算量。该方法不仅减少了加载等级、减少了试算步数的过程,总体上拟合过程更加简便,而且拟合精度较高。

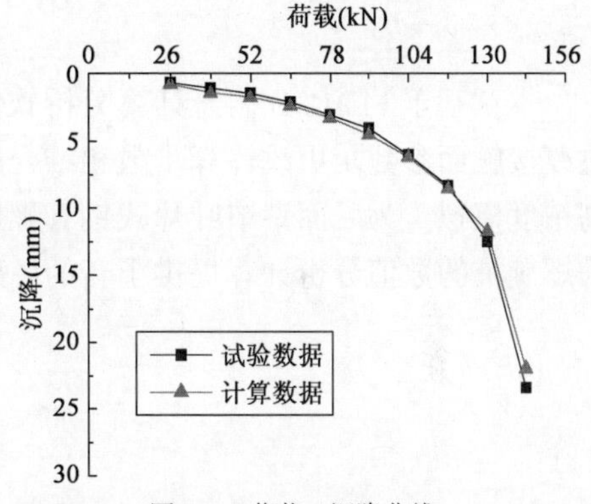

图8-8　荷载—沉降曲线

8.6　计算级数对结果的影响

在现场试验中加载等级越多,得到的荷载—沉降曲线越好,桩的极限承载力越准确。在已知桩承载力为130kN情况下,分别选取不同加载等级与现场试验数据对比。这几种计算模式下的接触面参数为10^5Pa,首级计算步数为40000,第4级、第10级计算步数为30000,其余级计算步数为15000,计算结果如图8-9所示。

由图8-9可以看到,随着加载等级的增多,数值计算结果与试验结果相差较大。现场试验在每级稳定后的沉降随时间变化很小,加载等级越多使计算总步数增多,从而计算沉降值大于试验值。因此,数值模拟时,确定加载级数后试算的参数(接触面参数和计算步数)只适用于该级数。

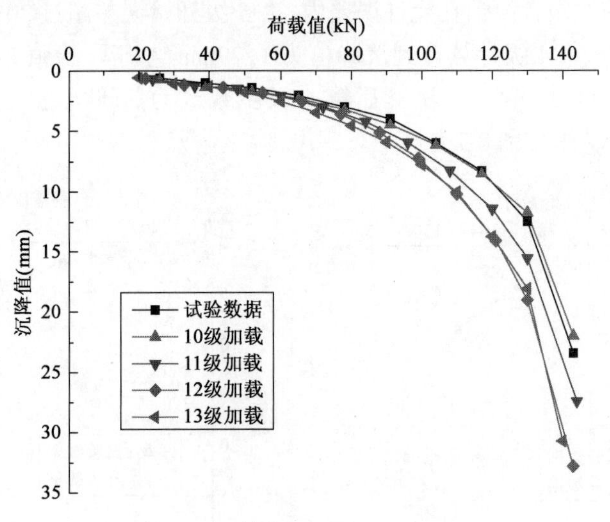

图 8-9 不同加载等级荷载—沉降曲线

8.7 小 结

本章基于 FLAC3D 岩土计算分析软件,在传统桩型承载力计算方法的基础上,提出试算 + 更改接触面参数 + 更改计算步数相结合的方法,实现了对叶片式钢管螺旋桩静载试验结果的高精度模拟。为后面章节叶片式钢管螺旋桩参数优化设计和实际工程模拟计算提供了依据,为螺旋桩的数值分析计算提供了新的思路和方法。

第9章　叶片式钢管螺旋桩优化设计

叶片式钢管螺旋桩是通过扭矩将带有螺旋叶片的钢管拧入地下成桩的一种桩型，是一种具有复杂几何表面的异性桩。Gen Mori 等人发现，叶片式钢管螺旋桩的几何形状对桩抗压极限承载力产生一定影响。国内许多研究人员根据工程需要对桩型进行了选择和优化，如张萍等通过原位试验，分析了变径桩桩身各部分承担的荷载不断发生重分布，对变径桩的设计进行优化；张晓曦、何思明等对沉入式抗滑桩进行理论分析，为沉入式抗滑桩的优化设计提供一种理论方法；杨光华、李德吉等分析了桩—土的刚度对建筑物沉降的影响，通过调整桩—土刚度，充分利用桩基与地基的承载力，优化复合地基的设计；雷华阳、李肖等通过现场试验对管桩沉桩过程进行测试，并利用数值模拟的方法进行优化管桩参数；刘爱娟、李整建等对止水帷幕的桩型进行选择，结合实际工程优化分析止水帷幕方案；张金辉、黄阳等结合实际工程，用模糊综合评判法和层次分析法相结合的理论对桩型进行优化分析，验证了该方法的有效性；董天文、梁力等研究了叶片式钢管螺旋桩的破坏模式，分析了螺距、叶片距宽比等因素对桩极限承载力的影响；周健、陈小亮等利用室内试验模型模拟管桩在砂土中的沉桩过程，分析了土塞形成的力学机制，并用 PFC 软件对该过程进行数值模拟，拟合效果较好；王达麟、肖大平等通过现场试验，分析了桩型参数对螺旋钢桩抗拔极限承载力的影响，得到了抗拔极限承载力随桩长叶片直径而增加，叶片间距和首层叶片的埋深均有临界点。

叶片式钢管螺旋桩是一种预制桩，在实际使用过程中，可根据工程需要来制作满足要求的桩型。在制作时，桩径、叶片直径、叶片个数、叶片间距这几个因素对桩承载力影响较大。在桩型设计时，可以根据需要对桩的某个参数更改提高桩的承载力或者便于安装。根据前人的研究，各个因素对承载力的影响并不是线性的，因此本章以现场试验为基础，用数值模拟的方法讨论桩型参数对极限承载力的影响，对桩型参数进行优化。

9.1　螺旋桩承载力影响因素

9.1.1　桩径

叶片式钢管螺旋桩是由多个钢螺旋叶片固定在一根中心钢管上的结构，桩顶所受的荷载通过钢管传递，中心钢管与周围土体接触产生相对位移引起侧摩阻力，桩径的大小影响侧摩阻力的大小，因此也影响了桩侧承载力。根据第 7 章现场试验的数据，给出相同叶片直径、相同叶片个数、不同桩径下叶片式钢管螺旋桩的抗压极限承载力对比，具体如表 9-1 所示。

不同桩径极限承载力　　表 9-1

桩直径(mm)	叶片直径(mm)	叶片个数(个)	极限承载力(kN)
114	406	1	165
140	406	1	210

由表 9-1 可以看出,桩径越大,叶片式钢管螺旋桩抗压承载力越大。原因在于,增大桩径,即增加了桩侧与土体的接触面积,相应地增加了桩侧摩阻力,提高了桩的承载力。现场试验结果表明桩径提高 22.8% 时、单桩承载力提高了 27.3%。

9.1.2 叶片直径

桩下部的叶片为桩提供桩端阻力,叶片越大,下部形成的土盘越大,提供的桩端阻力越大,有利于提高桩的承载力。根据第 7 章现场试验的数据,给出相同、相同桩径、叶片个数、不同叶片直径下叶片式钢管螺旋桩的抗压极限承载力对比,具体如表 9-2 所示。从中可以看出,对单叶片钢管螺旋桩来说,增大叶片直径,就增大了桩端阻力,现场试验单叶片桩叶片直径增大 59.8%,承载力提高了 26.9%,增大叶片直径对承载力起积极作用。

不同叶片直径极限承载力　　表 9-2

桩直径(mm)	叶片直径(mm)	叶片个数(个)	极限承载力(kN)
114	254	1	130
114	406	1	165

同理,对双叶片桩来说,在叶片承载破坏模式下,增大叶片直径,就会增大总桩端阻力;在柱状剪切破坏模式下,增大叶片直径,不但增大了桩端阻力,而且增大了下部土柱的直径,从而增大了桩侧阻力。

但要注意的是,叶片直径过大,在荷载作用下叶片与桩接触位置弯矩处的弯矩也越大,在成桩过程中,叶片有可能会在未达到极限承载力前破坏;且叶片直径越大,安装扭矩越大,必然会造成安装困难。综上所述,叶片直径和桩身、拧桩设备有直接的对应关系,并不能一味地增加叶片直径。

9.1.3 叶片个数

根据第 7 章现场试验的数据,给出相同桩径、相同叶片直径、不同叶片个数下叶片式钢管螺旋桩的抗压极限承载力对比,具体如表 9-3 所示。理论上来说,增加叶片个数,在叶片承载破坏模式下,增大了端阻力;在柱状剪切模式下,增大了叶片之间桩径,增大了桩侧摩阻力。这两种模式都可以提高桩的极限承载力。增加叶片个数对承载力提高应该较明显,但是现场试验结果承载力提高不是很理想,具体如表 9-3 所示,出现该情况的原因可能是由于安装过程中对土层扰动较大,加上降雨之后对土层的影响,导致增加叶片个数之后并没有取得应有的效果。说明在一定程度上,安装质量对叶片式钢管螺旋桩的承载力有着直接的影响。

不同叶片个数极限承载力　　表 9-3

桩直径(mm)	叶片直径(mm)	叶片个数(个)	极限承载力(kN)
114	254	1	130
114	254	2	135

9.1.4　叶片间距

现场试验中相同叶片直径、桩径的双叶片螺旋桩，均采用了相同的叶片间距，因此没有现场实测数据。根据前人经验，不同叶片间距螺旋桩的破坏模式不同，叶片间距过小，中间形成不了土柱，相当于只增大了叶片厚度，对桩承载力提高影响不大；叶片间距过大，叶片单独受力，中间也形成不了土柱，对提高桩的承载力影响不大。因此，由多叶片破坏的两种模式可以看出，叶片间距与叶片直径的比值对破坏模式起决定作用，在具体土层中哪种破坏模式可以得到更大的承载力，需要进一步分析。在确定叶片直径与桩径的时候，叶片间距对多叶片桩的承载力影响尤为重要。

9.1.5　桩径与叶片直径的比值

单独地增大叶片直径或者增大桩径会增加桩的极限承载力，但这两个因素相互影响、相互制约，因此需要对叶片直径 D 与桩径 d 的比例关系进行研究，分析两者的比值关系会综合体现出对桩基承载力的影响。

9.2　数值模拟优化

从现场试验数据可以看出，上述各影响因素对螺旋桩的承载力起一定的作用，但由于现场试验数据点较少，并不能明确得到各影响因素与承载力之间的定量关系。针对某一个影响因素，利用软件模拟计算增加螺旋桩在不同桩型参数下的荷载—沉降曲线，得到钢管螺旋桩的极限承载力，研究各影响因素和承载力之间的关系，并给出最后组合。相对于现场试验，数值模拟用时较少，且大大节省了物力与人力，有效地弥补了现场试验数据不足的问题。

基于9.1节中各影响因素的分析，对叶片式钢管螺旋桩进行优化分析。

9.2.1　叶片直径的优化分析

1）优化方案设计

以受压叶片式钢管螺旋桩为研究对象，通过Flac3D数值模拟，研究相同桩径（114mm）下，不同叶片直径对桩基抗压极限承载力的影响。叶片与桩径的比值变化范围 $D/d=2\sim4$。具体参数见表9-4。

优化方案设计　　表9-4

桩　号	桩长（m）	桩径 d（mm）	叶片直径 D（mm）	叶片个数（个）
1-1	7	114	254	1
1-2	7	114	285	1
1-3	7	114	342	1
1-4	7	114	456	1

2）不同叶片直径下螺旋桩极限承载力的确定

按照第8章中介绍的方法进行计算，在确定桩基极限承载力时需要对试算的曲线进行比选。从现场试验数据来看，加载的力越大，桩顶沉降变化速率越大且最终沉降量也越大。根据最终沉降量与沉降变化率，从数值计算结果中找出一条符合实际加载的荷载—沉降曲线，其对应的承载力则为极限承载力。

具体方法如下：

首先用7.10节中给出的公式预估各个桩型的抗压极限承载力，在估算值增减30%范围内取4～6个数值作为不同的极限承载力，分别运用第8章的计算方法进行既定荷载下桩基承载力的模拟计算，得到各桩试算下的荷载—沉降曲线如图9-1所示。

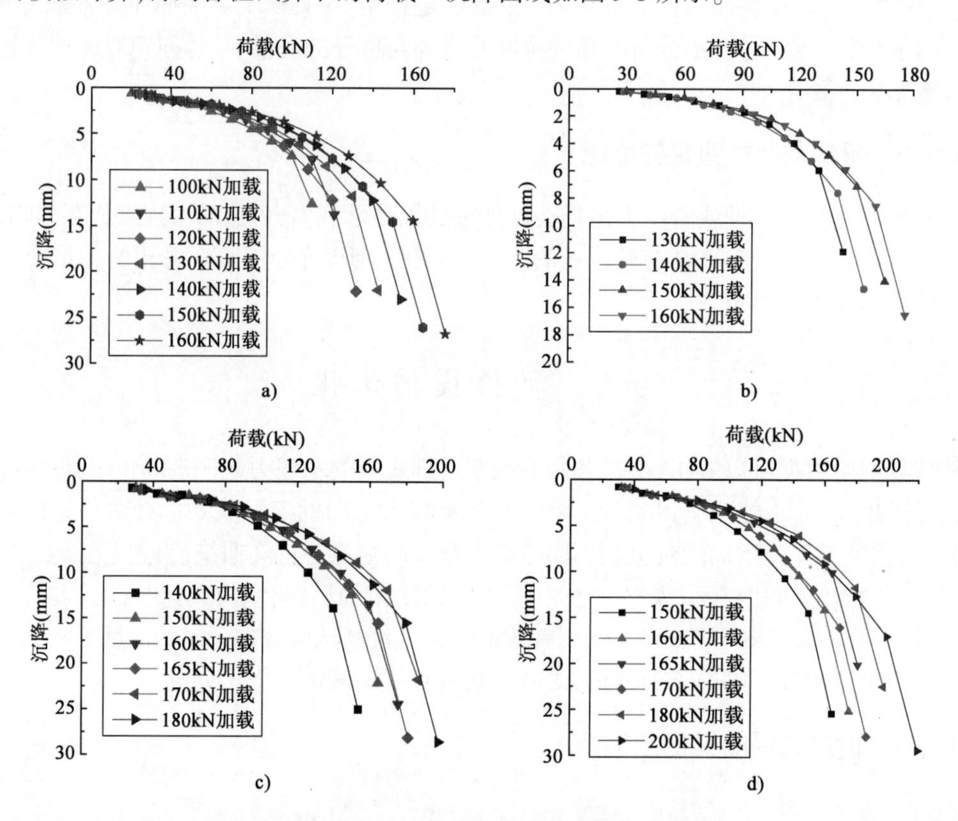

图9-1 相同桩径不同叶片直径下螺旋桩荷载—沉降曲线

a）桩1-1荷载沉降计算曲线；b）桩1-2荷载沉降计算曲线；c）桩1-3荷载沉降计算曲线；d）桩1-4荷载沉降计算曲线

图9-1a）为1-1号桩在不同荷载下计算得到的沉降—荷载曲线，由图可以看出，按极限承载力100kN加载计算得到的最终沉降值最小，160kN加载最终沉降值最大；从曲线的变化率来看，160kN加载要小于100kN加载。因此100kN、160kN加载都不合适。同样，110kN、120kN、140kN、150kN都不满足最终沉降与沉降变化率要求，且该桩型现场试验得到极限承载力为130kN，所以最终确定桩号1-1极限承载力为130kN。

图9-1b）中，140kN、150kN加载最终沉降相近，130kN、140kN曲线变化率相近，150kN、160kN曲线曲线变化率相近，都不太合适，但是由曲线可以看出，承载力在140～150kN范围内，取两者平均值14.5kN，因此1-2号桩极限承载力为145kN。

由图9-1c）确定1-3号桩极限承载力为160kN，由图9-1d）确定1-4号桩极限承载力为165kN。

3)叶片直径优化

由图9-1可以得到几种桩型的承载力,计算结果结果如表9-5所示。从表中可以看出,在桩径不变时,随着叶片直径的增大,螺旋桩极限承载力逐渐提高。

桩号1-1~1-4极限承载力　　表9-5

桩　　号	叶片与桩径比 D/d	极限承载力(kN)
1-1	2	130
1-2	2.5	145
1-3	3	160
1-4	4	165

现场试验只能说明叶片直径增大,承载力提高,但是在数值模拟结果看来,极限承载力并不是随着叶片直径的增大呈线性增长,而是呈现出图9-2中的变化趋势,即 D/d 在2~3范围内呈线性增长,在3~4之间取得最大之后,螺旋桩承载力有下降的趋势。王达麟在叶片式钢管螺旋桩极限抗压承载力研究中,通过现场试验得到的结果与上述计算得到的结果是一致的,因此可以断定该计算方法是正确的,得到的计算结果是准确的。

由此可以得出结论,增大叶片直径可以提高桩的极限承载力,但是叶片直径与桩径的比值不宜超过3.5。若过大,则对承载力提高作用不明显。且桩的叶片直径过大,安装时需要的扭矩大,桩承载时叶片与中心钢管连接处弯矩大,有可能使得螺旋桩还未达到极限承载力,但叶片与钢管连接处就出现破坏,造成螺旋桩失效。因此,在选桩型时要控制叶片直径与桩径的比例,建议的叶片直径为桩身钢管直径的2~3.5倍。

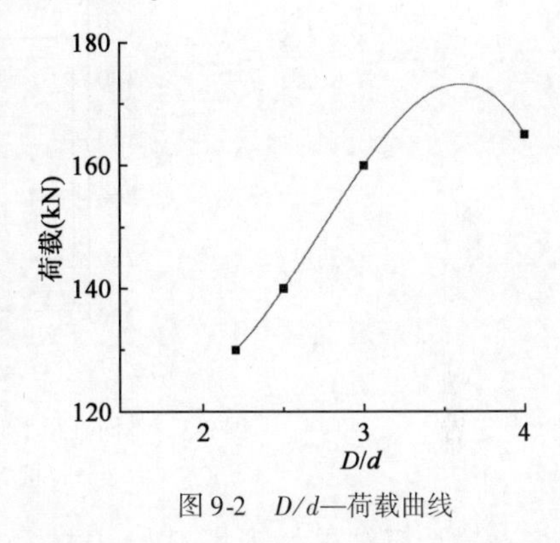

图9-2　D/d—荷载曲线

9.2.2　桩径的优化分析

1)优化方案设计

以抗压叶片钢管螺旋桩为研究对象,通过数值模拟,研究相同桩长、相同叶片直径、相同叶片个数情况下,不同桩径对桩基抗压极限承载力的影响。优化方案设计如表9-6所示。

桩径优化方案设计　　表9-6

桩　　号	桩长(m)	桩径 d(mm)	叶片直径 D(mm)	叶片个数(个)
2-1	7	114	456	1
2-2	7	152	456	1
2-3	7	228	456	1

2)桩径优化

采用和9.2.1节(2)叶片式钢管螺旋桩极限承载力确定相同的方法,得到相同叶片直径、叶片个数、桩长,不同桩径下,各桩的荷载沉降计算曲线,如图9-3所示。由图9-3a)可知,2-1

号桩极限承载力为165kN,由图9-3b)可知,2-2号桩极限承载力为200kN,由图9-3c)可知,2-3号桩极限承载力为200kN。

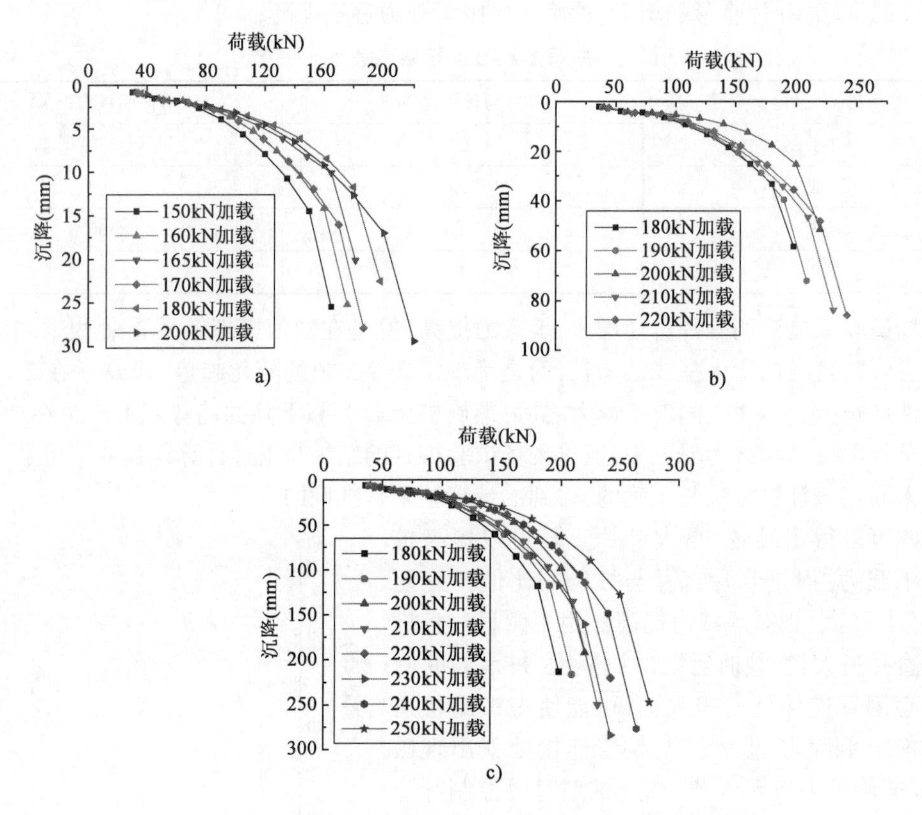

图9-3　不同桩径下叶片式钢管螺旋桩的荷载—沉降曲线

a)桩2-1;b)桩2-2;c)桩2-3

将上述计算结果与现场试验中桩径140mm、叶片直径406mm和桩径114mm、叶片直径406mm的试验结果进行对比,发现大桩径螺旋桩的抗压极限承载力明显高于小桩径螺旋桩的抗压极限承载力,桩径增大,桩的侧阻力增加,对提高桩的承载力起积极作用。但从计算结果来看,在D/d合适的范围内,螺旋桩承载力的确提高了,但是最终沉降增大了,对于对沉降要求比较高的工程,这一点需要引起重视。

综合叶片直径优化,承载力不足时建议在允许范围内增大叶片直径,桩径满足一般要求时,不建议采用单独增大桩径来提高承载力,此时单独增大桩径的经济性能比单独增加叶片直径的经济性能低。

9.2.3　叶片个数的优化分析

以抗压单、双叶片式钢管螺旋桩作为研究对象,通过数值模拟,研究不同叶片个数对螺旋桩极限承载力的影响。

对桩径114mm、叶片直径254mm的螺旋,分别设置单叶片和双叶片进行计算,其中双叶片的间距为0.5m,计算结果如图9-4、图9-5所示。

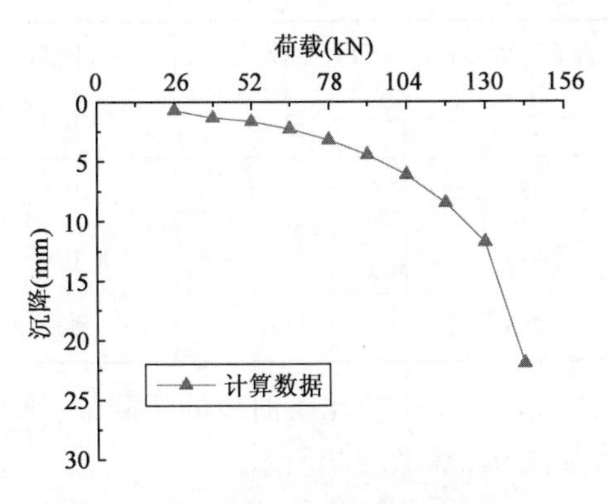

图9-4　单叶片荷载—沉降曲线

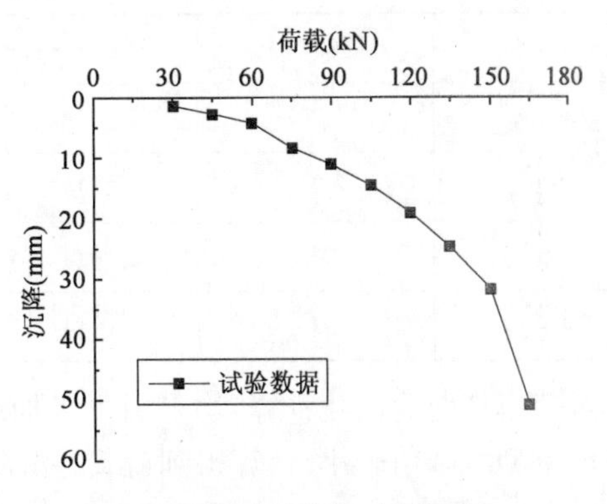

图9-5　双叶片荷载—沉降曲线

相同长度、桩身直径和叶片直径下，单叶片钢管螺旋桩承载力为130kN，承载力提高15.4%，增加叶片数量可以较大增大单桩承载力。从荷载—沉降曲线来看，双叶片承载力虽然提高，单叶片螺旋桩在达到极限承载力时桩顶沉降为13mm，双叶片桩沉降为34mm，桩顶沉降增大了160%；双叶片桩在荷载为130kN时，桩顶沉降为24mm，相对于单叶片桩增大了85%。从计算结果可以看出，增加叶片数量在提高承载力同时也增加了桩顶沉降值。

叶片数量增多，在安装时，桩对周围土体扰动较大，承载时固结导致的沉降较大，因此与单叶片相比在承载相同荷载时，沉降较大。同时，增加叶片个数需要考虑桩的安装，在设备允许的情况下增加叶片数量。

9.2.4　叶片间距的优化

以抗压双叶片钢管螺旋桩为研究对象，通过数值模拟，研究不同叶片间距对承载力的影响。现场试验比较了叶片数量对承载力的影响，由试验数据分析可知，增加叶片个数对承压桩极限承载力的提高效果显著；但是没有比较叶片间距对承载力的影响。

叶片间距影响桩的破坏模式，对螺旋桩极限承载力影响较大；间距大小对螺旋桩安装也有一定影响。因此选择合适的叶片间距对螺旋桩承载力和安装等都有益。王达麟做过单桩承载力与叶片间距变化的现场试验，得出随着叶片间距 s 的增大，叶片式钢管螺旋桩的承载力呈先增大后减小的规律，当 S/D 在3附近时，该桩型承载力处于峰值。

基于上述研究，本书用数值模拟的方法计算两组桩型的荷载—沉降曲线，桩型参数见表9-7、表9-8，S/D 范围为1～4。

桩型1参数表　　表9-7

桩　号	桩长(m)	桩径 d(mm)	叶片直径 D(mm)	叶片个数(个)	叶片间距(m)
3-1	7	114	254	2	0.3
3-2	7	114	254	2	0.5
3-3	7	114	254	2	0.7
3-4	7	114	254	2	0.9

桩 型 2 参 数 表 表 9-8

桩　　号	桩长(m)	桩径 d(mm)	叶片直径 D(mm)	叶片个数(个)	叶片间距(m)
4-1	7	114	285	2	0.3
4-2	7	114	285	2	0.6
4-3	7	114	285	2	0.9
4-4	7	114	285	2	1.2

数值模拟时为简化计算,均采用每级加载 15kN 的方式,比较几条曲线的沉降值,承载力较好的桩型沉降值较小,计算得到荷载—沉降曲线如图 9-6 和图 9-7 所示。

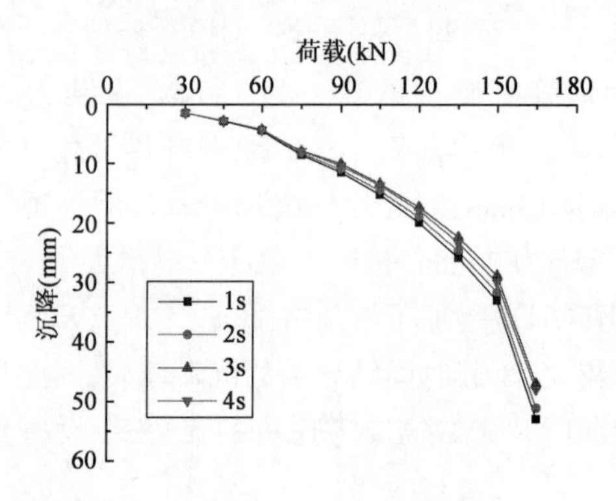

图 9-6　桩型 1 荷载—沉降计算曲线

图 9-7　桩型 2 荷载—沉降计算曲线

由图 9-6 与图 9-7 可以看出,随着 S/D 比值的增大,螺旋桩沉降值逐渐减小,桩间距为 1s、2s、3s 时的曲线逐渐升高,但是曲线 4s 在 3s 下面,说明 s/D 在 4 时的承载力反而小于 3 的承载力。说明对于多叶片钢管螺旋桩,叶片间距取 3 附近较为合适。

从承载力角度验证叶片间距与叶片直径比例关系。

选取桩长 7m,桩径 114mm、叶片直径 254mm 双叶片钢管螺旋桩,选取叶片间距在 $2D \sim 4D$ 之间,计算得到桩顶荷载—沉降曲线如图 9-8 所示。

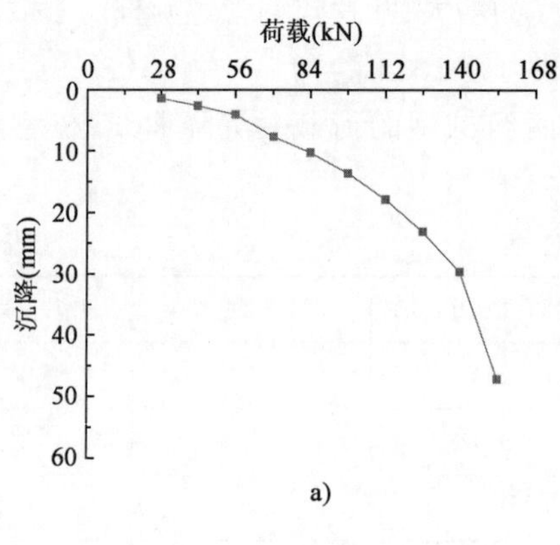

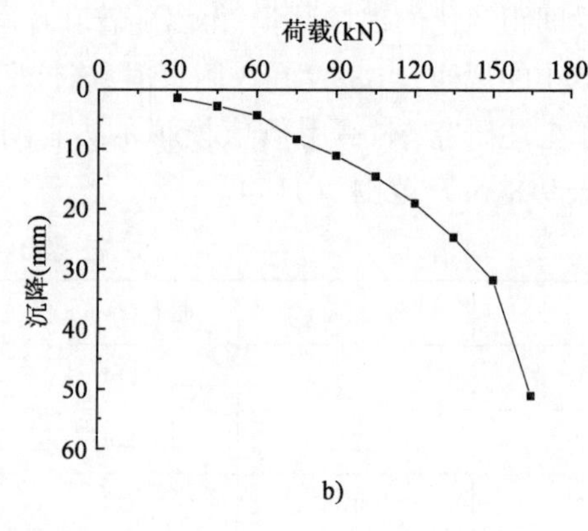

图　9-8

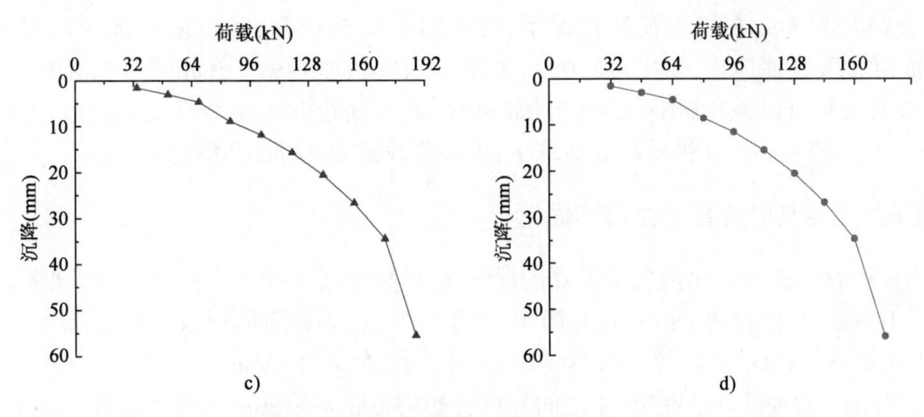

图 9-8　不同叶片间距下的荷载—沉降曲线

a) 间距 0.3m；b) 间距 0.5m；c) 间距 0.7m；d) 间距 0.9m

所得的极限承载力如表 9-9 所示。

极 限 承 载 力　　表 9-9

桩　号	叶片间距(m)	极限承载力(kN)
5-1	0.3	140
5-2	0.5	150
5-3	0.7	170
5-4	0.9	160

绘制叶片间距和抗压极限承载力关系曲线如图 9-9 所示。

数值模拟计算桩的荷载—沉降曲线如图 9-6 所示，承载力如表 9-9 所示，用 Origin 软件拟合曲线得到图 9-9，从图中可以看到，在叶片间距 s 为 0.4 ~ 0.7mm范围内承载力增长较快，在叶片间距 D 为 0.75mm左右取得最大值，叶片间距继续增大，承载力反而降低。该桩型叶片直径为 0.254mm，由此可知，在 S/D 在 1 ~ 3 范围内时，可以通过增加叶片间距来提高承载力；为使双叶片钢管螺旋桩呈现最大的抗压极限承载力，s/D 取 3 最为合适。

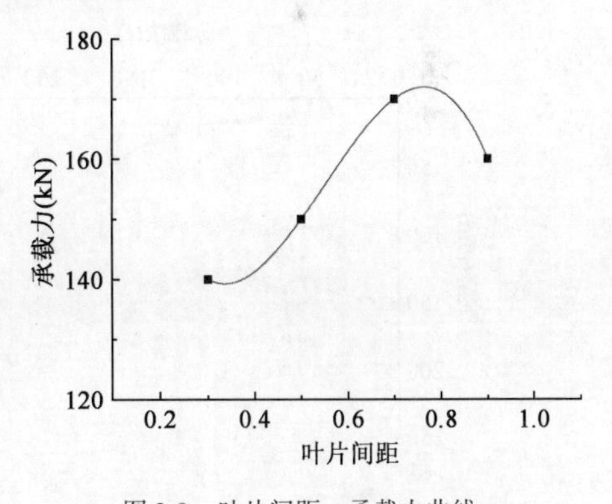

图 9-9　叶片间距—承载力曲线

取图 9-6 各曲线中 140kN 和极限荷载情况下桩顶沉降值，并将上述结果罗列在表 9-10中。

桩 顶 沉 降 值　　表 9-10

叶片间距(m)		0.3	0.5	0.7	0.9
沉降值(mm)	140kN	31	28	22	25
	极限荷载	31	33	37	35

可见，不同叶片间距下，当螺旋桩上施加的荷载累到 140kN 时，相对于叶片间距 0.3m 时，叶片间距 0.5m 时桩顶沉降减少 10%，叶片间距 0.7m 时桩顶沉降减少 30%，叶片间距 0.9m

时桩顶沉降减少19%；在极限荷载情况下，叶片间距0.5m时桩顶沉降增加6%，叶片间距0.7m时桩顶沉降增加19%，叶片间距0.9m时桩顶沉降增加13%。在相同荷载情况下可以看出，增加叶片间距可以减少桩顶沉降，但沉降值与叶片间距并不是线性关系，在叶片间距为0.7m时，桩顶沉降最小。在极限荷载情况下，极限荷载越大，桩顶沉降越大。

9.2.5 桩径与叶片直径比值的优化

叶片直径 D 与桩径 d 比例关系需要进行研究，单独地增大叶片直径或者增大桩径均会增大桩的极限承载力，但这两个因素相互影响、相互制约，分析两者的比值关系更合理。

第一组针对桩径优化，计算选取单叶片桩，叶片直径 D 为456mm，桩径 d 分别取114mm、153mm、228mm、342mm（D/d 在1～4之间），叶片距离桩底 h 为50mm，得到荷载—沉降曲线如图9-10所示。

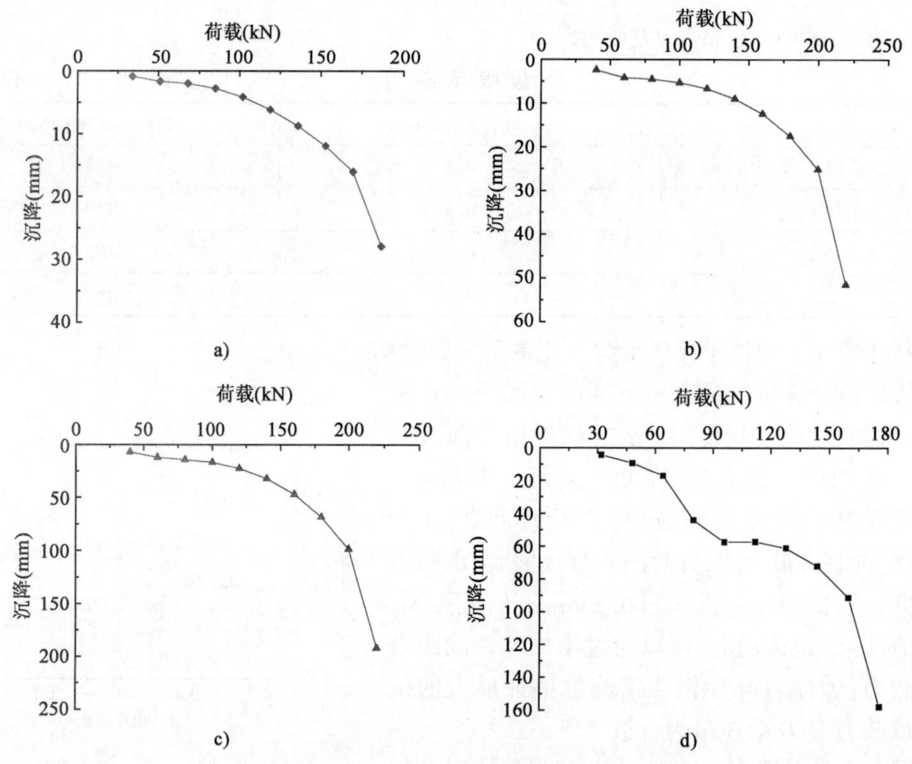

图9-10 不同桩径下叶片式钢管螺旋桩荷载—沉降曲线

a）桩径114mm；b）桩径152mm；c）桩径228mm；d）桩径228mm

单桩抗压极限承载力见表9-11。

不同桩径极限承载力 表9-11

桩径(mm)	叶片与桩径比 D/d	极限承载力(kN)
114	4	170
152	3	200
228	2	180
342	1.3	160

桩径增大，D/d 较小，承载力先增大后减小，在 D/d 取 3 时，极限承载力取得最大值。但是从荷载—沉降曲线中看出，D/d 减小会使桩顶沉降急剧增大，图 9-10c）、d）两条曲线在实际工程中是不允许的，沉降过大造成上部结构不均匀沉降，是不可取的。增大桩径在一定范围内可以增大桩承载力，但是该范围需要进一步确定。

图 9-10 有两条曲线不理想，不能很好地表明 D/d 之间的关系，因此增加一组计算，计算选取单叶片桩，桩身直径 d 取 114mm，叶片直径 D 取 254mm、285mm、342mm 和 456mm（D/d 在 1 ~4之间）4 种，叶片距离桩底 h 为 50mm，计算得到荷载—沉降曲线如图 9-11 所示。

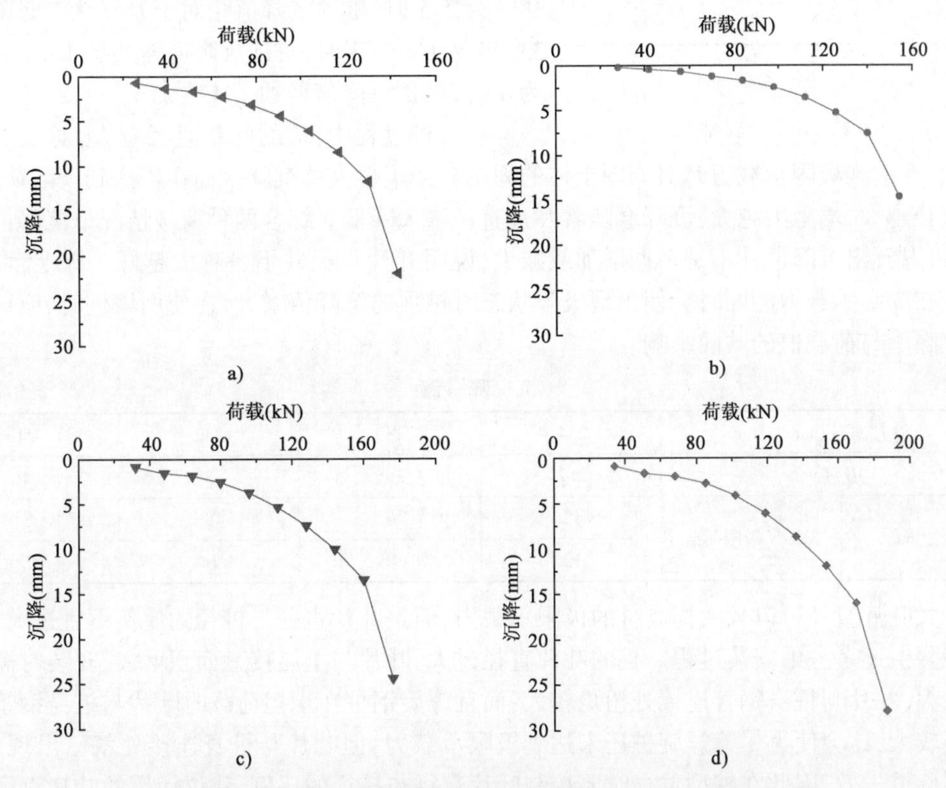

图 9-11　不同叶片直径下叶片式钢管螺旋桩的荷载—沉降曲线

a）叶片直径 254mm；b）叶片直径 285mm；c）叶片直径 342mm；d）叶片直径 456mm

由上述曲线确定出的单桩抗压极限承载力见表 9-12。

不同叶片直径螺旋钢桩极限承载力　　表 9-12

叶片直径（mm）	叶片与桩径比 D/d	极限承载力（kN）
254	2.2	130
285	2.5	145
342	3	160
456	4	170

由图 9-11 中的曲线可以看出，随着叶片直径的增大，钢管螺旋桩的承载力提高，具体承载力见表 9-12，可见极限承载力并不是随着叶片直径的增大呈线性增长。利用表 9-12 中的数据绘制 D/d 和极限承载力关系曲线见图 9-12，发现 D/d 在 2 ~3 范围内承载力增长较快，在3 ~4

之间承载力先增加到最大值后下降,之后的承载力随着叶片直径增大有下降的趋势。

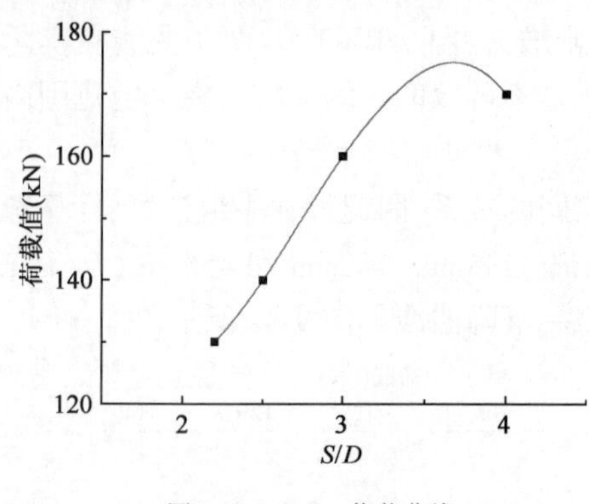

图 9-12　D/d—荷载曲线

随着叶片直径的增大,桩顶沉降值与极限承载力并无明显对应关系。取 4 条曲线荷载在 130kN 与极限荷载处的沉降值,列于表 9-13。可见,相同荷载情况下,D/d 为 2.5 时,桩顶沉降值相对于 D/d 为 2.2时降低 50%;D/d 为 3~4 时,桩顶沉降值相对于 D/d 为 2.2 时降低 33.3%。在都达到极限荷载时,D/d 为2.5 时,桩顶沉降值相对于 D/d 为2 时降低了 33.3%;D/d 为 3 时,桩顶沉降值增加了 16.7%;D/d 为 4 时,桩顶沉降值增加了 42%。

在打桩过程中,桩的叶片直径越大,对土层的扰动越大,在达到极限承载力时对周围土体的固结会产生更大的沉降。而在未达到极限荷载时,叶片直径越大,端承力越大,沉降会随着叶片直径增大降低。综合两种荷载情况下沉降值的增减性,可以看出沉降值并不是单调增加或减少,说明叶片直径并不是越大越好。综上,增大叶片直径在提高承载力的同时会使出现极限状态时桩顶的沉降值增大,在使用该桩时,应该综合考虑沉降值与荷载值的共同影响。

沉　降　值　　　　表 9-13

叶片直径(mm)		254	285	342	456
D/d		2.2	2.5	3	4
沉降值(mm)	130kN 极限荷载	12	6	8	8
		12	8	14	17

增大叶片直径可以较大提高桩的极限承载力,但是叶片直径与桩径的比例不宜过大,除了考虑沉降值还考考虑安装过程。桩的叶片直径过大,叶片与土层接触面积增大,安装时需要的扭矩较大,叶片与桩身钢管连接处扭矩较大;而且螺旋钢桩在承担荷载时叶片与桩身钢管连接处弯矩较大,这会使得尽管螺旋桩还未达到极限承载力,但叶片与桩身连接处就已出现破坏,造成螺旋桩失效,因此在桩型选择时要控制叶片直径与桩径的比例,建议使用的叶片直径为桩径的 2.5~3 倍。

在不降低承载力的同时要减少沉降值可增大叶片直径,但是 D/d 不宜超过 3,应控制在 2~3范围内。在不考虑沉降情况下,要提高螺旋桩的承载力,D/d 最好控制在 3~3.5 之间。

9.3　双叶片钢管螺旋桩位移云图

叶片钢管螺旋桩的破坏模式决定了其极限承载力理论计算公式,第 4、5 章中提到的几种理论计算公式各有适用范围,在实际工程中使用时,需要找到最合理的计算公式。

下面的分析将通过观察不同叶片间距下,双叶片钢管螺旋桩的位移云图,判断双叶片钢管螺旋桩的破坏模式。

不同叶片间距时,双叶片钢管螺旋桩静载下的位移云图如图 9-13~图 9-16 所示。

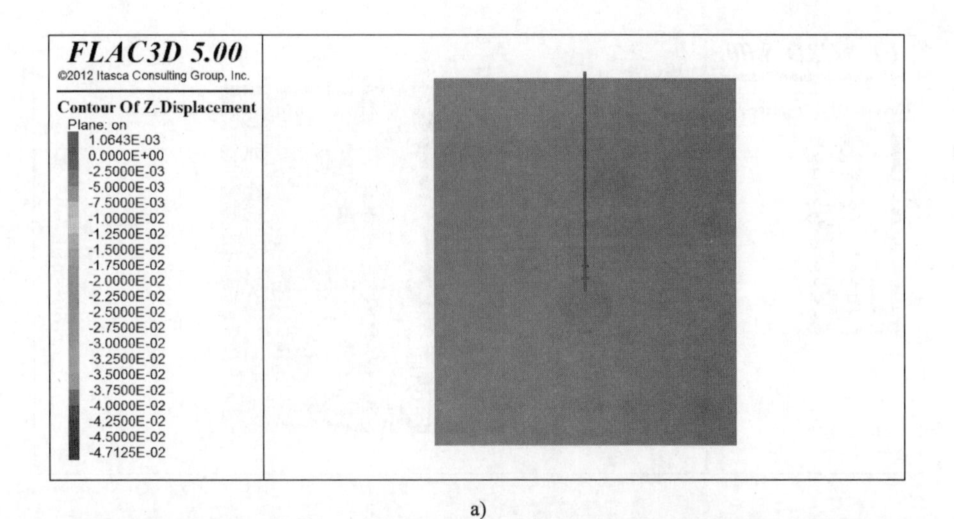

a)

b)

c)

图9-13 叶片间距0.3m位移云图

a)中心位置;b)偏离中心0.25m;c)偏离中心0.5m

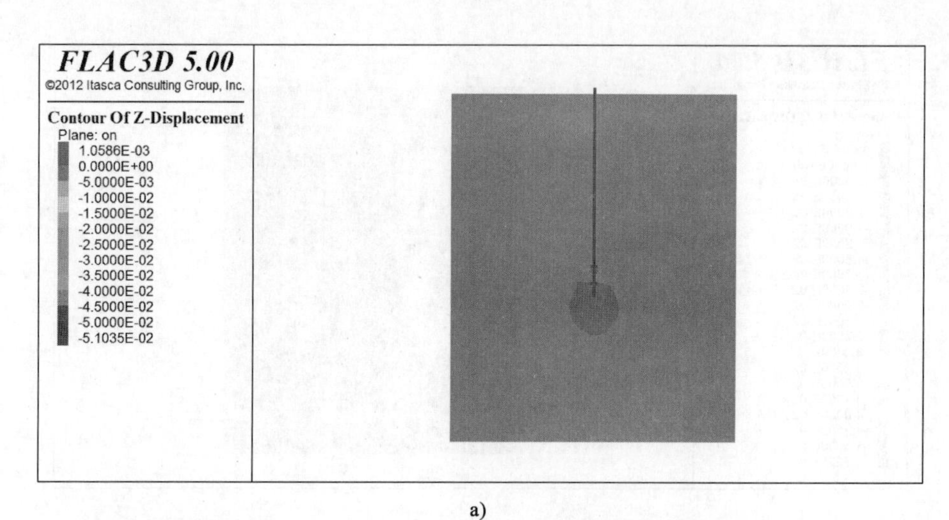

a)

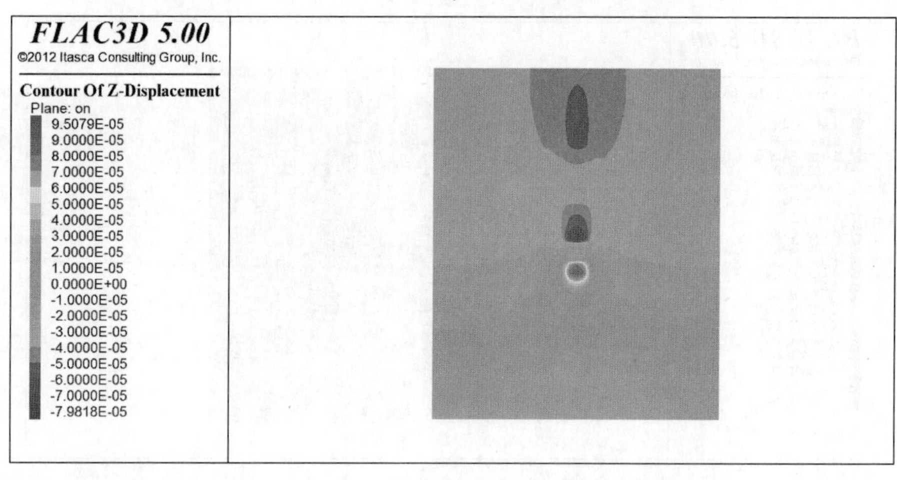

b)

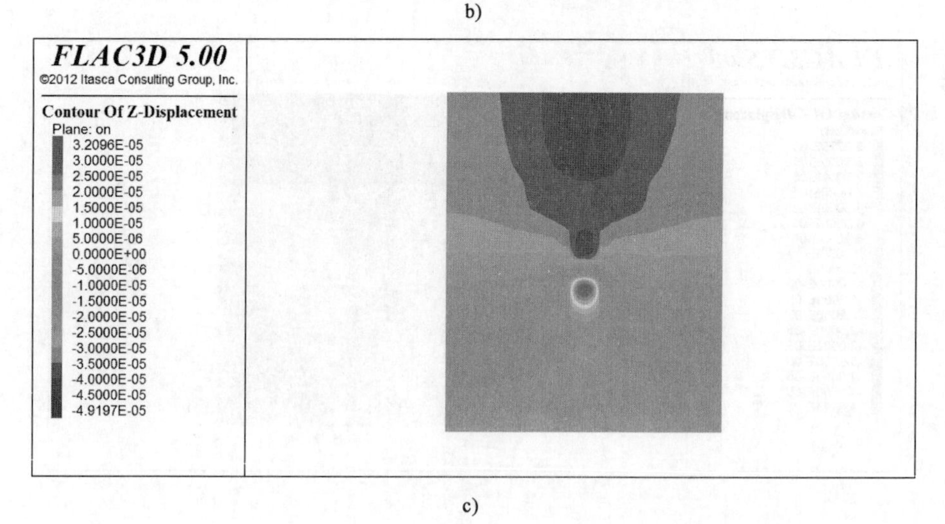

c)

图 9-14　叶片间距 0.5m 位移云图

a) 中心位置；b) 偏离中心 0.25m；c) 偏离中心 0.5m

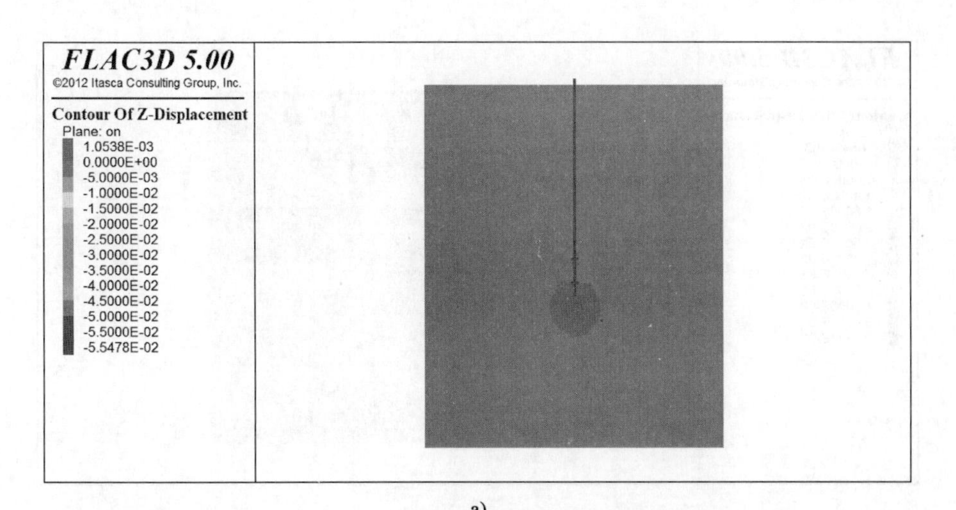

a)

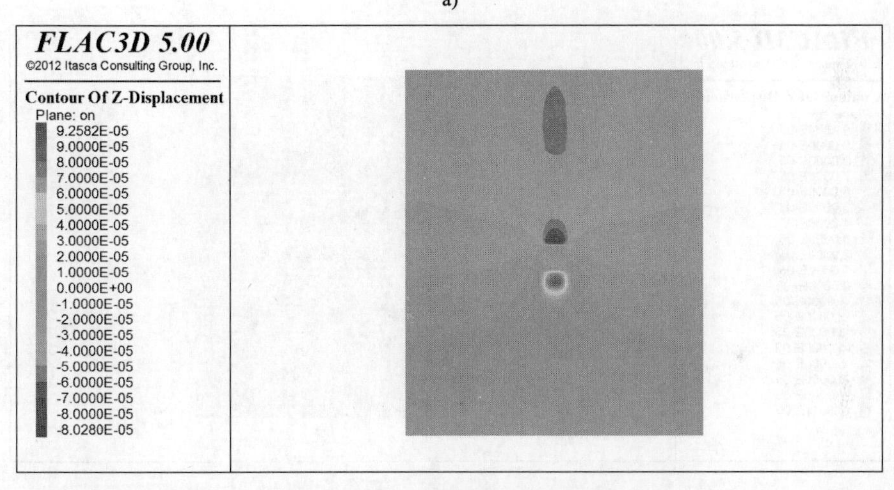

b)

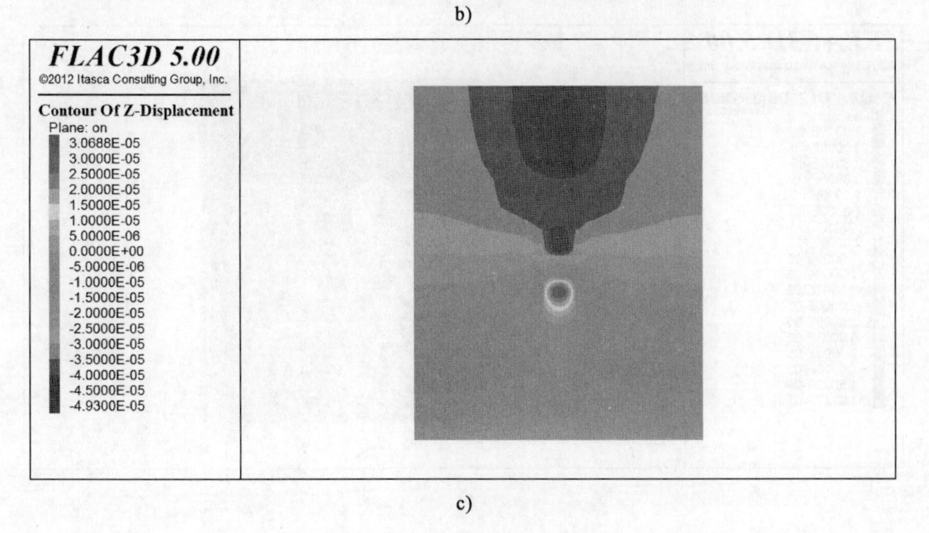

c)

图9-15 叶片间距0.7m位移云图

a)中心位置；b)偏离中心0.25m；c)偏离中心0.5m

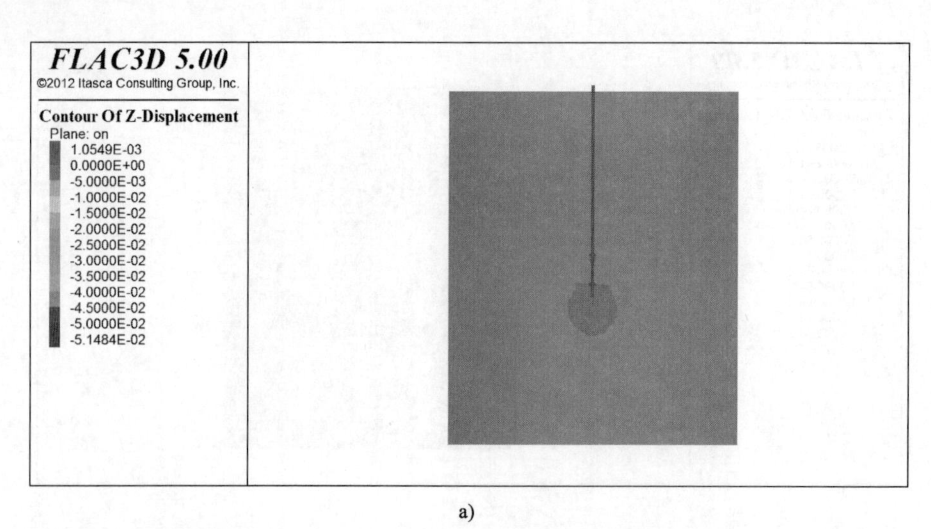

a)

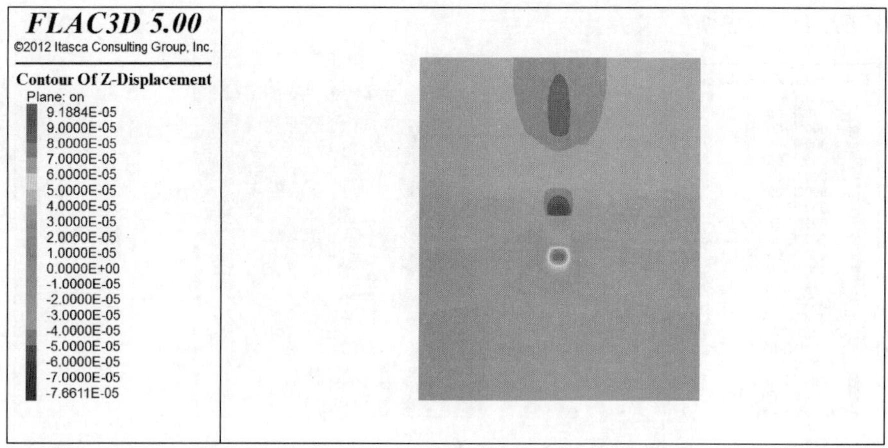

b)

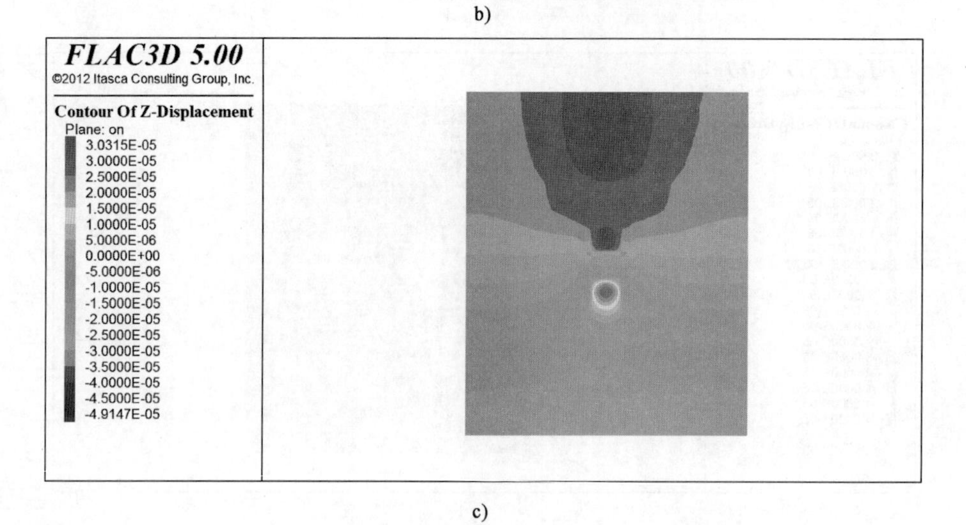

c)

图9-16　叶片间距0.9m位移云图

a)中心位置;b)偏离中心0.25m;c)偏离中心0.5m

从位移云图中可以看出,双叶片桩相当于扩底桩,双叶片间形成的土柱增大了桩侧摩阻力,从而增大了桩的承载力,双叶片桩对桩端阻力影响较小。在增大承载力的同时,桩的总沉降也在增大。因此,在增大承载力的同时需要控制沉降,此外还需要对叶片式钢管螺旋桩的叶片直径、叶片间距等进行计算,来达到最优设计。

9.4　小　　结

本章采用第8章中提出的桩基承载力模拟计算方法,对叶片式钢管螺旋桩从桩径、叶片直径、叶片个数和叶片间距4个方面进行了模拟计算,以承载力的提高或沉降量的减小为判定依据,提出了叶片式钢管螺旋桩结构设计最优参数,以及各参数的取值范围,为叶片式钢管螺旋桩桩型参数的设计优化提供了依据和指导。

第10章　工程实际计算分析

前几章中分析了叶片式钢管螺旋桩的受力机理和相关理论,进行了现场荷载试验。在试验基础上,对叶片式钢管螺旋桩静载试验进行数值模拟,模拟了现场试验的荷载—沉降曲线,并结合现场试验与数值计算结果,综合分析了各种桩型的极限承载力,并对螺旋桩的设计参数进行了优化。本章在前面章节的基础上,结合叶片式钢管螺旋桩在某建筑基础中的应用,通过数值计算来分析这种桩型在实际工程中的适用性。

10.1　工程概况

该工程为3层别墅,占地面积15.2m×15.9m,采用叶片式钢管螺旋桩群桩基础,通过在柱下和墙下土中打入螺旋桩来承担别墅的全部荷载。

别墅基础平面布置如图10-1所示,设计桩型共三种,分别为P1、P2、P3,其中P1为桩径89mm的单叶片钢管螺旋桩,桩长3m;P2为桩径89mm的双叶片钢管螺旋桩,桩长3m;P3为桩径114mm的双叶片钢管螺旋桩,桩长3m,总共布设叶片式钢管螺旋桩59根。

由图10-1可以看出,在边角位置设计的桩多为P2和P3,其他位置多为P1,说明在边角位置会发生较大的沉降,需要采用承载力较大的桩基。

10.2　模型建立

10.2.1　初始地应力场生成

别墅占地面积15.2m×15.9m,建立22m×20m×5.6m土层,如图10-2所示。

土体采用实体六面体单元模拟,本构关系采用摩尔—库仑模型,参数取自图纸计算书给出的实际参数,具体如表10-1所示。

土的模型计算参数　　表10-1

土体深度(m)	天然密度(g/cm^3)	黏聚力(kPa)	内摩擦角(°)	剪切模量(MPa)	体积模量(MPa)
0~2	1.7	10	10	9	9
2~5.6	1.7	15.5	20.8	9	9

建立土层模型时预留叶片式钢管螺旋桩的位置,由于螺旋桩尺寸较小,所以网格划得很密,但对模型计算没有影响。在初始应力场作用下,土层会发生沉降,但在最后的计算之前,会将初始土层的沉降清空,故初始应力场的沉降对最后的结果不会有影响。

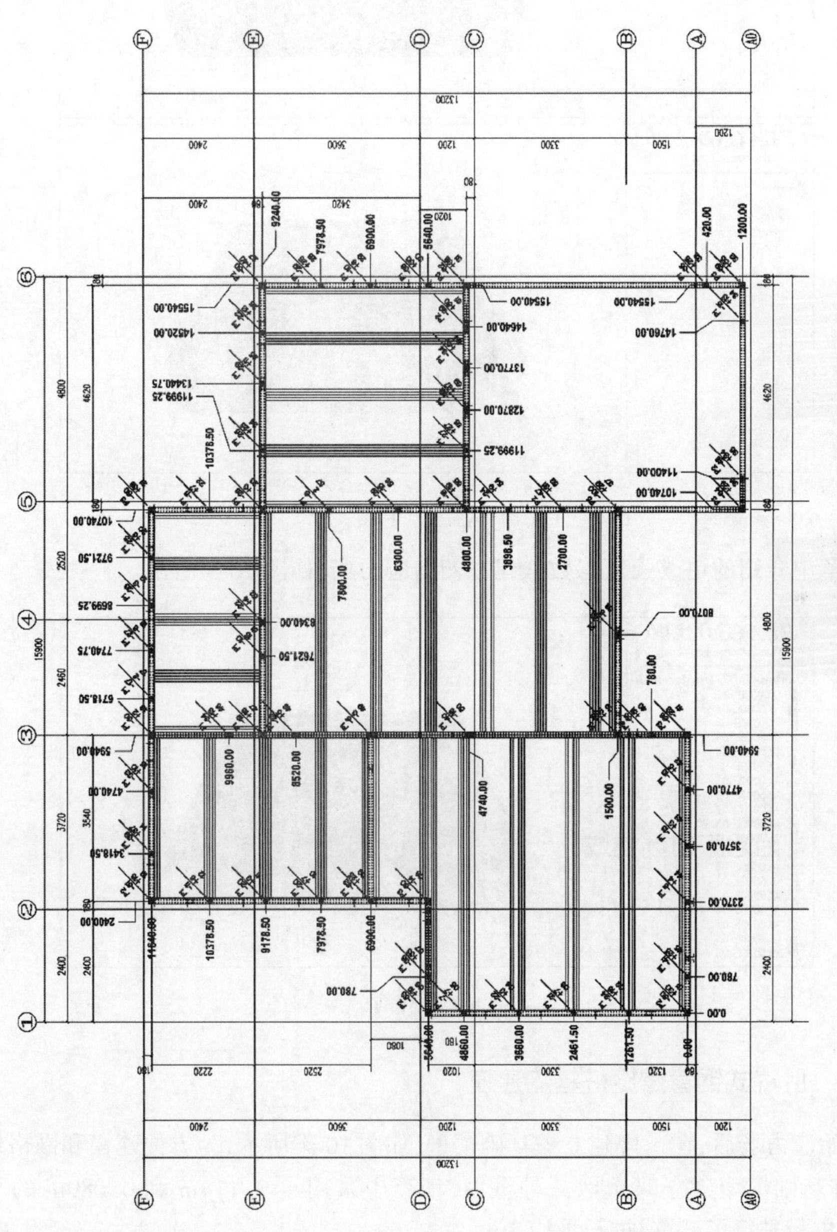

图 10-1　基础平面布置图(尺寸单位：mm)

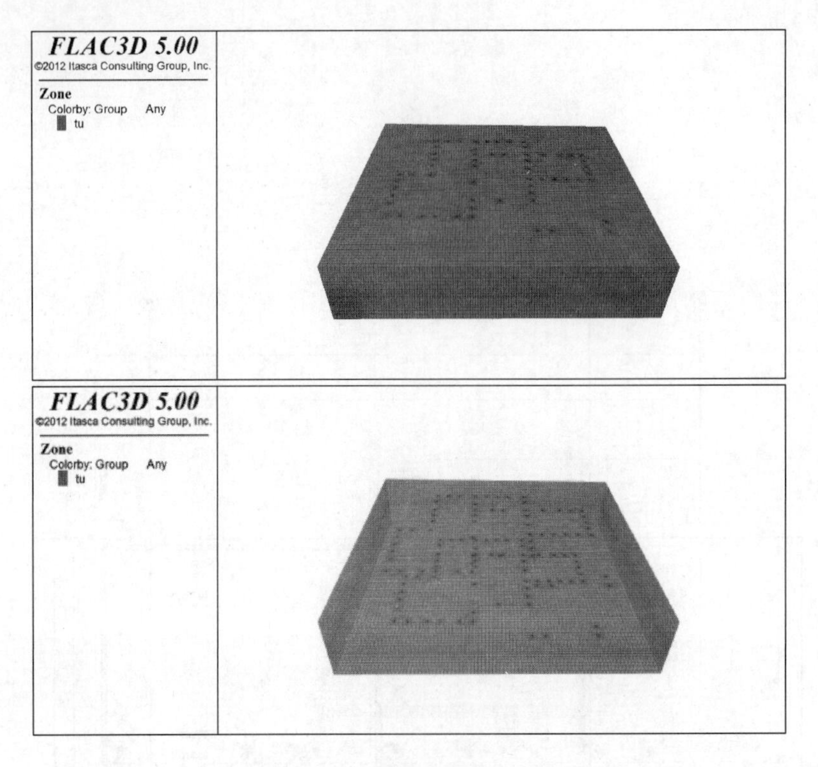

图 10-2　土层模型

用第 8 章中介绍的更改强度参数法建立初始应力场,如图 10-3 所示。

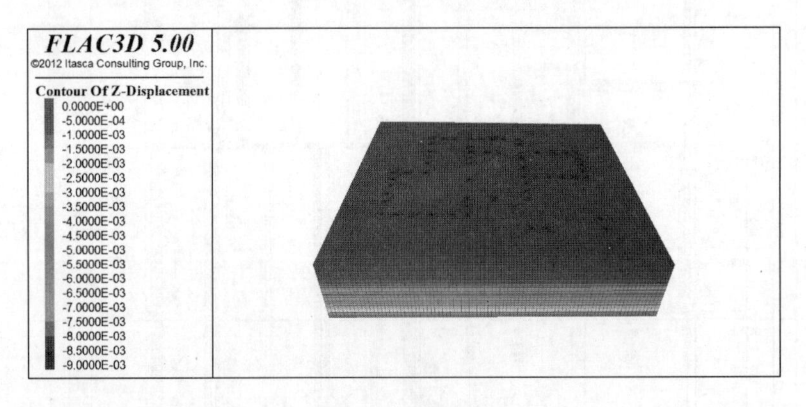

图 10-3　初始应力场

10.2.2　叶片式钢管螺旋桩基的建模

形成初始应力场后,在土中建立桩基础模型,如图 10-4 所示,为方便建模和网格尺寸的划分,在螺旋桩基础模型建立时选取一种桩型,计算中采用了 0. 114m 和 0. 089m 的平均桩径 0. 1m的螺旋桩径进行了计算,桩长采用 3m。

叶片式钢管螺旋桩用实体六面体单元进行模拟,由于其材料是钢材,采用各向同性弹性模型,模型计算参数见表 10-2。

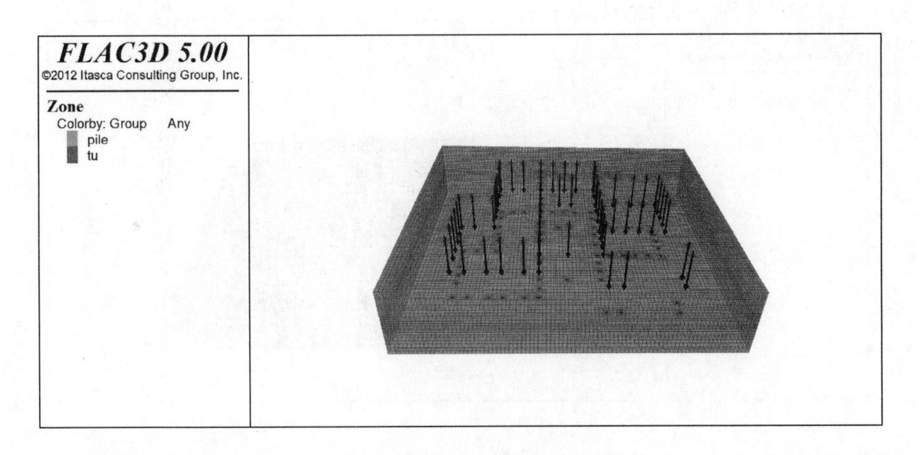

图 10-4　桩土模型

螺旋桩模型计算参数　　表 10-2

参数名称	体积模量 K	剪切模量 G
数值	1.75×10^{11}	0.8×10^{11}

建立桩、土接触面，如图 10-5 所示；桩、土接触面参数的选择同 8.3.3 节中的方法，土体及桩、土之间接触采用接触面 Interface 模拟。边界条件的选取，除了顶面取，为自由边界，其他面均采取法向约束。

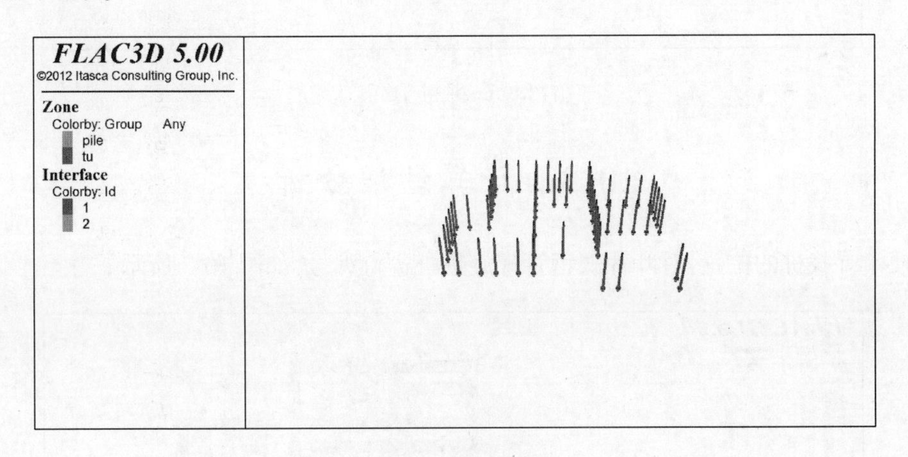

图 10-5　桩土接触面

叶片式钢管螺旋桩桩头设置桩帽，桩帽尺寸为 300mm × 300mm × 20mm，用连梁将螺旋桩桩帽连接起来，如图 10-6 所示。连梁采用实体六面体单元模型，材料为 C30 混凝土，弹性模量 3.0×10^{10}Pa，泊松比 0.2；桩帽采用和连梁相同的混凝土材料，取实体单元，各项参数均与连梁的相同。由于桩帽和土之间存在接触问题，采用 FLAC3D 中内置的无厚度接触面单元模拟，接触面的本构模型为库仑剪切模型。

模型建立完成之后，将别墅的荷载平均施加到由连梁、桩帽和叶片式钢管螺旋桩共同组成的基础上，计算桩顶沉降。

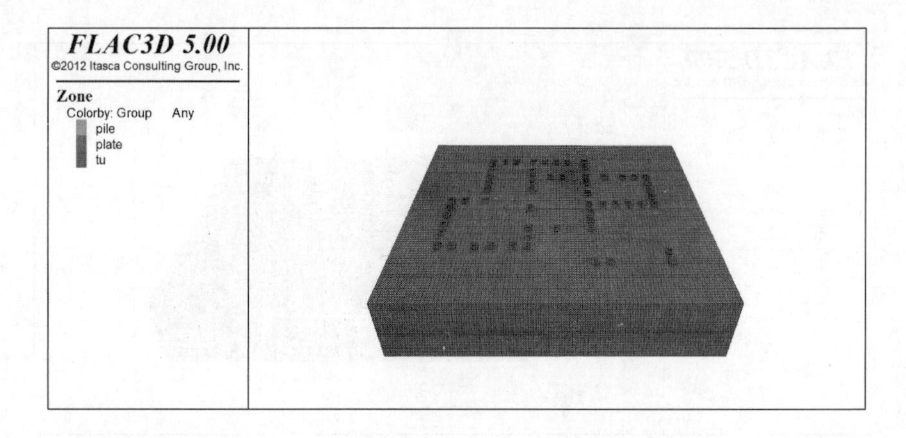

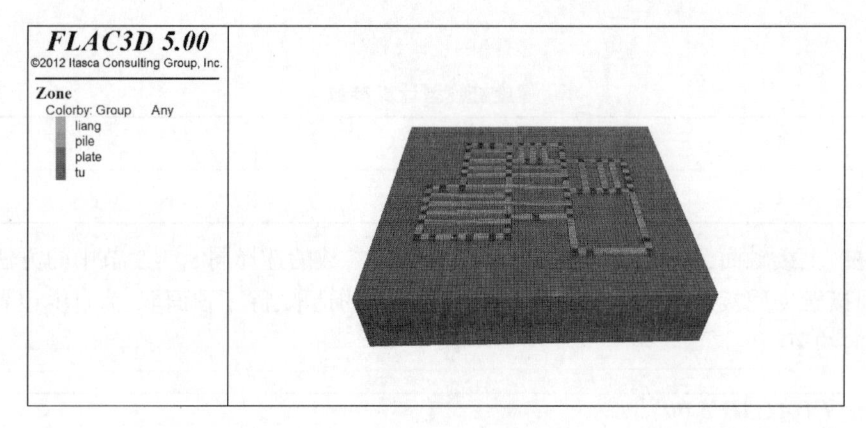

图 10-6 桩帽与连梁

10.3 计算结果分析

为便于寻找桩的位置,对叶片式钢管螺旋桩桩进行编号,如图 10-7 所示。

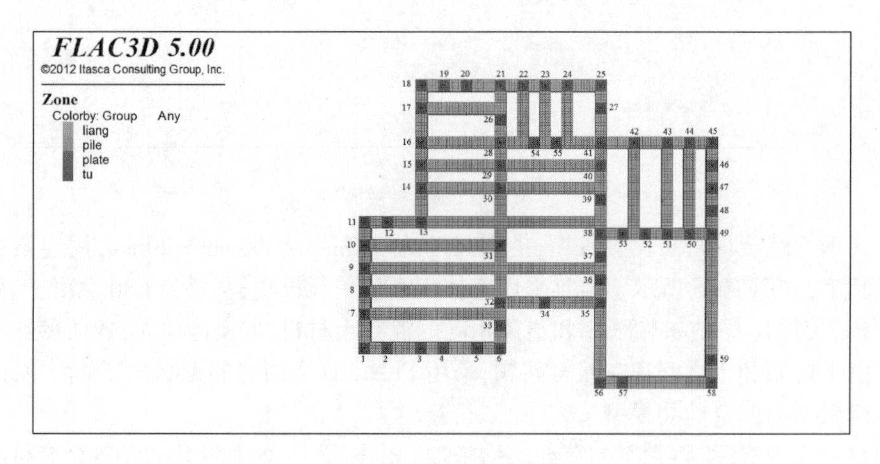

图 10-7 桩编号示意图

待计算收敛稳定后,提取得到各桩的桩顶沉降如表 10-3 所示。

桩 顶 沉 降 表　　表 10-3

桩　　号	桩顶沉降(mm)	桩　　号	桩顶沉降(mm)	桩　　号	桩顶沉降(mm)
1	1.94	21	1.4	41	1.1
2	1.3	22	1.15	42	1.07
3	1.1	23	1.1	43	1.17
4	1.04	24	1.1	44	1.2
5	1.4	25	1.1	45	1.21
6	2.62	26	2.6	46	1.8
7	0.2	27	1.1	47	1.3
8	1	28	1.3	48	1.21
9	1.1	29	1.2	49	1.4
10	1.2	30	1.1	50	2.59
11	1.3	31	1	51	1.4
12	1.9	32	1.1	52	1.3
13	1.16	33	1.3	53	1.2
14	1.1	34	1.2	54	1.12
15	1.14	35	1.12	55	1.1
16	1.1	36	1.14	56	1.22
17	1.18	37	1.14	57	1.7
18	1.24	38	1.14	58	2.62
19	1.97	39	1.04	59	1.21
20	1.2	40	1.08		

图 10-8 所示为各桩桩顶沉降。

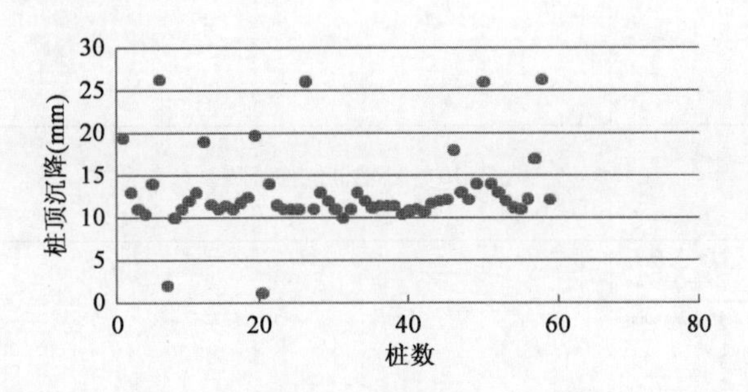

图 10-8　各桩桩顶沉降

由表 10-3 和图 10-8 可以看出,各桩桩顶沉降多集中在 10 ~ 15mm 之间;只有 9 根,约 15% 的桩的沉降大于 20mm,但均小于 30mm,且差异沉降也不大,对于 3 层别墅能满足其使用及安全要求。

在数值计算过程中,为了便于建模计算,采用了对桩径进行平均的方法,选用相同桩型进行计算,结果显示部分边角部位桩的沉降略大于其他部位的桩,说明该位置处的桩受力较大,沉降变形量较大。因此建议对该位置处的桩型采用比计算桩型更大直径的桩,以便使其沉降均匀,减小差异沉降。在实际工程中,采用了 P1、P2 和 P3 三种桩型就是为了解决这个问题,计算结果与实际设计对应。

10.4 位移云图

不同轴处的桩土位移云图和桩位移云图,分别如图 10-9 ~ 图 10-28 所示。

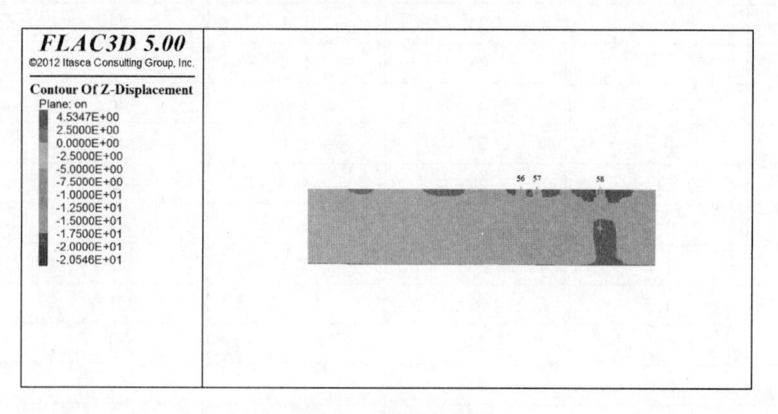

图 10-9 A_0 轴桩土位移云图

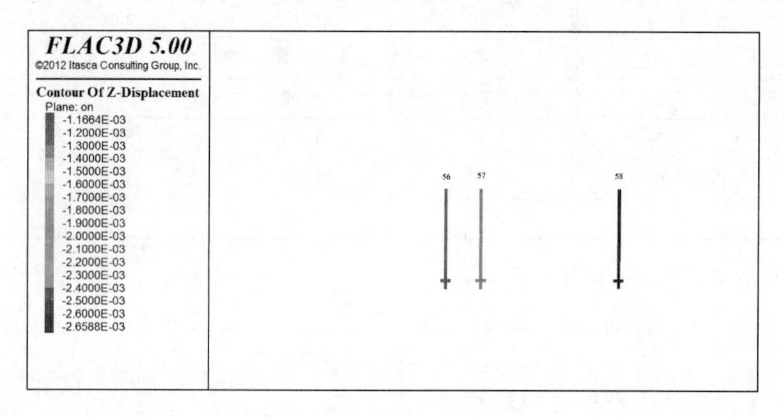

图 10-10 A_0 轴桩位移云图

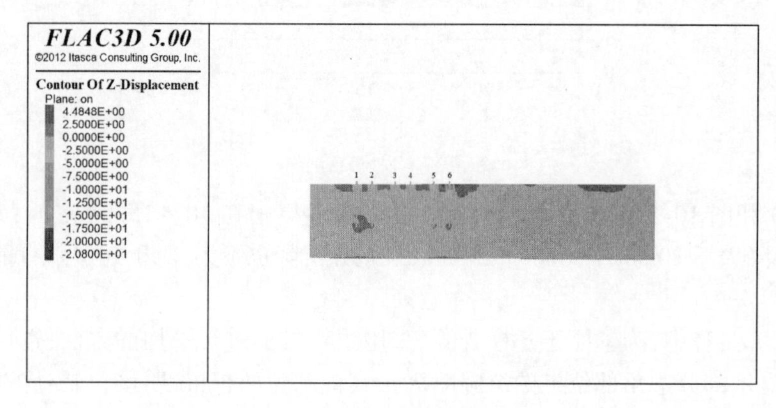

图 10-11 A 轴桩土位移云图

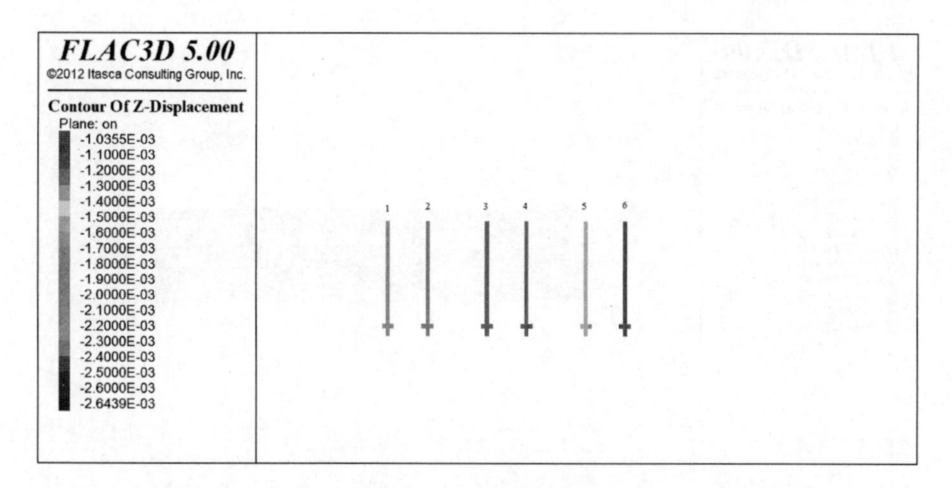

图 10-12　A 轴桩位移云图

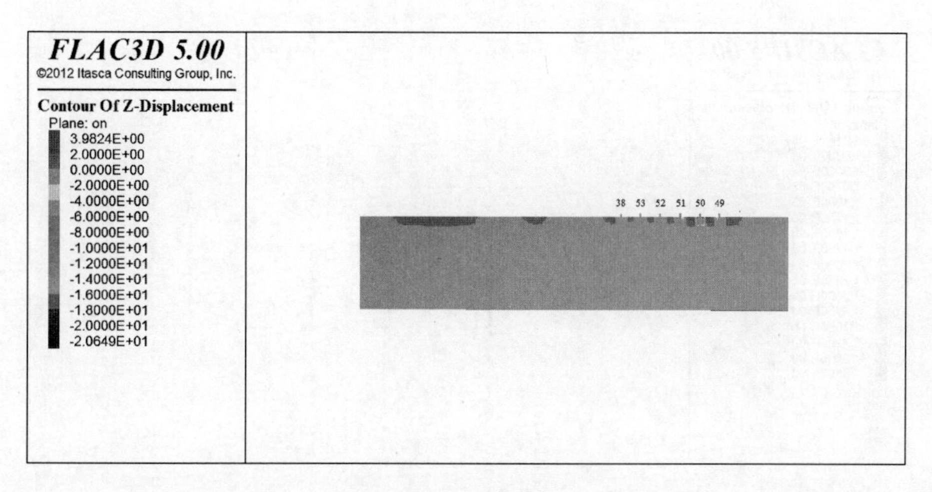

图 10-13　C 轴桩土位移云图

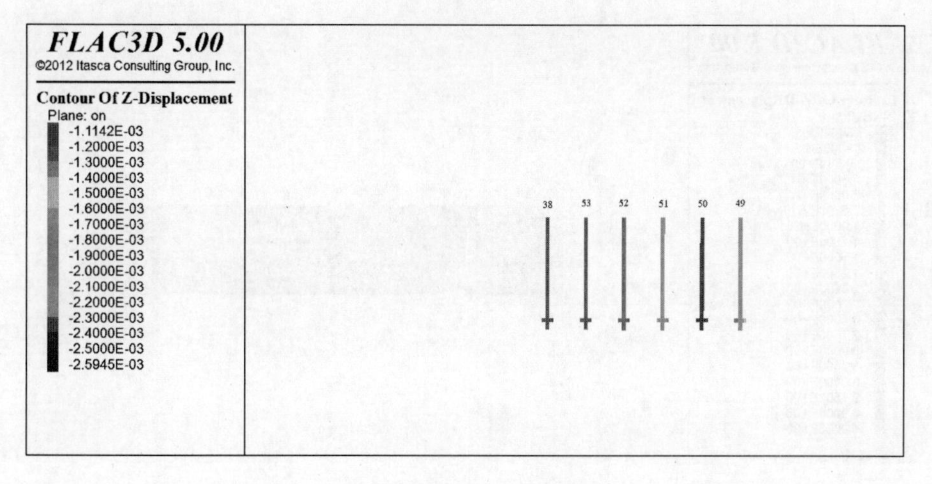

图 10-14　C 轴桩位移云图

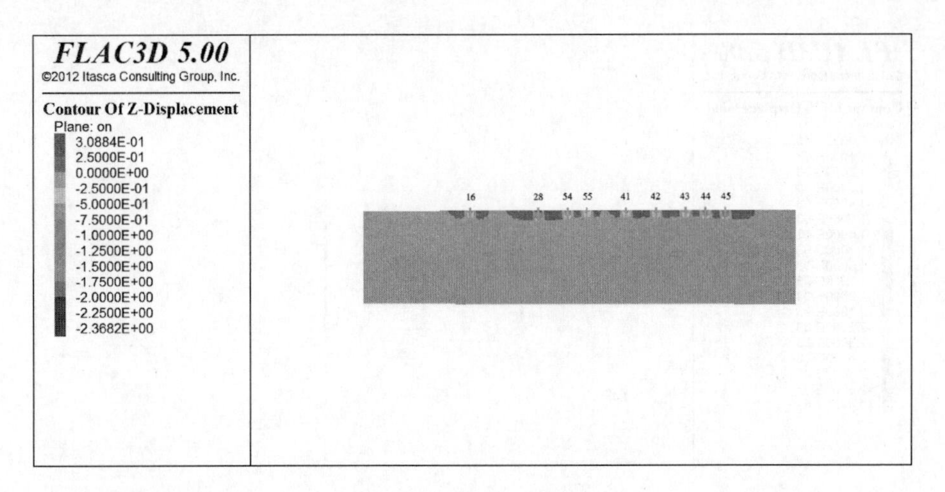

图 10-15 E 轴桩土位移云图

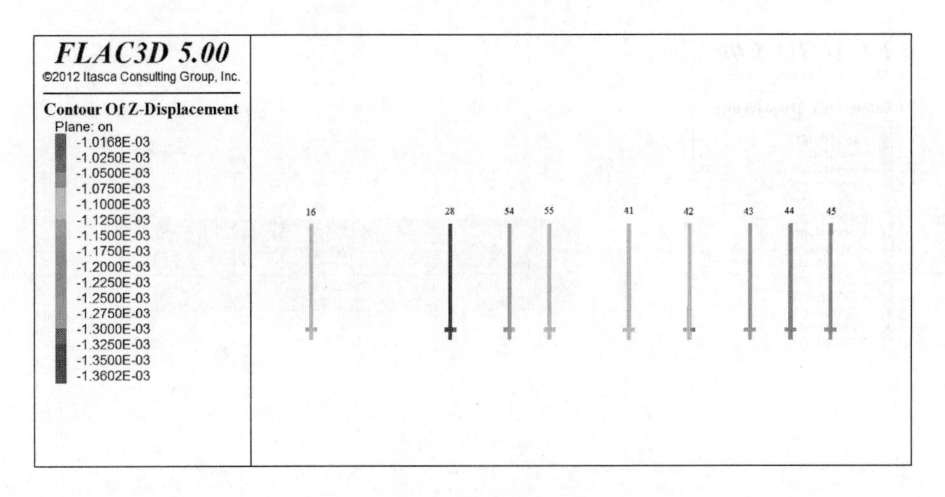

图 10-16 E 轴桩位移云图

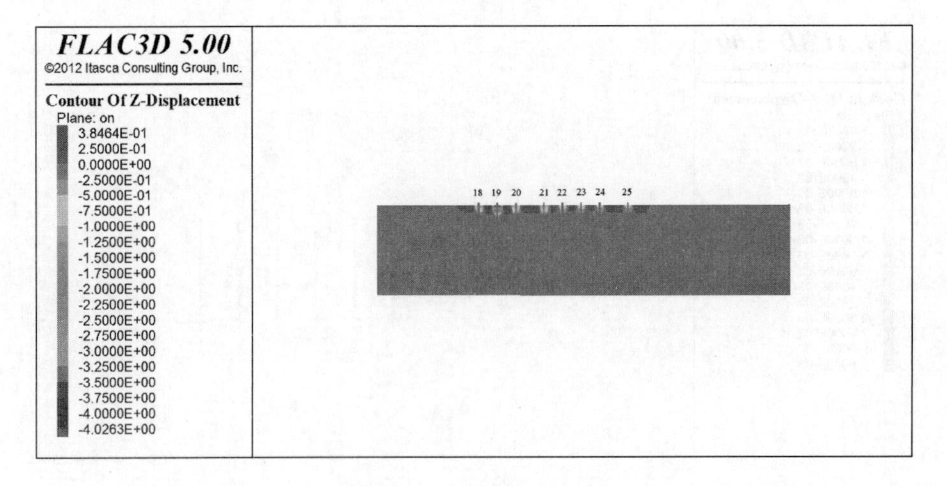

图 10-17 F 轴桩土位移云图

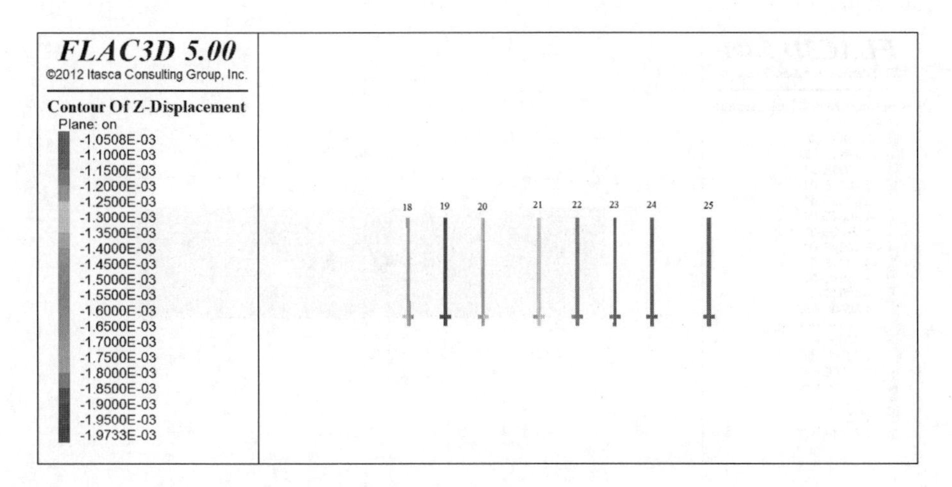

图 10-18　F 轴桩位移云图

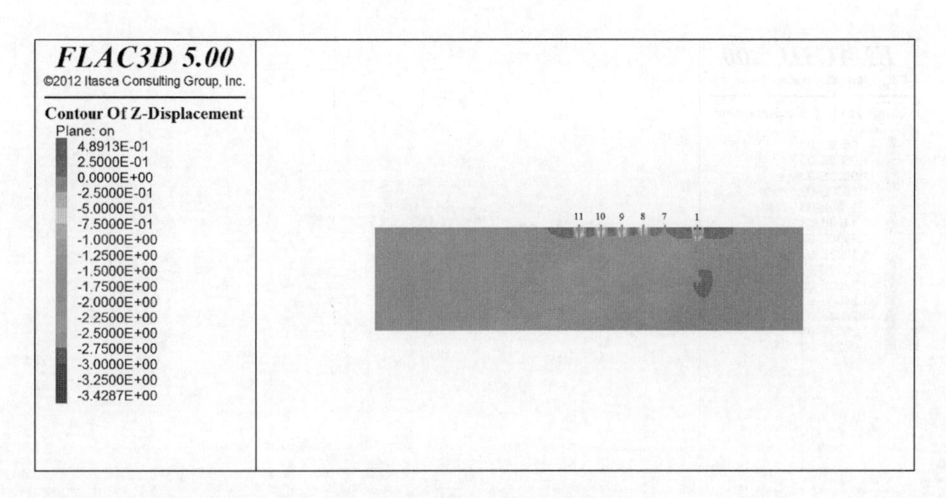

图 10-19　1 轴桩土位移云图

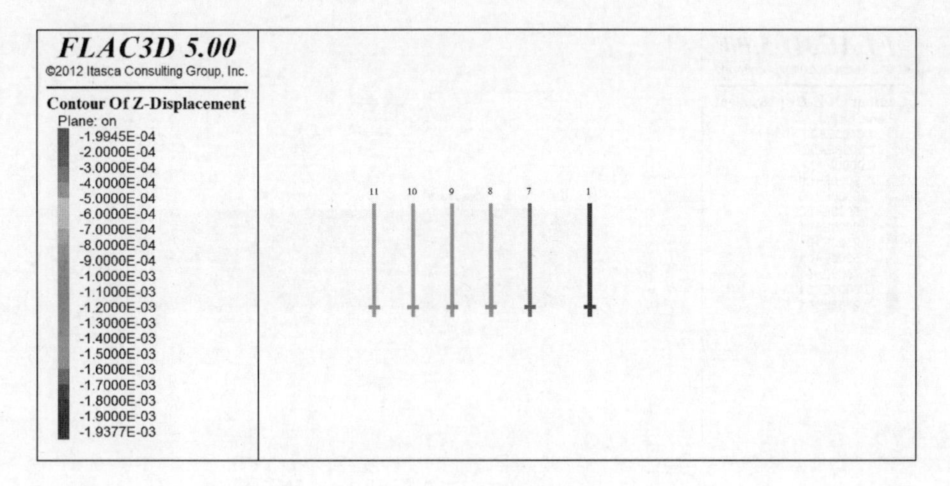

图 10-20　1 轴桩位移云图

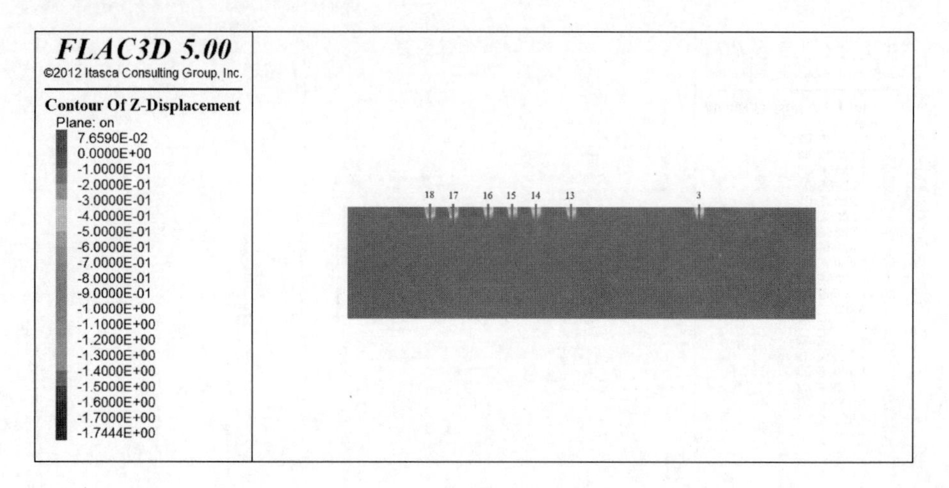

图 10-21　2 轴桩土位移云图

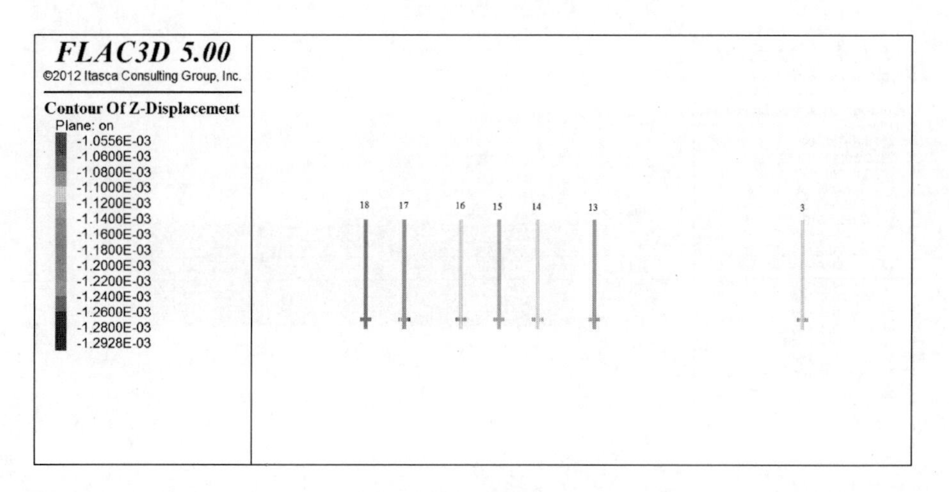

图 10-22　2 轴桩位移云图

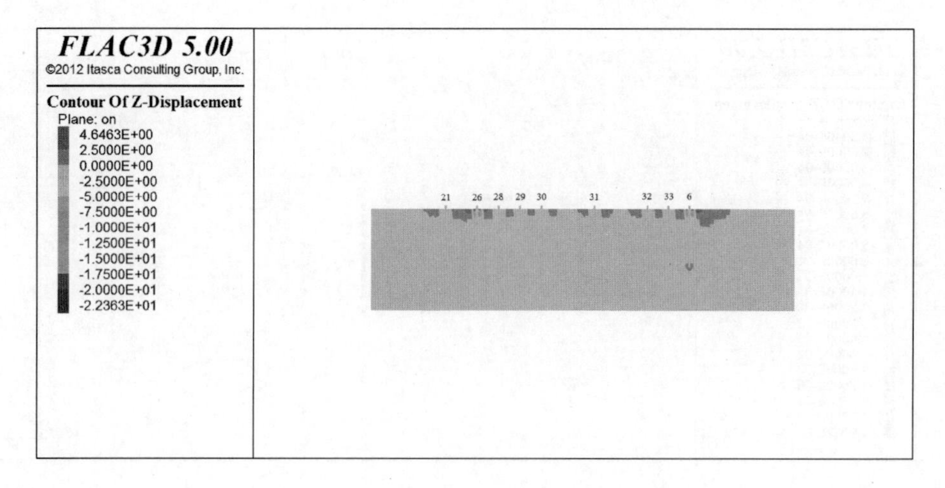

图 10-23　3 轴桩土位移云图

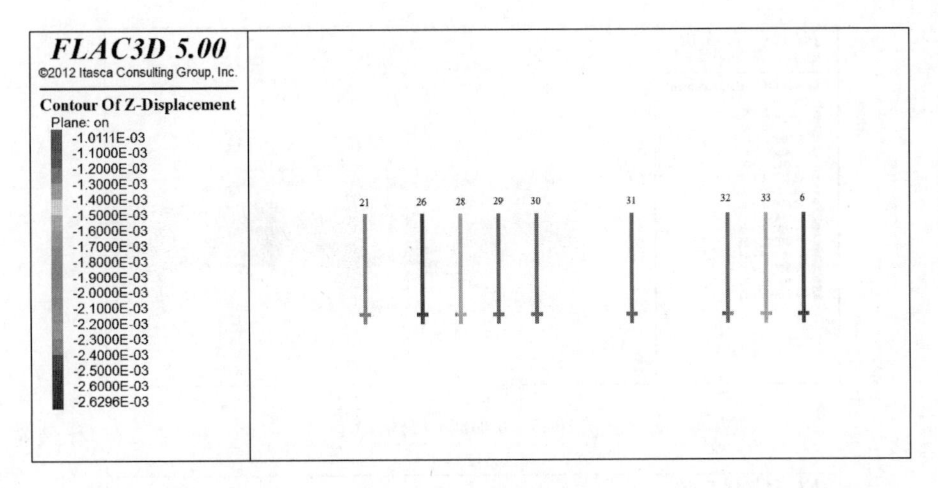

图 10-24　3 轴桩位移云图

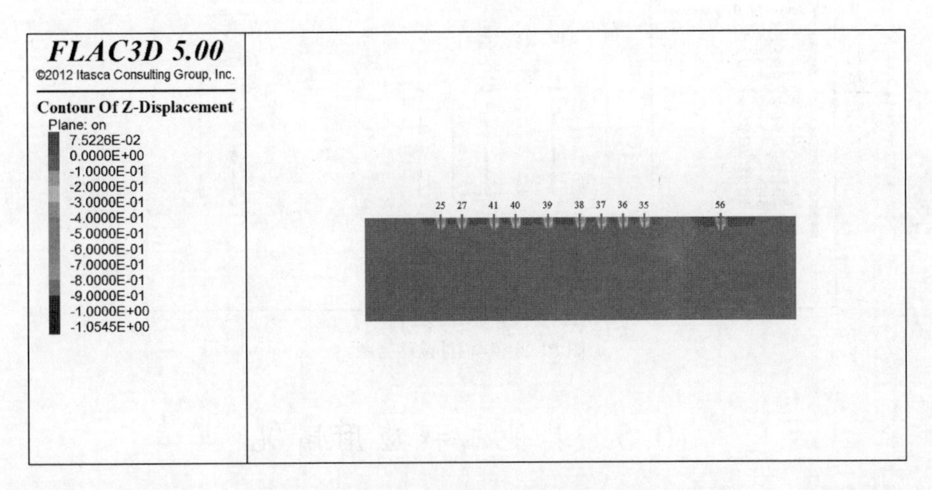

图 10-25　5 轴桩土位移云图

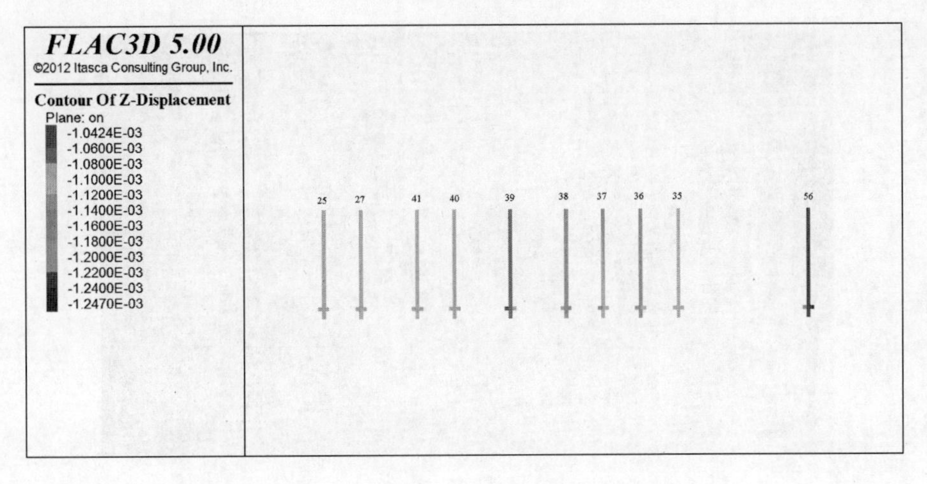

图 10-26　5 轴桩位移云图

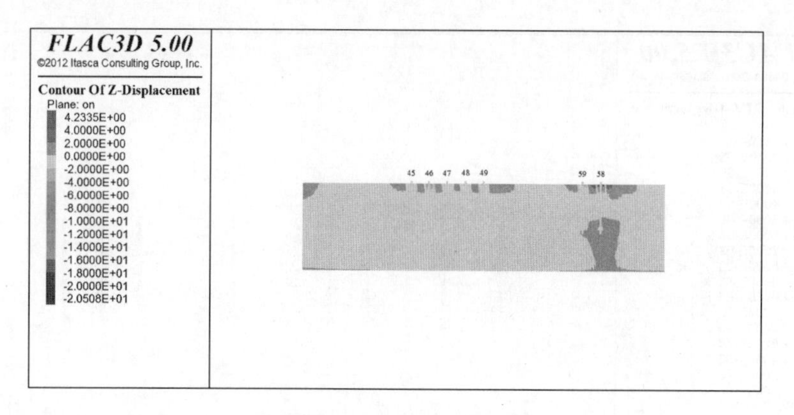

图 10-27　6 轴桩土位移云图

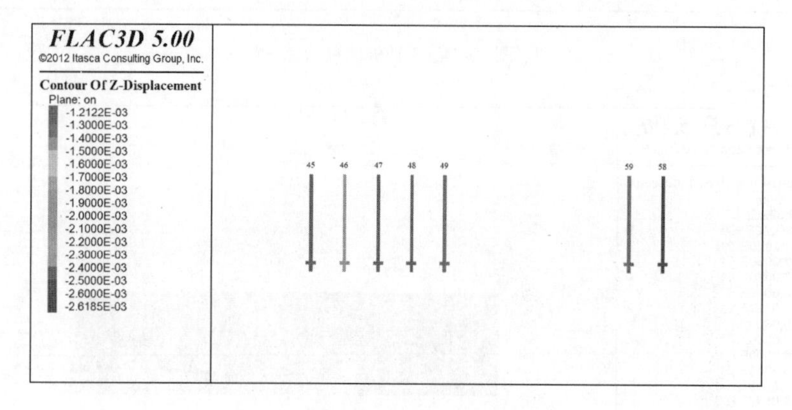

图 10-28　6 轴桩位移云图

10.5　其他工程应用情况

应用案例一：阳光大棚，如图 10-29、图 10-30 所示。

图 10-29　螺旋桩及其上部立柱（北京市顺义区）

图 10-30　螺旋桩基础施作的阳光大棚(北京市顺义区)

应用案例二:武陟至云台山高速公路标志牌螺旋桩基,如图 10-31 ~ 图 10-33 所示。

图 10-31　标志牌安装使用螺旋桩

图 10-32　螺旋桩基础

图 10-33　施工完成的螺旋桩基础高速路标志牌

10.6 小　　结

本章基于实际工程,采用 FLAC3D 计算软件,对一栋采用叶片式钢管螺旋桩基础的 3 层别墅进行了模拟计算,分析了各桩桩顶沉降,验证了叶片式钢管螺旋桩基础在实际工程中的适用性,并给出了两个已建成的工程案例,研究结果可为叶片式钢管螺旋桩在实际工程中的应用和相关数值计算提供指导和借鉴。

第11章　叶片式钢管螺旋桩设计

前面章节重点介绍了叶片式钢管螺旋桩承载机理、理论计算公式、现场静载试验和相关的数值模拟计算，本章重点就叶片式钢管螺旋桩的设计进行详细介绍。

11.1　基本设计规定

11.1.1　一般规定

1）设计等级的划分

根据地基复杂程度、建筑物规模和功能特征以及由于地基问题可能造成建筑物破坏或影响正常使用的程度，将叶片式钢管螺旋桩基础设计分为三个等级，设计时应根据具体情况，按表11-1选用。

叶片式钢管螺旋桩基础设计等级　　表11-1

设计等级	建筑与地基类型
甲级	重要的工业与民用建筑物； 30层以上的高层建筑； 体型复杂、层数相差超过10层的高低层连成一体建筑物； 大面积的多层地下建筑物（如地下车库、商场、运动场等）； 对桩基变形有特殊要求的建筑物； 对原有工程影响较大的新建建筑物； 场地和地基条件复杂的一般建筑物
乙级	除甲级、丙级以外的工业与民用建筑物
丙级	场地和地基条件简单、荷载分布均匀的七层及七层以下民用建筑； 一般工业建筑，次要的轻型建筑物

2）设计极限状态

叶片式钢管螺旋桩基础应该按下列两类极限状态设计，即承载能力极限状态和正常使用极限状态。其中，承载能力极限状态，即桩达到最大承载能力、整体失稳或发生不适于继续承载的变形；正常使用极限状态，即桩基达到建筑物正常使用所规定的变形限值或达到耐久性要求的某项限值。

此外，叶片式钢管螺旋桩的设计还应考虑建筑物规模、功能特征、对差异变形的适应性、场地地基和建筑物体型的复杂性以及由于桩基问题可能造成建筑破坏或影响正常使用的程度。

11.1.2 设计基本资料

1）桩基设计应具备以下资料

（1）岩土工程勘察文件。

①桩基按两类极限状态进行设计所需的岩土物理力学参数及原位测试参数。

②对建筑场地的不良地质作用，如滑坡、崩塌、泥石流、岩溶、土洞等，应具有明确判断、结论和防治方案。

③地下水位埋藏情况、地下水类型、地下水位变化幅度、抗浮设计水位和土、水的腐蚀性评价资料。

④抗震设防区按设防烈度提供的液化土层资料。

⑤有关地基土冻胀性、湿陷性、膨胀性评价。

（2）建筑场地与环境条件的有关资料。

①建筑场地现状，包括交通设施、高压架空线、地下管线和地下构筑物的分布情况。

②相邻建筑物安全等级、基础形式及埋置深度。

③附近类似工程地质条件场地的桩基工程试桩资料和单桩承载力设计参数。

④周围建筑物的防振、防噪声的要求。

⑤建筑物所在地区的抗震设防烈度和建筑场地类别。

（3）建筑物的有关资料。

①建筑物的总平面布置图。

②建筑物的结构类型和荷载，建筑物的使用条件和设备对基础竖向及水平位移的要求。

③建筑结构的安全等级。

（4）施工条件的有关资料。

①施工机械设备、制桩条件、动力条件及施工工艺对地质条件的适应性。

②水、电及有关建筑材料的供应条件。

③施工机械的进出场及现场运行条件。

（5）供设计比较使用的有关桩型及实施可行性资料。

2）详细勘察要求

桩基的详细勘察除应满足现行国家标准《岩土工程勘察规范》（GB 50021）有关要求外，尚应满足下列要求：

（1）勘探点间距。

主要根据桩端持力层顶面坡度决定，宜为 12～24m。当相邻两个勘察点揭露出的桩端持力层层面坡度大于 10% 或持力层起伏较大、地层分布复杂时，应根据具体工程条件适当加密勘探点。复杂地质条件下，柱下单桩基础应按照柱列线布设勘探点，并宜每桩设一勘探点。

（2）勘探深度。

宜布置 1/3～1/2 的勘探孔为控制性钻孔。对于设计等级为甲级的建筑桩基，至应布置 3 个控制性钻孔，设计等级为乙级的建筑桩基至少应布置 2 个控制性钻孔。控制性钻孔穿透桩端平面以下压缩层厚度；一般性勘探钻孔应深入预计桩端平面以下 3～5 倍桩身设计直径，且不得小于 3m；对于大直径桩，不得小于 5m。

当持力层较薄时,应有部分钻孔钻穿持力岩层。在岩溶、断层破碎带地区,应查明溶洞、溶沟、溶槽、石笋等的分布情况,钻孔应钻穿溶洞或断层破碎带进入稳定土层,进入深度应满足上述控制性钻孔和一般性钻孔的要求。

(3)勘察试样要求。

在勘探深度范围内的每一地层,均应采取不扰动试样进行室内试验或根据土质情况选用适宜的原位测试方法进行原位测试,以提供设计所需参数。

11.1.3　选用螺旋桩步骤

1)确定螺旋桩设计荷载

叶片式钢管螺旋桩基础常用的结构类型有钢结构、电信塔基础、轻型住宅结构基础(2层及以下)、管道和抽水设备支撑、高架走道、桥基台、电力行业,还可作为路基渗(排)水设施(桩身可打孔)等。根据上部结构荷载确定螺旋桩的设计荷载。

2)确定地基土的性质

螺旋桩不适用于地下材料可能损坏轴或螺旋叶片的地方,如有鹅卵石、大量砾石、巨石、建筑垃圾或填埋材料的土壤,均不适用于螺旋桩。

3)确定桩位

根据勘察报告,选择承载力较高、承载效果较好土层作为持力层。根据上部结构特点进行桩位布置。

4)螺旋桩设计

确定桩身长度,保证叶片在所定的持力层内。

初选叶片直径、叶片厚度、桩身壁厚及叶片个数等桩型参数。

确定桩根数。

5)计算极限承载力和安全系数

根据试桩静载试验结果及理论公式估算所选桩型的单桩承载力,单桩承载力不足时,采取增大桩径、叶片直径或增加叶片数量个数等方式,并重新计算单桩承载力使其满足要求,得到单桩设计值。对竖直螺旋桩安全系数最小取2.0,倾斜的螺旋桩安全系数最小取1.5。

6)估计安装扭矩

详见11.3.5节中相关内容。

7)设计可能性评估

包含螺旋桩安全性评估、螺旋桩安装扭矩评估和合适的打桩设备评估。

11.1.4　螺旋桩耐久性规定

1)一般规定

叶片式钢管螺旋桩钢材采用Q345B高强度钢,焊接标准采用国际焊接标准EN287-1作业,焊接方法为二氧化碳气体保护焊,焊接材料为焊丝501-1。

螺旋桩地上部分可不进行防腐,需要局部防腐时可采用喷漆的方式;地下部分多采用镀锌防腐处理。

镀锌方法采用涂刷、机械电镀、热喷涂、金属喷涂、批量热镀法和连续板镀锌。其中,批量热镀锌层的典型厚度是 80～100μm，其他类型的镀锌层一般为 12～25μm。

2）防腐设计计算

（1）设计周期内腐蚀造成的厚度损失 T_s。

设计周期：一般为 50 年或按具体情况确定。

根据国外相关规范牺牲厚度 T_s 计算如下。

镀锌钢材：

$$T_s = 25t_d^{0.6} \tag{11-1}$$

裸钢：

$$T_s = 40t_d^{0} \tag{11-2}$$

粉末涂层钢材：

$$T_s = 40(t_d - 1)6^{0.8} \tag{11-3}$$

式中：t_d——以年为跨度的设计寿命。

（2）既定设计周期内叶片式钢管螺旋桩钢材厚度 T_n。

$$T_n = T_d + T_s \tag{11-4}$$

式中：T_d——满足结构需要的钢的厚度；

T_n——叶片式钢管螺旋桩的设计厚度。

公式中的单位均为微米，镀锌层的最小厚度为 86μm。对裸钢和粉末涂层钢材，T_n 是基础钢的厚度。对镀锌钢，T_n 为基体钢的厚度与镀锌层厚度之和。

3）镀锌钢用于边坡加固时，在中等侵蚀性土壤中的牺牲厚度

批量镀锌钢用于边坡加固时，在中等侵蚀土壤中的牺牲厚度按下面描述进行算：

每一面镀锌层的牺牲厚度 $\begin{cases} =15\mu m/年（在前两年）\\ =4\mu m/年（在随后的几年）\end{cases}$

每一面碳素钢的牺牲厚度 = 12μm/年（镀锌层损失完毕）

6mm 壁厚的叶片式钢管螺旋桩的预期寿命应符合表 11-2 的规定，用以估算设计寿命 t_d。

6mm 壁厚叶片式钢管螺旋桩的预期寿命（年） 表 11-2

土壤电阻率（Ω·cm）	腐蚀性类别	土样	（最小预期寿命）98%概率下的预期寿命（平均预期寿命）	
			裸金属	镀锌
0～2000	严重	海洋环境中的土壤；有机土壤和泥炭；湿软淤泥和黏土；潮湿页岩	（15） 30 （80）	（40） 75 （200）
2000～10000	高	坚硬潮湿的黏土；中等密度的粉土和亚黏土；湿黏土质粉砂；湿砂岩	（55） 70 （135）	（140） 170 （340）
10000～30000	中度	干到略微潮湿的黏土；干粉土和亚黏土；砂砾石；石灰岩	（50） 55 （140）	（125） 140 （350）
>30000	低	干燥页岩；干燥砂岩；干燥砂砾岩；板岩和花岗岩	（345） 325 （555）	（865） 810 （1385）

由表 11-2 得 98% 概率下的预期寿命对应的牺牲厚度如下。

裸钢：

严重腐蚀性(<2000Ω · cm) =71μm /年

中等腐蚀 ~ 高腐蚀(2000 ~ 3000Ω · cm) =33μm /年

低腐蚀性(>3000Ω · cm) =8μm /年

镀锌钢材：

严重腐蚀性(<2000Ω · cm) =28μm /年

中等腐蚀 ~ 高腐蚀(2000 ~ 3000Ω · cm) =13μm /年

低腐蚀性(>3000Ω · cm) =3μm /年

4)牺牲阳极

叶片式钢管螺旋桩阴极保护最常用的方法是牺牲阳极。牺牲阳极由一个阳极或者少量惰性金属或者金属溶液组成，分开埋设在叶片式钢管螺旋桩内部并用导线连接。

牺牲阳极必须有足够的尺寸以及足够的效率来提供必要的使用寿命，电极电位差必须足够大才能提供必要的电流。为了对土中的叶片式钢管螺旋桩提供充足的保护，将铜或硫酸铜作为参考电极的电极电位必须达到 -850mV。在牺牲阳极系统中，最大驱动电压由阳极和钢结构之间的电极电位差控制。已知的阳极中，最大驱动电压不能低于 -1000mV，所以它们不可能过分保护叶片式钢管螺旋桩，而部分保护可以由低电势提供，即在与阳极连接处，最少要有一个 -300mV 的电位偏移发生。

对于新建工程，所需电流 I_{req} 可以通过式(11-5)计算：

$$I_{req} = i_0 \cdot A \tag{11-5}$$

式中：i_0——所需电流密度；

A——叶片式钢管螺旋桩的表面积。

参数 i_0 取决于土壤特性和叶片式钢管螺旋桩周围的地下水。表 11-3 列出了裸钢在不同土壤和水溶液条件下的电流密度的一般范围。

对裸钢的阴极保护所需的电流密度　　表 11-3

环　境	电流密度(mA/m^2)	环　境	电流密度(mA/m^2)
土壤	40 ~ 58	流动海水	11 ~ 32
淡水	11 ~ 32	海泥	11 ~ 32
海水	43 ~ 64		

注：11 ~ 32mA/m^2 范围内的值通常用来保护电阻率不大于 5000Ω · cm 土壤中的镀锌叶片式钢管螺旋桩。

牺牲阳极的估计使用年限 L_t 可以通过式(11-6)计算：

$$L_t = \frac{T_h W E_f U_f}{h_y I_{req}} \tag{11-6}$$

式中：T_h——理论输出；

W——阳极的重量；

E_f——效率；

U_f——使用率；

h_y——一年中的小时数(8766h/年)。

参数 T_h 和 E_f 取决于所使用阳极的种类，其值见表11-4。

常见的牺牲阳极材料 表11-4

材　料	理论输出 T_h (A·h/kg)	实际输出 (A·h/kg)	效率 E_f (%)	消　耗	
				比率(kg·A/年)	CSE 电势
锌	816~860	739~781	90	11~12	1.06~1.10
标准型镁合金	2205	551~1279	25~58	6.8~16	1.40~1.60
高电位型镁合金	2205	992~1191	45~54	7.3~8.6	1.70~1.80
铝 铝/锌/贡	2977	2822	95	3.1	1.06
铝 铝/锌/铟	2977	2591	87	3.3	1.11

注：若电阻率超过8000Ω·cm，宜采用高电位阳极；锌阳极限于电阻率低于1500Ω·cm环境。

阳极罩放置在螺旋钻孔内并且用湿黏土回填，与土周围土壤必须紧密接触，而且可以通过变潮开始反应。阳极通过与螺旋桩或者是绕在每端的绝缘铜导线连接，预防由土壤运动导致的电压过高和破损。

11.2 桩基构造

11.2.1 叶片式钢管螺旋桩的构造

叶片式钢管螺旋桩是一种具有复杂几何表面的异型桩，由中心钢轴与若干个螺旋叶片连接组成。双叶片螺旋钢桩为例，示意如图11-1所示。

中心钢轴多采用钢管或方钢。叶片式螺旋桩由专门的模具将叶片成型，然后焊接在中心钢轴上。法兰盘(图11-2)由一定厚度的钢片制成，与中心钢轴焊接为一体。连接法兰盘上预留有螺栓孔，便于安装时与安装机械的动力头相连，也便于和上部支撑物相连。有些桩型无法兰盘，而是在上部预留螺栓孔，在安装时用螺栓通过螺栓孔与动力头连接，如图11-3所示。

螺旋桩桩身较细时，在较软土中可能发生弯曲，不能在桩上施加很大的横向力。设计中需要考虑螺旋桩的轴向刚度和桩身长细比，在未达到设计荷载时不能发生屈服。

11.2.2 桩身与叶片间承载力

桩身与叶片间承载力可在实验室测定。图11-4所示为实验室内测定桩身与叶片间的冲压能力。负载作用在桩上，同时测试焊缝破裂和螺旋冲孔弯曲。螺旋桩设备的许用强度可以用实验室极限强度的0.5~0.6倍和屈服强度中的较小值。对设计桩型抽检，抽检数量为总数的5%且不少于4根。

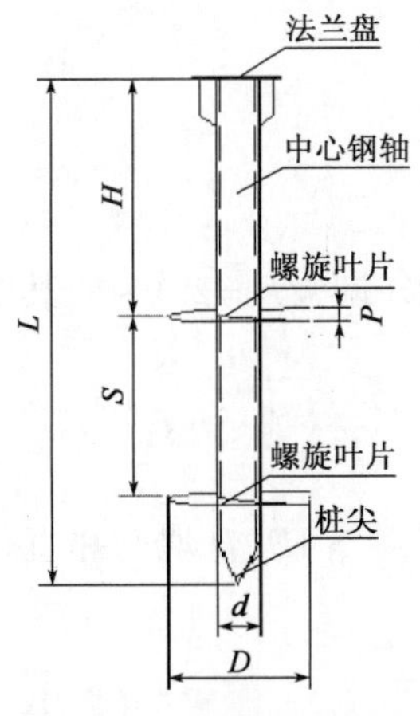

图 11-1　双叶片式螺旋桩

L-桩长;H-首层叶片埋深;S-叶片间距;D-叶片直径;d-中心钢轴直径;P-螺距

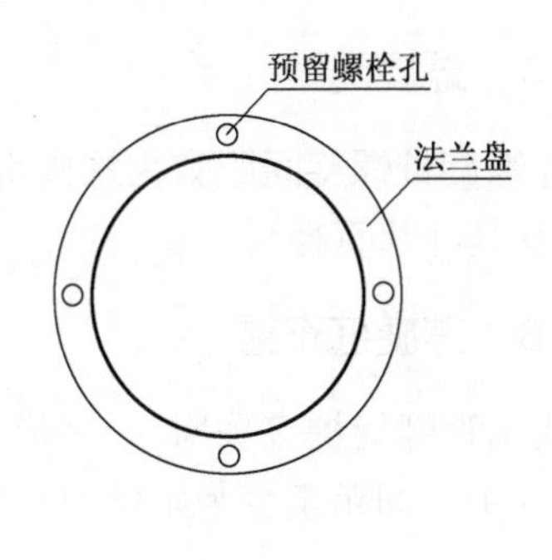

图 11-2　法兰盘示意图

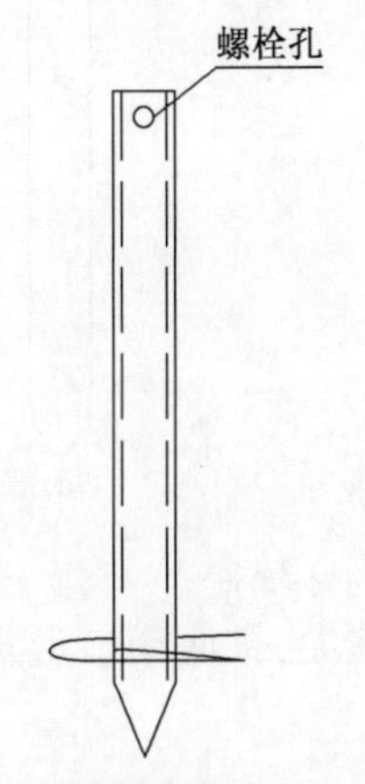

图 11-3　桩体螺栓孔示意图

图 11-4　螺旋冲孔弯曲测试

11.2.3　最小埋置深度

为确保叶片式钢管螺旋桩充分发挥性能,螺旋桩必须嵌入到地面以下及不稳定土层中足够的深度,以避免因埋置深度不足而致使其破坏。

相对埋置率 N_t,其定义为深度最浅的螺旋叶片深度 H 除以其螺旋叶片直径 D_t,在中等松散的土壤中计算最小埋置率从 2.5 ~5 不等,在中等密实的土壤中从 4.5 ~7.5 不等。在黏性和细粒土中,螺旋必须被安装在地面以下至少 5 倍最大叶片直径处。

应选择较硬土层作为桩端持力层。当存在软弱下卧层时,底部叶片以下硬持力层厚度不宜小于 3D(叶片最大直径)。

11.2.4　常用的螺旋桩尺寸

桩身直径:70 ~92cm。

桩身壁厚:0.217 ~0.375cm。

叶片直径:15 ~122cm。

螺旋桩的分段长度宜为3～4m。

更多尺寸形式见表3-1和表3-2。

11.2.5 螺旋间距

双叶片螺旋桩螺旋间距宜为螺旋直径的2.1～3倍(即$s/D=2.1\sim3$,其中s是螺旋叶片之间的间距,D是叶片直径)。

11.2.6 螺旋桩布置

叶片式钢管螺旋桩多采用,一字形布置,桩中心间距$>4D$(D取叶片直径较大者)。群桩布置时,叶片中心间距至少为4倍的叶片直径。

11.2.7 桩端形式

螺旋桩桩尖一般有单斜面、双斜面、四斜面、钝角锥等形式,如图11-5所示。

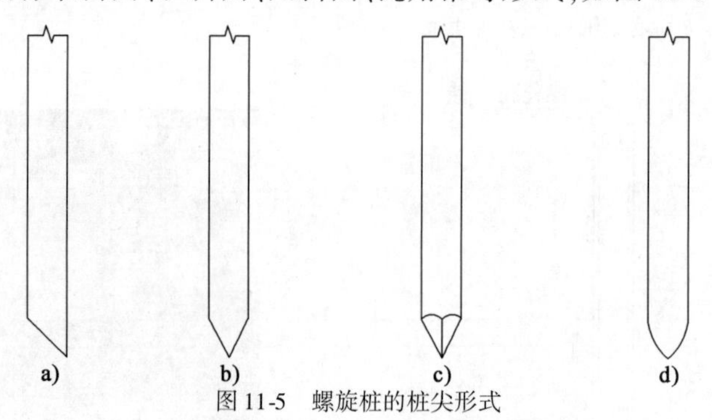

图11-5 螺旋桩的桩尖形式

a)单斜面;b)双斜面;c)四斜面;d)钝角锥

叶片式钢管螺旋桩多采用的桩端形式多为四斜面桩尖,锥底闭口形式。

11.2.8 桩帽

螺旋桩桩帽是安装在螺旋桩桩头,实现螺旋桩和打桩设备连接的重要部分。桩帽与桩头可以通过法兰盘连接,也可做成套筒与桩头段桩身用螺旋栓连接。

桩帽同时承担上部荷载并向下传递荷载,应满足抗冲切、抗剪切、抗弯承载力和上部结构的安装要求。

常见桩帽形式有以下3种。

1)平板多孔桩帽

当上部结构为钢结构、桁架结构或预制构件时,桩帽和上部结构、桩帽和螺旋桩之间采用螺栓连接,平板多孔桩帽的三视图如图11-6所示。可见,这个平板桩帽由一个带有螺旋孔的套筒和一个有螺旋孔的平板组成,套筒套在桩头和桩头通过螺旋连接,平板上的螺栓孔用来栓接固定上部结构。套筒和平板之间采用焊接连接。

2)带钢筋桩帽

带钢筋桩帽三视图如图11-7所示,这种桩帽和平板多孔桩帽的区别在于,平板上面取消了螺旋孔,而是设置了预留钢筋,通过预留钢筋和上部结构连接,其他和平板多孔桩帽相同,这种桩帽在上方结构多为现浇构件时比较适用。

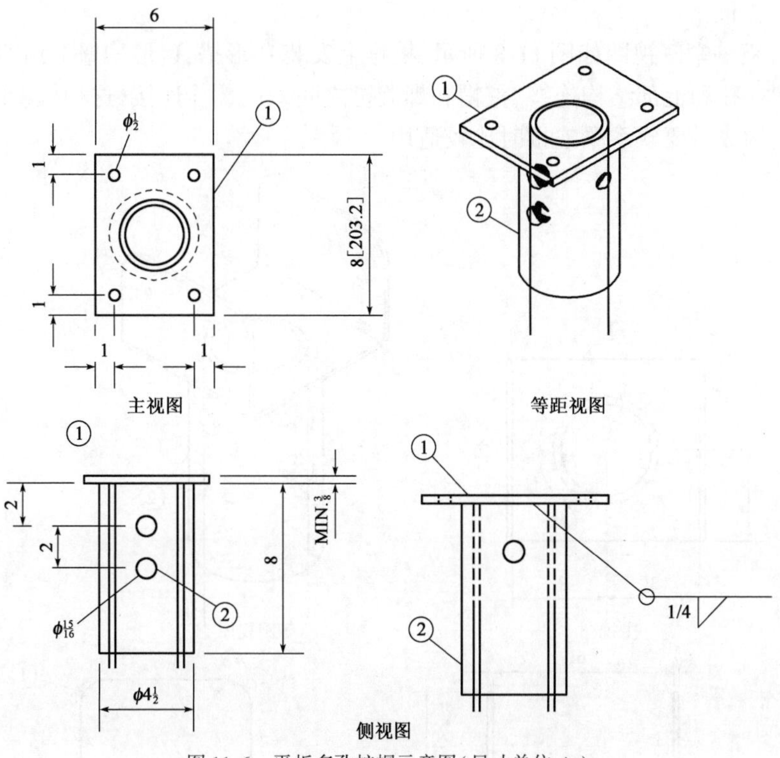

图 11-6　平板多孔桩帽示意图(尺寸单位:in)

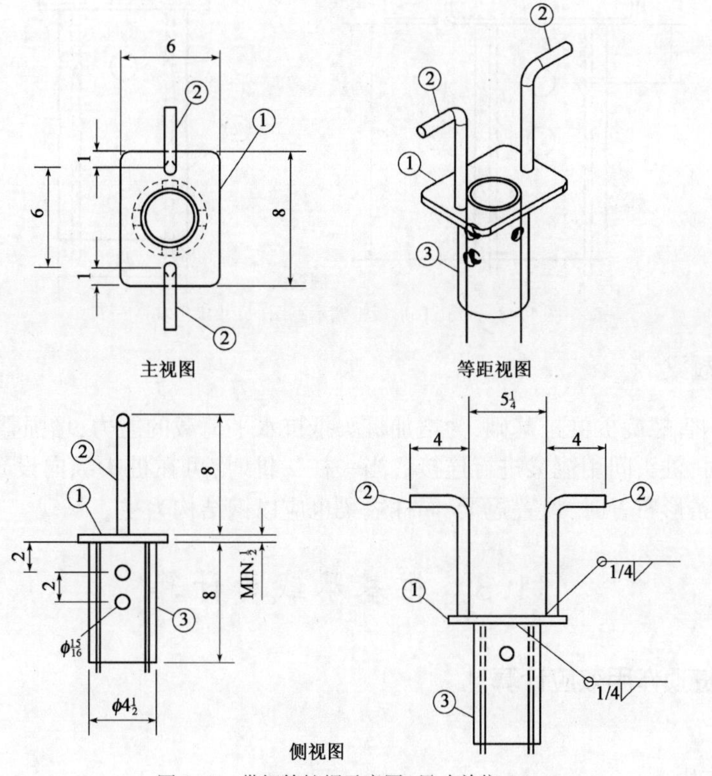

图 11-7　带钢筋桩帽示意图(尺寸单位:in)

3）带孔形板桩帽

带孔U形板桩帽三视图如图11-8所示，桩帽上安装U形槽，U形槽壁上预留螺栓孔，通过预留槽上的螺栓孔和上部结构连接，桩帽和螺旋桩之间采用螺栓连接，这种桩帽结构在上方结构多为桁架结构或需要联系梁连接时比较适用。

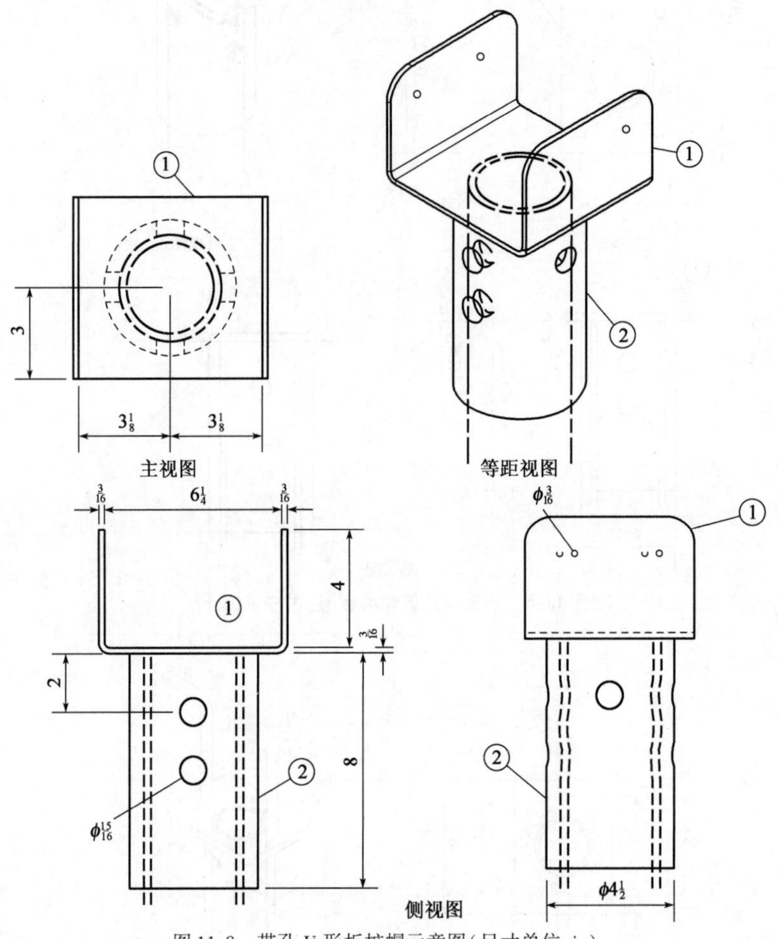

图11-8　带孔U形板桩帽示意图（尺寸单位：in）

11.2.9　冠梁

对叶片式钢管螺旋桩群桩基础，为增加桩头抵抗水平荷载的能力，增强整体的稳定性和抵抗外荷载的能力，桩头间用冠梁进行连接。当一柱一桩时，可在桩头纵向设置联系梁，联系梁以钢结构为主；条形布置时，设置冠梁，同样冠梁也应以钢结构为主。

11.3　桩基承载力计算

11.3.1　桩顶作用效应计算

1）竖向力

轴心荷载作用下：

$$N_{\mathrm{k}} = \frac{F_{\mathrm{k}} + G_{\mathrm{k}}}{n} \tag{11-7}$$

偏心荷载作用下：

$$N_{i\mathrm{k}} = \frac{F_{\mathrm{k}} + G_{\mathrm{k}}}{n} \pm \frac{M_{x\mathrm{k}} y_i}{\sum y_j^2} \pm \frac{M_{y\mathrm{k}} x_i}{\sum x_j^2} \tag{11-8}$$

2)水平力：

$$H_{i\mathrm{k}} = \frac{H_{\mathrm{k}}}{n} \tag{11-9}$$

式中：F_{k}——荷载效应标准组合下,作用于承台顶面的竖向力(kN)；

G_{k}——桩基承台和承台上土体自重标准值,对稳定的地下水位以下部分应扣除水的浮力(kN)；

N_{k}——荷载效应标准组合轴心竖向力作用下,基桩或复合基桩的平均竖向力(kN)；

$N_{i\mathrm{k}}$——荷载效应标准组合偏心竖向力作用下,第 i 个基桩或复合基桩的平均竖向力(kN)；

$M_{x\mathrm{k}}$、$M_{y\mathrm{k}}$——荷载效应标准组合下,作用于承台底面,绕通过庄群形心的 x、y 主轴的力矩(kN · m)；

x_i、x_j、y_i、y_j——第 i、j 基桩或复合基桩至 y、x 轴的距离(m)；

H_{k}——荷载效应标准组合下,作用于桩基承台底面的水平力(kN)；

$H_{i\mathrm{k}}$——荷载效应标准组合下,作用于第 i 个基桩或复合基桩的水平力(kN)；

n——桩基中的桩数。

11.3.2　桩基竖向承载力计算

1)桩基竖向承载力计算应符合下列要求

(1)荷载效应标准组合。

轴心荷载作用：

$$N_{\mathrm{k}} \leqslant R \tag{11-10}$$

偏心荷载作用下,除满足上式外,还应满足下式的要求：

$$N_{\mathrm{kmax}} \leqslant 1.2R \tag{11-11}$$

(2)地震作用效应和荷载效应标准组合。

轴心荷载作用下：

$$N_{\mathrm{Ek}} \leqslant 1.25R \tag{11-12}$$

偏心荷载作用下,除满足上式外,尚应满足下式的要求：

$$N_{\mathrm{Ekmax}} \leqslant 1.5R \tag{11-13}$$

式中：N_{k}——荷载效应标准组合轴心竖向力作用下,基桩或基桩的平均竖向力(kN)；

N_{kmax}——荷载效应标准组合偏心竖向力作用下,桩顶最大竖向力(kN)；

N_{Ek}——地震作用效应和荷载效应标准组合下,基桩活复合基桩的平均竖向力(kN)；

N_{Ekmax}——地震作用效应和荷载效应标准组合下,基桩或复合基桩最大竖向力(kN)；

R——基桩或复合基桩竖向承载力特征值(kN)。

2)单桩竖向承载力特征值的确定

$$R_a = \frac{1}{K} Q_{uk} \tag{11-14}$$

式中:Q_{uk}——单桩竖向极限承载力标准值(kN);

K——安全系数,取 $K=2$。

11.3.3 单桩竖向极限承载力

1)设计采用的单桩竖向极限承载力标准值应符合下列规定

设计等级为甲级的建筑桩基,应通过单桩静载试验确定。

设计等级为乙级的建筑桩基,当地质条件简单时,可参照地质条件相同的试桩资料,结合静力触探等原位测试和经验参数综合确定;其余均应通过单桩静载试验确定。

设计等级为丙级的建筑桩基,可根据原位测试和经验参数确定。

2)承载力计算

叶片式钢管螺旋桩承载力的计算有多种方法,详见第 4 章和第 5 章中的内容,公式选用的一个重要影响因素就是公式中相关参数的获得情况,可根据地勘报告中提供的土体的不同力学指标进行公式的选取。

此处仅给出基于螺旋桩不同承载模式,针对北京顺义地区,在桩基静载试验基础上,通过理论公式修正后得到的抗压、抗拉极限承载力计算公式。该公式的适用具有地域性,不同的土质条件下,公式中的修正系数会有所不同。

抗压极限承载力计算公式如下:

$$Q_c = 0.95Q_{helix} + 0.95Q_{bearing} + 0.95Q_{shaft} = 0.95\pi DL_c q_{u1} + 0.95A_H q_{u2} N_c + 0.95\pi dH_{eff} \alpha q_{u3} \tag{11-15}$$

抗拔极限承载力计算公式如下:

$$Q_c = 1.3Q_{helix} + 1.3Q_{bearing} + 1.6Q_{shaft} = 1.3\pi DL_c q_{u1} + 1.3A_H q_{u2} N_u + 1.6\pi dH_{eff} \alpha q_{u3} \tag{11-16}$$

各参数的物理意义和相关取值详见第 7 章中的内容。

注:单桩计算承载力公式中的系数是根据现场试验(北京顺义)数据推算出来的,并不代表所有地区,若要得到更多系数,需在不同场地内进行试验。

11.3.4 群桩承载力

间距小于 4 倍螺旋桩直径的群桩不一定发生承载力下降,但需要进行相应的分析,群桩承载能力的确定方法类似于圆柱剪切,详见 5.4 节中的相关内容。

$$P_{ug} = q_{ult}(m_1)(m_2) + 2Ts(n-1)(m_1+m_2) \tag{11-17}$$

各参数的物理意义和相关取值详见 5.4 节。

螺旋桩群桩效应系数 η,定义如下:

$$\eta = \frac{P_{ug}}{\sum_i P_u} \tag{11-18}$$

式中：i——群桩中桩的数量；

P_u——单根螺旋桩的极限承载力。

m_1、m_2 示意如图 11-9 所示。

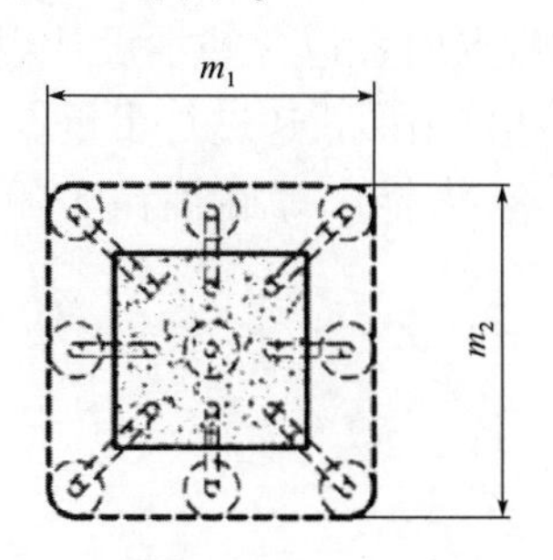

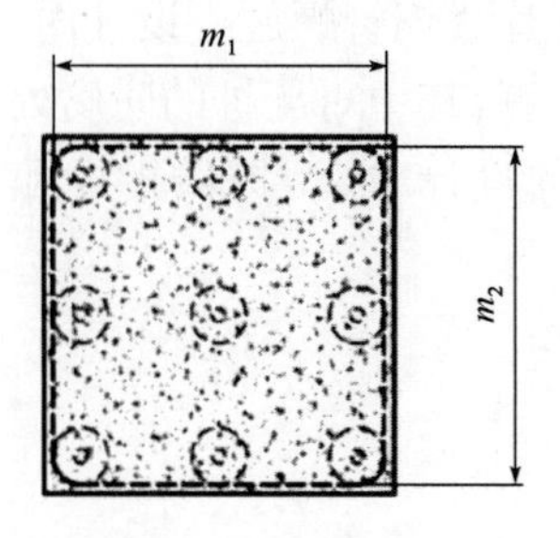

图 11-9　m_1、m_2 示意图

11.3.5　安装扭矩计算

第 6 章给出了螺旋桩安装扭矩 T 和承载力 P_u 之间的几个关系式，其中最常用的还是 Hoyt 和 Clemence（1989）提出的公式：

$$P_u = K_t T \tag{11-19}$$

$$K_t = \frac{2}{d_{eff}} \tag{11-20}$$

式中：T——平均扭矩（kN · m）；

P_u——极限荷载（kPa）；

K_t——经验系数，详见第 6 章的介绍；

d_{eff}——有效直径，多指孔的直径，对叶片式钢管螺旋桩等于桩身直径；若为方桩，d_{eff}则由周长或对角间的距离控制（m）。

叶片式钢管螺旋桩的安装扭矩建议至少 4.1kN · m 的扭矩。

11.4　沉 降 验 算

桩基的计算最终沉降量不得超过建筑物的沉降允许值，并应符合《建筑地基基础设计规范》（GB 50007）的相关规定。

对以下建筑物的桩基基础应进行沉降验算：

地基基础设计等级为甲级的建筑物桩基；体型复杂、荷载不均匀或桩端以下存在软弱下卧层的地基基础设计等级为乙级的建筑物桩基；摩擦型桩基。

设计等级为丙级的建筑物桩基，对沉降无特殊要求的条形基础下不超过两排桩的桩基、轮胎式起重机工作级别 A5 及 A5 以下的单层工业厂房桩基（桩端下为密实土层），可不进行沉降验算。当有可靠地区经验时，对地质条件不复杂、荷载均匀、对沉降无特殊要求的端承型桩基也可不进行沉降验算。

沉降验算的方法同传统桩型的沉降验算方法。

11.5 小　　结

本章中介绍了叶片式钢管螺旋桩设计内容,重点内容包含基本设计规定、桩基构造、桩基承载力计算和沉降验算,其中对旋桩的防腐处理和桩帽形式还进行了重点介绍,相关成果将为叶片式钢管螺旋桩的设计、选型提供指导和借鉴,为推广螺旋桩在实际工程中的应用提供帮助。

第12章　叶片式钢管螺旋桩施工技术

12.1　施工前准备

12.1.1　螺旋桩钻机选择

根据叶片式钢管螺旋桩的桩长与桩径,结合地勘参数和理论计算公式估算螺旋桩单桩承载力,再根据螺旋桩承载力与旋转扭矩的关系,确定最大旋转扭矩,以安装扭矩为依据,并考虑现场施工条件,综合确定螺旋桩钻进所选钻机的型号。

叶片式钢管螺旋桩的安装,就是利用连接到挖掘机、叉车的液压扭矩电机提供扭矩,在螺旋桩顶部施加扭矩把螺旋桩身及叶片拧入土中。安装中应使用高扭矩、低速电机,以便推进螺旋轴承和叶片的前进,同时减小对土体的扰动。

螺旋桩常用的安装力矩马达产生的扭矩为6000~100000N·m。扭矩电机应具有顺时针和逆时针旋转能力,在安装时可进行每分钟转数调整。扭矩电机的扭矩容量应大于或等于工程所需的最小安装扭矩,力矩电机压力应处于最佳工作压力范围之内。参照液压马达制造商的技术文献,以最小液压流量和工作压力信息,调整机械液压力的大小。机械应能同时提供挤压力和扭矩,以保证螺旋桩的正常前进。力矩电机与螺旋桩之间的连接应是直线的、刚性的,并由六角、方形或圆形的适配器和螺旋桩桩身连接。

对叶片式钢管螺旋桩钻机的具体要求如下:

成桩机械首选可移动和定位方便的长螺旋步履式达桩机或带液压支腿的履带式桩机,若桩基施工在狭小、受限的场地空间时,应采用小型、轻型、可移动的便携式的施工机械。

成桩过程中需要的扭矩较大,螺旋桩钻进必须有足够的强度和稳定性。

动力头下部应有提落桩体和传动扭矩的机构,以实现和螺旋桩桩头的连接,并对整个桩身及螺旋叶片施加扭矩。

12.1.2　扭矩测量仪器选择

扭矩测量可选用剪切销指示器法,剪切销由两个通过中心毂连接在一起的圆形板组成。其中一个圆形板固定,用于连接螺旋桩上的连接器。另一个圆形板连接扭矩马达,扭矩马达上接有圆形或六边形适配器,和桩头连接。圆形板周边均匀布置了10~20个孔,把校准后的剪切销放置在孔中,剪切销没有设置针脚,因此两个圆形板可以相对彼此自由旋转。剪切销以某种已知的扭矩进行剪切,可提供一次测量。该装置的优点:一是比其他指示器便宜,并能够相对准确的直接测量扭矩。二是当使用超过桩扭转能力的扭矩电机时,可用它来限制最大安装扭矩,以保护螺旋桩在安装过程中不被过度扭转而损坏。该装置的明显缺点:一是在安装期间不能提供连续的扭矩；二是剪切销卡在设备中，难以拆卸。

扭矩测量的另一种方法是使用机械千分表法，该装置内部装有弹簧制动应变传感器，能直接从连接到设备外壳的校准千分表读取扭矩值。该方法的主要缺点是刻度盘与桩头一起旋转，操作员可能无法从液压机器上精确读取扭矩值，并且如果机械在远离观察者那一面时产生安装扭矩峰值，则可能会遗漏安装扭矩峰值读数。因此，在最终扭矩量测前，需要安排至少3个人，均布在桩身扭转设备周围，读取最大峰值，或采用传感器和采集仪进行全程电子量测并记录，从记录数据中寻找最大值。目前的螺旋桩扭矩量测多采用这种方法。

12.1.3 螺旋桩运输与安放

叶片式钢管螺旋桩出库运输时，要用板车托运，零散的螺旋桩与螺旋桩之间用泡沫板隔离，防止螺旋桩叶片之间磕碰导致钻孔效率降低，且影响承载力。

成品叶片式钢管螺旋桩进场后，及时登记入库，分别按桩头段、桩身标准段和桩端段进行堆放，以便于拧桩时快速选取。成批的叶片式钢管螺旋桩应整齐放置在钢架上，架离地面，叠放高度一般不超过2m，零散的螺旋桩必须采取下垫上盖措施，做好防潮防水措施。

此外，库房本身要做好防水防潮处理，保持清洁，晴天开窗通风，雨天关闭防潮，保证钢材适宜的存储环境。

12.1.4 螺旋桩质量要求

螺旋桩进场后，应按规格、品种、牌号堆放，抽样检查，检查结果与合格证相符者方可使用，未经进货检验或未经检验合格的物资不得投入使用。

螺旋桩质量验收要符合设计图纸给出的规格尺寸要求，并满足有关规范规定的允许误差，对所有的螺旋桩都要进行外观检查验货，并进行实测实量，重点检查钢管的垂直度、内外径、螺旋叶片直径、螺旋叶片倾角是否达到要求，经检查验收合格后，方可进行安装。成品叶片式钢管螺旋桩的检验标准如表12-1所示。

叶片式钢管螺旋桩成品质量检验标准 表12-1

序号	检查项目	允许偏差或允许值		检查方法
		单位	数值	
1	螺旋桩外径或断面尺寸：			用钢尺量，D为外径或边长
	桩端	mm	0.5%D	
	桩身	mm	1D	
2	失高		$<1/1000\ L$	用钢尺量，L为桩长
3	长度	mm	10	用钢尺量
4	端部平整度	mm	≤2	用水平尺量
5	端部平面与桩中心线的倾斜值	mm	≤2	用水平尺量

12.1.5 现场作业条件

打桩前要进行现场的三通一平，处理打桩地基上面的障碍物，清理、整平时要设雨水排出沟渠,以便顺利排出施工期间的雨水,减少对桩周土体的影响。附近有建筑物的要挖隔震沟,以减小对近距离场地内建筑物的影响。预先充分了解打桩场地,根据地质勘查报告,清理妨碍打桩的高空和地下障碍物。

为保证打桩机械的顺利行进,确保其打桩过程中的稳定性,打桩场地在打桩前要用压路机碾压平整,并在地表铺10~20cm厚石子使地基承载力达到0.2~0.3MPa,满足安放设备的要求。

施工现场的轴线、水准控制点、桩基布点必须经常检查,妥善保护,设控制点和水准点的数量不应少于两个。测量控制点的设置应尽可能远离施工现场,以减少施工中的扰动使基准点出现移位。测量放线使用的全站仪、经纬仪、水准仪、钢卷尺、线锤等仪器应计量检查合格,多次使用应为同一计量器具。

按基础纵横交点和设计图的尺寸确定桩位,用小方木桩打入并在上面用小圆钉作为中心套样桩箍,然后在样箍外侧撒石灰,以示桩位标记,准确进行桩位在现场的放样,测量误差为±10mm。

按总图设置的水、电、燃气等管线不应与打桩相互影响,特别是供水、燃气管线和地下电缆要防止土地隆起对其产生的破坏作用。

12.1.6　现场作业人员

施工作业人员必须在上岗之前进行岗位培训考核合格,持证上岗。按设计施工不得任意改变设计,应遵守其中有关安全的规定。

施工作业人员,必须充分了解地质资料、施工图纸、设计说明以及有关资料,必须熟知打桩规范、质量评定标准、施工程序、验收标准以及劳动组织分工等。

施工作业人员应按国家规定的时间内容进行体格检查,必须持有健康检查合格证,高血压、心脏病、癫痫病患者不得参加打桩作业。

12.2　钢管螺旋桩施工工艺

12.2.1　施工工序

测量放样→确定打桩顺序→桩机就位→吊装喂桩→桩身垂直度校正→液压旋进→接桩→停止旋进→桩机移位→切割桩身和在桩身上钻螺栓孔→安装桩帽。

12.2.2　操作工艺

1)测量放样

根据设计图纸要求,为确保放线定位的准确性,根据设计提供的坐标基准点,先用经纬仪确定几个主要定位点,然后合理划分区域,确定出各区域的定位点,再根据区域定位点,逐排逐列准确定出桩位。定好桩位后,用小方木桩打入土中并在上面用小圆钉做中心套样桩箍,然后在样箍的外侧撒石灰,以示桩位标记。

2)确定打桩顺序

为防止打桩过程中对相邻建(构)筑物造成较大的位移和变位,且使施工更加方便,一般采取先打中间桩后打外围桩(或先打中间桩后打两侧桩)、先打长桩后打短桩、先打大直径桩后打小直径桩的程序进行,这样会减少打桩产生的挤土效应,满足设计对打桩入土深度的要求。在打桩机回转半径范围内的桩,宜一次流水施打完毕,使打桩机运行路线尽量短,减少打桩机的移动次数。

3)桩机就位

打桩机安放在测量放线的桩位附近,满足打桩要求的合适位置处,履带式打桩机打桩前要选择较为平整稳妥的地方就位,如果地面坡度较陡,则用卷扬机对打桩机进行牵引。

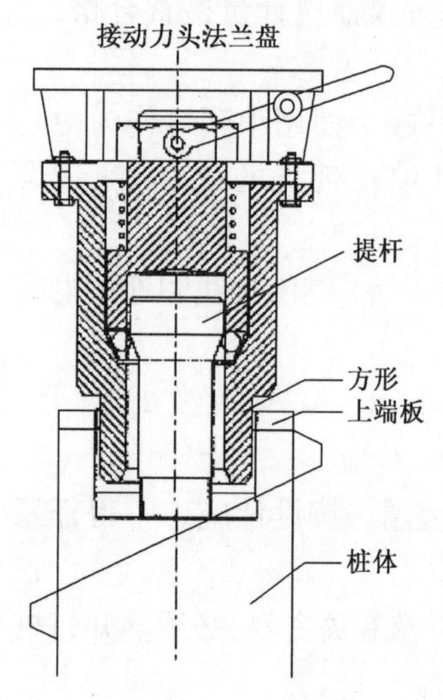

图 12-1 动力头机具装置示意图

4)吊桩喂桩

在叶片式钢管螺旋桩上面安装临时桩帽,将螺旋分别穿过螺旋桩上部和桩帽上预留的螺栓孔内,实现桩帽和螺旋桩的连接。同时,临时桩帽上预留有螺旋孔,通过螺栓在安装时与安装机械的动力头设置的球卡提引器相连接。用副卷扬机将螺旋桩提至桩位处,上好提杆,用动力头上设置的球卡提引器将桩竖直吊起,使桩尖对准桩位点落下,保持桩身、桩帽、动力头的中心线重合,插入地面时螺旋桩桩身的垂直度偏差不得大于0.5%。动力头机具装置如图 12-1 所示。

5)垂直度校正

首先将钻机头前后左右进行调整,初步调整好后用水平尺或线锤吊验垂直度,确认无误后进行下一步施工。各项工作准备完毕后,将叶片式钢管螺旋桩安装在桩机上,然后用磁平尺校正桩机的水平度与垂直度,符合要求后开始钻桩、钻桩时,先对中,钻到1/3 时观察螺旋桩是否有偏差;若有偏差,进行调整后钻至 1/2 再观察,无误后钻至设计深度。

6)液压旋进

成桩钻进开始时,以桩的自重进行加压,控制钻进速度,待钻进正常后,适当加压钻进,保持每旋转一圈,螺旋桩的进尺与螺旋间距一致,钻进过程中遇有障碍或不正常情况时应及时停钻,不许强行钻进和提拉,只能采取反转方法处理。在叶片式钢管螺旋桩旋进过程中记录桩的深度和安装扭矩值,钻进至设计标高时停止钻进成桩。

7)接桩

螺旋桩桩身接头采用桩身内衬螺栓连接,螺旋连接时采用同规格螺栓,安装方向应一致,紧固螺栓时均匀进行,调节螺栓使其松紧合适,必要时用垫圈调整,但每个螺栓只能采用一个垫圈。

8)停止旋进

以设计深度和安装扭矩控制停止旋进的时机,当叶片式钢管螺旋桩钻进到达设计深度和设计扭矩时,即可停止旋进。

9)桩机移位

螺旋桩安装完成后,将螺旋桩与动力头提落装置分开,移动桩机至下一个桩位处,进行下一桩位处螺旋桩的安装,桩机移动过程中不得与安装好的螺旋桩发生碰撞。若打桩机回转半径范围内还有未完成的桩时,可先不移动打桩机,先通过旋转方式,一次流水完成回转半径范围内的螺旋桩安装,之后再移动打桩机。

10）切割桩身和在桩身施钻螺栓孔

当螺旋桩标高不符合要求时，要对桩身进行切割。切割设备有等离子体切桩机、半制动氧气乙炔切桩机、悬吊式全回转氧气乙炔自动切割机和氧气乙炔手把切桩机。桩身切割时，要根据地平标高，用水平仪准确给出切桩标高，做好标记，采用气动（液压）顶针装置固定在切割部位，割嘴按预先调整好的间隙进行回转切割，切割之后要对螺旋桩桩身进行修坡处理，保持切割之后桩端的平整度满足要求。

在桩身合适位置钻螺栓孔，在该螺栓孔和桩帽上螺栓孔内插入螺栓，可实现桩帽和螺旋桩端的连接。螺栓孔钻孔采用钻孔效率较高的低速高压钻头，有条件的情况下，可采用电磁钻床，钻螺栓孔时应保证螺旋桩身不发生横向侧移。

11）安装桩帽

螺旋桩与桩帽之间采用螺栓连接，螺旋连接时应采用同一规格的螺栓，安装方向应一致，紧固螺栓时应均匀地进行，松紧应合适。在桩帽上留有定位钢板，便于冠梁安装定位，桩帽与钢制冠梁之间可采取焊接方式。

叶片式钢管螺旋桩安装测量记录表如表 12-2 所示。

叶片式钢管螺旋桩安装测量记录表　　表 12-2

项目名称＿＿＿＿＿　　项目地点＿＿＿＿＿　　安装日期＿＿＿＿＿

桩的名称							
网格定位							
高程	地表						
	设计桩顶						
	偏差						
位置	水平偏差						
	倾斜角度						
	倾斜偏差						
长度	最低要求						
	安装总长						
	超出地表						
几何性质	桩长						
	叶片个数						
	叶片直径						
延长桩	长度						
	叶片个数						
	切割长度						
扭矩测量值	深度（m）						

续上表

终止标准	设计扭矩							
	最终扭矩							
	其他							
持力层	设计层							
	设计渗透层							
	测量渗透层							

桩测量员＿＿＿＿＿＿ 安装承包商＿＿＿＿＿＿ 安装设备＿＿＿＿＿＿

扭矩测量方法＿＿＿＿＿＿ 现场代表审核人＿＿＿＿＿＿

12.3 质量标准

叶片式钢管螺旋桩安装完成后，要进行质量检验，主要质量验收标准如下：

1）施工质量检查验收标准

主要包含1个主控项目桩位偏差，和两个一般项目节点弯失高和桩顶标高，具体数值详见表12-3。

螺旋桩施工质量检验标准表

表12-3

项目	序号	检查项目	允许偏差或允许值		检查方法
			单位	数值	
主控项目	1	桩位偏差 ①设有基础梁的桩 a）垂直基础梁的中心线 b）沿基础梁的中心线 ②桩数为1~3根桩基中的桩 ③桩数为4~16根桩基中的桩 ④大于16根桩基中的桩： a）最外边的桩 b）中间的桩	 mm mm mm mm mm mm	 100 + 0.01H 150 + 0.01H 100 1/2桩径或边长 1/3桩径或边长 1/2桩径或边长	经纬仪或钢尺测量（H为梁的高度）
一般项目	2	节点弯失高		<1/1000 L	用钢尺量，L为桩长
	3	桩顶标高	mm	±50	水准仪检查

2）施工允许误差

螺旋桩施工允许误差主要验收内容为桩的倾斜，具体要求如表12-4所示。

螺旋桩施工允许误差

表12-4

项　目	容许误差	备　注
桩的倾斜	小于1/100 L	L为螺旋桩的长度

3)关键控制点和工序的控制

螺旋桩施工过程中的关键控制点和工序如表12-5中所示。

关键控制点和工序的控制　　表12-5

1	桩位定点	用经纬仪两点导入,控制桩位投点的桩位放线定位精确度
2	桩垂直度	根据地质资料,详细了解桩位土地情况,清理地下障碍物,插桩定位和打桩过程中及时对桩进行监控
3	接桩	螺旋桩高出地面60~80cm时停止打桩,进行接桩

4)成桩记录

叶片式钢管螺旋桩质量控制过程中需填写相应的成桩记录,主要包含桩位测量放线记录、中间检查记录、隐蔽工程检查验收记录和成桩质量检查报告等。

12.4　施工注意事项

(1)叶片式钢管螺旋桩桩身为钢管,钢管在地下环境中容易受到腐蚀,因此,对螺旋桩要进行防腐处理和腐蚀控制,当为有阴极保护的螺旋桩时,要按设计及有关规程施工。

(2)在正式安装叶片式钢管螺旋桩之前,应进行2~3根螺旋桩的试桩作业,以便打桩机操作人员熟悉现场地质情况和螺旋桩安装操作工序;在打大面积密集螺旋桩时,必须通过试桩合理安排施工流程,控制打桩速度和桩机打桩流水作业行走路线。

(3)在安装过程中,为避免叶片式钢管螺旋桩扭矩过大,导致螺旋桩发生扭转破坏,必要时可安装限压装置。

(4)为避免场地积水,应在场地中设雨水排出沟渠,在螺旋桩安装过程中若遇有大量降雨,应停止螺旋桩安装,静置3~7d,待场地积水消失、地面干爽、土层恢复后再继续安装。

12.5　成桩过程中出现的问题及处理方法

12.5.1　螺旋桩身与螺旋叶片接口处松脱开裂

出现上述问题的原因是叶片和桩身之间焊接质量不好、焊缝强度不够,此时若遇障碍物时会导致桩体与螺旋叶片接口处松脱开裂,因此打桩前需查验材质合格证、抽检螺旋桩钢管材质和焊接质量、清理地下障碍物、检验焊缝强度。

12.5.2　桩基钻进达到设计安装扭矩,但未达到设计深度

出现这种情况的原因,多是下方岩土体强度较高,而进行预估时勘察报告中给出的土体相关力学参数较小,导致实际计算得到的扭矩过小,施工中可通过以下方法处理:

可反转扭矩方向,将螺旋桩向后退出约1m距离,尝试减少挤压力后重新安装,对于复杂的地质条件,该程序可能多次重复。

若上述方法不见效,可尝试拆下螺旋桩,更换具有更高强度的轴、更小直径的螺旋叶片或减少螺旋叶片数量的螺旋桩;或拆下螺旋桩,并在同一桩位处,预钻一个小直径导向孔,然后重新安装螺旋桩。或拆下螺旋桩,并将其重新定位安装到原有桩位两侧的一小段距离范围内。

值得注意的是,若相邻两根桩出现桩基钻进达到设计安装扭矩,但没达到设计深度的情况,应进行地质详探或补勘、正确选择持力层或标高。

12.5.3 桩基钻进达到设计深度,但未达到设计安装扭矩

出现这个问题的原因多是由于地勘资料中给出的岩土体参数不能准确描述桩基钻进地层的特点,致使桩基钻进达到了设计深度,但没有达到设计预期的承载力,必须通过额外增大桩基承载力的措施弥补这部分不足的承载力。施工中具体采用的方法如下:

达到最大深度之前,使用附加的延伸部分,加长螺旋桩,加大叶片埋深。

使用带有螺旋叶片的延长部分,以增加扭矩和承载力。

拆下螺旋桩,更换一个带有额外的或更大直径的螺旋叶片的新的桩。

降低螺旋桩的额定载荷,并在工程师指定的位置安装额外的螺旋桩。

必须注意的是,若相邻两根桩都出现桩基钻进达到设计深度,但未达到设计安装扭矩的情况时,应进行地质补勘、正确选择持力层或标高;使用不同的桩或螺旋配置,移动桩或进行螺旋叶片的修改等工作必须经过工程师的严格审查和验收才能进行。

12.5.4 桩位发生偏差

桩位偏差,多是由于施工过程控制不严或是打桩过程中遇到特殊的岩土地层所致。桩位的偏差问题,要坚持"预防为主,防治结合"的工作方式,首先从源头控制误差,测量放样时要精益求精,不能马虎大意,施工过程中要随时复测及时调整,使桩位误差在允许误差范围之内。

对于桩位偏差较小(不大于20mm)的螺旋桩,在打桩结束前,操作工人用5m钢卷尺校核,调整机械位置,使偏差满足要求后继续钻进成桩。

运用上述方法后偏差仍较大的,考虑桩身接触孤石边角或者地层中存在未风化完全的岩块、土体不均匀、软硬程度不一等,可采取更换桩位。

12.6 成品保护

叶片式钢管螺旋桩安装好后应进行桩位、标高测量复核,桩坑内回填砂料,清理现场施工用料。

成桩后,应静置一段时间,恢复土层,静置时间视土层条件而定,一般以3~7d为宜,如有必要,可对螺旋桩进行预压,以减少静置时间。

成桩以后,应在桩位附近设雨水排出沟渠,减小降雨对成桩质量的影响,如有条件,可对螺旋桩采取覆盖保护。降雨以后,应采取静置措施,待地面降水下降,土体固结一段时间,地面干爽以后再进行下一工序的操作。

12.7　施工安全与环境保护

12.7.1　操作安全

叶片式钢管螺旋桩安装时至少需要两个操作员:运行液压机的操作员和处理桩基并执行连接的检测员。检测员可以通过铅垂测量,对桩位进行校正,检查扭矩电机的对准,观察螺旋桩的安装过程,并将信息回馈给液压机操作员,以便液压机操作员调整液压,确保螺旋桩的精确安装。

叶片式钢管螺旋桩安全、准确安装的重要因素之一,就是操作员和检测员之间的清晰沟通。由于在现场液压机噪声很大,通常的语言命令很难进行清晰沟通,给现场操作带来很大不便,因此操作员与检测员最好掌握手语信号。手语信号有几种不同的类型,包括挖掘,运输和起重机操作等标准手语信号。

螺旋桩安装常用标准手语信号见图12-2。

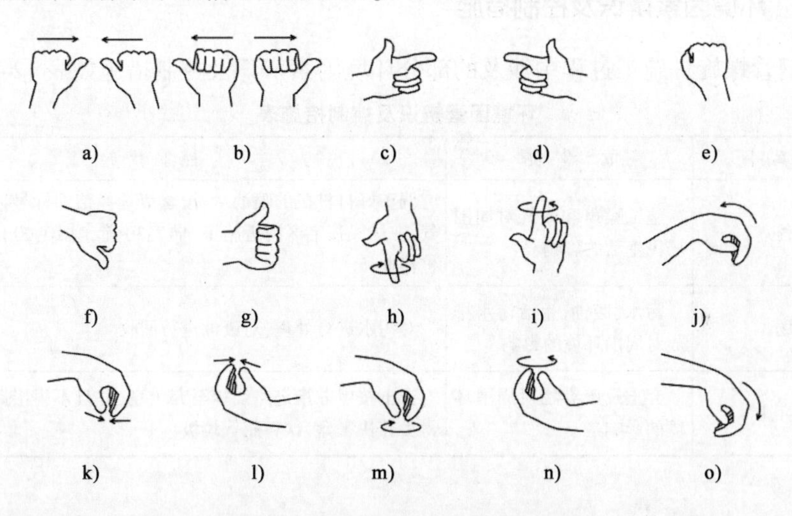

图12-2　螺旋桩安装常用标准手语信号

a)悬臂收紧;b)悬臂伸出;c)快速右移;d)快速左移;e)停止;f)悬臂向下;g)悬臂向上;h)前进;i)撤回;j)向外倾斜;k)缓慢向下;l)缓慢向上;m)顺时转动;n)逆时转动;o)向内倾斜

12.7.2　施工过程危害辨识与控制措施

叶片式钢管螺旋桩施工过程中涉及重型机械和吊装作业,施工过程中存在有危险源,具体施工过程危险源辨识与控制措施详见表12-6。

施工过程的危险源辨识与控制措施　　表12-6

作业活动	危险源	控制措施
桩机行走	地面桩坑、孔洞和沟槽	铺设与地面平齐的固定盖板或设围栏、设警告标志牌,危险处夜间设置警示红灯

续上表

作业活动	危险源	控制措施
吊桩喂桩	高空坠落物体打击	对桩帽、焊接物体加固检查,高空作业必须带安全带、安全帽,钢丝绳、扣件使用前必须经过检查,并定期更换
检修器械转动部分	施工器具裸露部分(轴、风扇、传动部分)	应装设安全保护罩
起重机吊螺旋桩	起重机吊螺旋桩	钢丝绳必须绑牢,起吊离地面100mm,停止起吊进行全面检查,确定良好后,方可继续起吊
施工用电、电源线及电气设备	施工用电、电源线及电气设备	电气设备要经常检查,机械检修时要拉闸断电,挂警告牌,电气作业时要有漏电保护器,接地线及二次接地必须牢固可靠,(采用三相五线制)接地电阻应小于10Ω
吊桩搬运过程	堆放的桩管滚落和倒塌	应设置木楔挡块防止滚落和倒塌,吊装、搬运过程中应从上部逐根进行以防发生事故

12.7.3 环境因素辨识及控制措施

叶片式钢管螺旋桩施工过程中涉及的部分环境因素辨识及控制措施如表12-7所示。

环境因素辨识及控制措施表　　表12-7

作业活动	危险源	控制措施
打桩过程	施工噪声和废气对周围居民生活的影响	调整好打桩机的喷油量、按季节选择柴油标号以减少噪声和废气,在居民住宅区附近施工,早7:30前,晚10:00以后不得进行打桩作业
清理现场	污水、废油、生活污水排放对周围环境的影响	对污水进行处理,对废油进行回收
现场整平弃土	弃土及废弃物对周围环境的影响	弃土按甲方指定路线运至弃土场,并且不得沿路抛撒。现场不得丢弃快餐盒、饮料瓶等垃圾

12.8 小　结

本章重点就叶片式钢管螺旋桩的施工技术进行了介绍,重点包含施工前的准备工作、具体施工工艺、质量标准和施工注意事项,此外还对成桩过程中易出现的问题进行了梳理并给出建议处理方案,最后对成品保护、施工安全和环境保护进行了介绍,为叶片式钢管螺旋桩的现场施工提供了有力的指导,为确保其在实际工程中的应用提供了支撑。

参考文献

[1] 王达麟.螺旋钢桩竖向承载机理试验研究[D].天津:天津大学,2012.

[2] Howard A. Perko. Helical Piles: A Practical Guide to Design and Installation[M]. American: Wiley,2009.

[3] Alan J. Lutenegger. Historical Development of Iron Screw-Pile Foundations[J]. Journal For The History of Eng&Tech,2011,81(1):108-28.

[4] 王钊,刘祖德,程葆田.螺旋锚的试制和在基坑支护中的应用[J].土木工程学报,1993,26(4):47-53.

[5] A. G. Malinin, D. A. Malinin. Atlanta Anchor Piles[J]. Zhilish Chnoe Stroit,. 2010,5:60-62.

[6] Livneh, B., El Naggar, M. H. Axial Testing and Numerical Modeling of Square Shaft. Helical Piles Under Compressive and Tensile Loading[J]. Canadian Geotechnical. Journal,2008,45(8):1142-1155.

[7] Meyerhof, G. G. Bearing Capacity and Settlement of Pile Foundations[J]. Journal of Geotechnical Engineering Division, ASCE,1976,102:195-228.

[8] Meyerhof, G. G., Adams, J. I. The Ultimate Uplift Capacity of Foundations[J]. Canadian Geotechnical Journal,1968,5(4):225-244.

[9] Clemence S P, Peper F D. Measurement of lateral stress around multi- helix anchors in sand[J]. Geotechnical Testing Journal,1984,7(3):145-152.

[10] Clemence S P, Smithling A P. Dynamic uplift capacity of helical anchors in sand[J]. Proceedings of the 4th Australia-New Zealand Conference on Geomechanics,1984:167-174.

[11] Clemence S P, Thorsten T E. Helical anchors overview of application and design[J]. Founding Drilling,1990:8-12.

[12] Adams J I, Hayes U C. The uplift capacity of shallow foundation[J]. Ontario Hydro Research Quarterly,1967,19(1):1-13.

[13] Ghaly A, Hanna A, Hanna M. Uplift behavior of screw anchors insand[J]. Journal of Geotechnical Engineering Division,1991,117(5):773-793.

[14] Mitchell, J. K. Fundamentals of soilbehavior[M]. John Wiley and Sons Inc, New York,1993:437-445.

[15] Roy M., Lemieux M. Long-term behavior of reconsolidated clay around a driven pile[J]. Canadian Geotechnical Journal,1986,23(1):23-29.

[16] Zhang D. J. Y. Predicting capacity of helical screw piles in Alberta soils[D]. University of Alberta, Edmonton, Alberta, Canada. 1999.

[17] Mitsch M. P., Clemence S. P. The uplift capacity of helix anchors in sand[J]. Convention Conference Proceedings, New York, USA,1985,26-47.

[18] Malinin A. G, Malinin D. A. Procedure for installation of Atlant anchorpiles[J]. Soil mechanics and foundation engineering,2010,47(1):20-24.

[19] Narasimha Rao S, Prasad YVSN, Shetty MD. The behavior of model screw pile in cohesive soils[J]. Soils Found. 1991, 31(2): 35-50.

[20] Meyerhof, G. G. The Ultimate Bearing Capacity of Foundations[J]. Geotechnique,. 1951, 2: 301-332.

[21] Bowles, J. E. Foundation Analysis and Design[M]. 4th Edition, McGraw Hill, 1988.

[22] Mitsch MP, Clemence SP. The uplift capacity of helix anchors in sand[J]. Proceedings of ASCE, 1985: 26-47.

[23] Narasimha Rao S, Prasad YVSN, Veeresh C. Behaviour of embedded model screw anchors in soft clays[J]. Geotechnique, 1993, 43(4): 605-614.

[24] Tappenden MK. Predicting the axial capacity of screw piles installed in Western Canadian soils [D]. Department of Civil and Environmental Engineering, University of Alberta, Edmonton, Alberta (2007).

[25] Ghaly A, Clemence P. Pullout Performance of Inclined Helical Screw Anchors in Sand[J]. Journal of Geothchnical and Geoenvironmental Engineering. 1998, 124(7): 617-627.

[26] J. I. Adams, T. W. Klym. A Study of Anchorages for Transmission Tower Foundations[J]. Canadian Geotechnical Journal, 1972, 9(1): 89-104.

[27] Narasimha Rao. S., PrasedY. V. S. N. Shetty M. D. etc. Uplift Capacity of Screw Pile Anchors [J]. Geotechnical Engineering, Journal of the Southeast Asian Geotechnical Society, 1989, 20: 139-159.

[28] Ghaly A, Hanna. An Experimental and theoretical studies on installation torque of screw anchors[J]. Can Geotech 28(3), 1991: 353-364.

[29] Meyerhof G G, Adams J I. The ultimate uplift capacity of foundations[J]. Can Geotech, 1968, 5(4): 224-244.

[30] Narasimha Rao. S., PrasedY. V. S. N. Behaviour of plate anchors embedded in two layered clay soils[J]. Journal of Geotechnical Engineering, 1993, 24: 3-16.

[31] Cerato, Amy B., Victor, Rory. Effects of Helical Anchor Geometry on Long-Term Performance of Small Wind Tower Foundations Subject to Dynamic Loads [J]. Journal of the Deep Foundations. 2008: 45-54.

[32] Livneh, Ben, El Naggar, M. Hesham. Axial testing and numerical modeling of square shaft helical piles under compressive and tensile loading[J]. Canadian Geotechnical Journal, 2008, 45(8): 1142-1150.

[33] Hoyt, R. M., S. P. Clemence. Uplift capacity of helical anchors in soil[C]. Proceedings of the 12th international conference on soil mechanics and foundation engineering, 1989, 2: 1019-1022.

[34] 董天文,梁力,等. 极限荷载条件下螺旋桩的螺距设计与承载力计算[J]. 岩土工程学报, 2006, 28(11): 2032-2033.

[35] 王胜杰,袁登才,等. 荆州城区黏性土三轴与直接剪切试验强度对比分析[J]. 长江大学学报, 2014, 11(7): 84-85.

[36] 刘广明. 一般粘性土的三轴剪切试验分析[D]. 哈尔滨:哈尔滨工程学报,2008. 24-26.
[37] 许宏发,吴华杰,等. 桩土接触面单元参数分析[J]. 探矿工程,2002,5:11-12.
[38] 孙书伟. FLAC3D 在岩土工程中的应用[M]. 北京:中国水利水电出版社,2011:281-285.
[39] 陈育民. FLAC/FLAC3D 基础与工程实例[M]. 北京:中国水利水电出版社,2013:52-54.
[40] 李赛. 基于统计损伤本构模型的改进桩—土接触面模型研究[J]. 岩土力学,2016,37(7):1947-1955.
[41] 彭文斌. FLAC3D 实用教材[M]. 北京:机械工业出版社,2007:277-282.
[42] 杨帆. 单桩静载试验的数值模拟及极限承载力确定[J]. 工程建设与设计,2014:60-63.
[43] Gen Mori. Development of the screw steel pipe with toe wing, 'Tsubasa Pile' [C]//Vanlmpe. Deep Foundations on Bored and Auger Piles. Rotterdam: Millpress, 2003:171-176.
[44] Reddi-walk, Leveling Services. Reddi-walk screw pilling[EB]. http://www.screw-piling.com/,2004.
[45] Pack J S, McNeill K M. Square shaft helical screw pile in expansive clay areas[C]//Culligan P J. 12th Panamerican Conference on Soil Mechanics and Geotechnical Engineering; 39th U.S. Rock Mechanics Symposium. Cambridge, Massachusetts, USA: Druckerei Runge Gmb H, 2003,1(2):1825-1832.
[46] 张萍,刘秀丽. 变径桩的原位试验分析及优化设计[J]. 四川建筑科学研究,2015,41(2):120-123.
[47] 张晓曦,何思明. 沉入式抗滑桩优化设计研究[J]. 土木工程学报,2012,4(12):143-149.
[48] 杨光华,李德吉. 刚性符合地基优化设计[J]. 岩石力学与工程学报,2011,30(4):818-825.
[49] 雷华阳,李肖. 管桩挤土效应的现场试验和数值模拟[J]. 岩土力学,2012,33(4):1006-1012.
[50] 刘爱娟,李整建. 基坑止水帷幕优化设计探讨[J]. 工程勘察,2011,12:20-24.
[51] 张金辉,黄阳. 基于模糊层次分析法的桩型优化[J]. 地下空间与工程学报,2009,5(3):435-438.
[52] 董天文,梁力. 抗拔螺旋桩叶片与地基相互作用试验研究[J]. 工程力学,2008,2(8):150-163.
[53] 董天文,梁力. 螺旋群桩基础承载性状试验研究[J]. 岩土力学,2008,29(4):893-900.
[54] 周健,陈小亮. 静压开口管桩沉桩过程模型试验及数值模拟[J]. 岩石力学与工程学报,2010,29(增2):3839-3846.
[55] 王达麟,肖大平. 螺旋桩抗拔特性的现场试验研究[J]. 港工技术,2013,50(4):24-27.